· 中华书局 ·
上海聚珍出品

中国古代「黑科技」

赵运涛 著

中华书局

图书在版编目(CIP)数据

中国古代"黑科技"/赵运涛著. —北京:中华书局,2025.6. —ISBN 978-7-101-17126-6

Ⅰ. N092

中国国家版本馆 CIP 数据核字第 2025XQ8367 号

中国古代"黑科技"

著　　者	赵运涛
责任编辑	吴艳红
责任营销	陈思月
图书统筹	贾雪飞
装帧设计	王铭基
责任印制	管　斌
出版发行	中华书局
	(北京市丰台区太平桥西里 38 号　100073)
	http://www.zhbc.com.cn
	E-mail:zhbc@zhbc.com.cn
印　　刷	河北新华第一印刷有限责任公司
版　　次	2025 年 6 月第 1 版
	2025 年 6 月第 1 次印刷
规　　格	开本/920×1250 毫米　1/32
	印张 12　插页 2　字数 320 千字
印　　数	1-12000 册
国际书号	ISBN 978-7-101-17126-6
定　　价	98.00 元

目　录

古人的影讯技术系统 —041

古人的高能武器系统 —111

古人的智慧家居系统 —191

序

跨越时空的想象力与"黑科技"

　　在古代，"经史子集"四大类，人们更多注重的是"经史"。儒家是正统，科举考试要考，史传是传统，皇家要组织修，而子部除了几部经典之作，大部分都常为人们所忽视，实际上这部分也是中华文化传承的有机组成。本书从子书当中重新挖掘对当代有价值的内容。哪些书属于子部呢？《山海经》《神异经》《十洲记》《汉武洞冥记》《拾遗记》《搜神记》《搜神后记》《异苑》《续齐谐记》《集异记》《杜阳杂编》《宣室志》《江淮异人录》《太平广记》《夷坚志》《续夷坚志》《博物志》《述异记》《酉阳杂俎》《清异录》《续博物志》《玄怪录》《录异记》《闲窗括异志》等，都是属于这一部分的。

　　这些书中记载了很多"脑洞大开"的想象，如：

　　汉晋《西京杂记》记载：秦咸阳宫收藏有一支叫昭华管的玉管，一吹奏，就会有"MV影像"——车马、山林一一浮现，还有隐约飘忽的车马杂沓声。停止吹奏，影像就都消失了。

　　唐代《酉阳杂俎》记载了一种"防内卷灯"，灯油是用一种特殊鱼膏制成的。晚上用它照明的话，要是读书、纺绩，它就昏暗不明；要是吃喝玩乐，它就分外光明。

　　五代《开元天宝遗事》记载了"游仙枕"：唐玄宗时期，龟兹国进贡了一枚颜色如玛瑙、温润如玉的枕头。只要枕着它睡觉，就能在梦中神游十洲三岛、四海五湖，想去哪里就去哪里。

　　元代《琅嬛记》记载了一件玛瑙制成的"华胥宝环"，握着睡觉，这个环就会在梦中显现。它带你进入虚拟世界，在这里，你能控制自己的梦境，你想出现什么，眼前就会出现什么，"心有所思，随念辄见"。

......

　　横向上，本书的内容实际上虽然以"子"书为主体，但也杂取了"经""史""集"中的内容，以及中国少数民族神话传说和世界范围内的神话传说，等等；纵向上，则涉及从先秦到晚清几千年的相关文献。

　　本书命名为《中国古代"黑科技"》，主要包含以下两层含义：其一，书中收录了古籍中记载的许多令人惊叹的"科技"发明；其二，书中包含一些可能并非真实存在，但却折射出古人超前思维的技术构想。具体来说，本书在材料择取上，有这样几个标准：

　　一是能够体现古人"科技"智慧的发明，并且是除了"四大发明"以外，那些非比寻常，让我们"意想不到"的发明。如：

　　《隋书》和《续世说》记载：宇文恺为隋炀帝建造了一个可以移动的大殿，称为"观风行殿"，这是一座可以"行走"的房子，上边可以站数百个侍卫，下边有轮子，可以推着前进，而且移动非常迅速，如有神力在推车。

　　元初《文献通考》还记载：隋炀帝命人建造了有着十四个房间的图书馆，门口垂着锦幔，当隋炀帝要进图书馆的时候，宫人就踩动门外的机关，门上就会有两个飞仙落下，升起锦幔，类似现在人体感应的自动门。

　　唐代《纪闻》记载：马待封为唐玄宗制作了一个盛酒器具，造型如同一座山，酒山山腰处有一条龙，龙头下面对应着一个荷叶，把酒杯放在荷叶上面，龙头就会自动出酒，而且它还能自动控制出酒量，当杯中的酒到达八分满的时候，龙头就停止吐酒。

　　《纪闻》还记载：马待封为皇后制造了一个金银彩画梳妆台，梳妆台的镜台在中间，台下有两层的储物空间，都安装有门。皇后要梳洗打扮时，只要打开装镜的匣子，台下的门就会自动打开，出来一位穿着精致服饰的木制妇人，她手里拿着梳洗用的毛巾、梳篦，等皇后接过这些东西后，这个"机器人"就又回到门里。皇后洗漱完，"机器人"又出来，按照化妆的步骤，一一送出涂面脂、定妆粉、描眉笔、髻花等一切用物。皇后每次接过一件物品后，她就回去，把门关好，等要进行下一步了，她就拿着相应的物品出来。等皇后画好妆，梳妆台会自动收拾干净，所有的门都会关上。

……

二是书中记载的可能并不是现实存在的，但体现出来的是古人在某种需求下的奇幻想象，而这种想象却被我们今日的科技给实现了的，或者说未来可能会实现的。所以本书给"黑科技"加上了引号。如：

西汉《淮南子》中记载的自动驾驶车辆，"车莫动而自举，马莫使而自走也"。

唐末五代《仙传拾遗》记载了古人对"邮件撤回"功能的想象：唐大历年间，西川节度使崔宁给上司发重要文件，结果发出三日后，他才发现誊抄好的正式文件居然在桌子上，他把草稿纸误发出去了。他估计了一下送信人马的速度，觉得不可能再追上了。有个叫张殖的人，说自己有办法，他点燃一炉香，把誊清的文件放在烟上晃了晃，文件忽然飞出去了，大约过了一顿饭的时间，被送走的草稿飞回来了。送信的人回来，崔宁问有没有异常，送信人说一切正常，信件直到递交上去，都没有被打开的痕迹。上司打开信件看到的是正确的公文，并不知道草稿被替换之事。

宋代《清波杂志》提到一种铜制聚香鼎，在鼎外面放一圈香炉，在香炉里烧香，烟气就都会被吸聚到鼎中。是不是像我们现在的抽油烟机？

元代《琅嬛记》记载了七宝灵檀几：这个几案有点类似现代的电脑，可以显示文字。如果有人想修道，站在几案前，上边就会有文字显示如何修炼；想得到某件物品，上边就会显示某处有某物；如果生病了，还可以搜索怎么治疗，服用什么药品可以治愈；或者读书的时候，忘了某个典故出处，也可以搜索："百事可图"，而且这个"电脑"还可以选择字体，如隶书或篆书、楷书、草书。

明代关于八仙的故事中，说吕洞宾有一把宝剑，只要对着它把敌人的名字和地址说出来，它就可以自动找到敌人，把敌人斩首，相当于现在的精确制导导弹。

......

本书中还有一部分内容是以上两方面交叉的，即在一定科技基础上的想象，或掺杂有想象的科技发明。如：

大约成书于汉代的《列子》记载：一个叫偃师的人给周穆王造了一个"机器人"，它会唱歌跳舞，但它给周穆王表演的时候，却偷偷向周穆王左右侍妾抛媚眼。周穆王大怒，要杀了偃师，偃师吓坏了，赶紧把人偶拆开，以证明它是假的，原来它完全是由革、木、胶、漆、白、黑、丹、青制成的，肝胆、心肺、脾肾、肠胃，筋骨、肢节、皮毛、齿发，都是假的。周穆王尝试把它的心拿出来，它就不能说话了；把肝拿出来，它就不能看了；把肾拿出来，它就不能走路了。如此看来，这个"机器人"极为高级，是可以说话的，并且还有表情。

东晋《拾遗记》记载了一艘"潜艇"：秦始皇的时候，从遥远的宛渠来了一群人，这些人是乘着螺舟渡海来的。舟形似螺，可以沉到海底行进，而水不会进到螺舟的内部，又叫"沦波舟"。

五代《开元天宝遗事》记载：岐王有一个暖玉鞍，冬天骑马，把它放在马背上，可以自动加热。

清朝人可能就想发明"微信"了。《续子不语》记载：有一种寄话筒，可以一段一段地存语音，寄到远方，声音能存百日之久，一百天之后，自动清理缓存。

......

诸如此类，还有很多。我还把一些神人、神奇动植物以及神奇法术都罗列其中，主要是想从"需求"与"愿望"的角度重新审视这些文献，从而把古人的精神与今人的生活打通。

通过整理我发现，古代中国在正统教化思想传播的同时，有一股"暗流"一直在默默延续着我们的另一个传统，那就是对"想象力"的传播。本系列书籍的目的也即在此，不仅传播知识，更传播想象力。

每个时代都有每个时代的关注点和审美。古人对于典籍可能更多的是注重其教化的社会意义，而我现在读这些典籍，更多关注的则是古人大开的脑洞。古人留下来的这些精神财富，在不同的时代可以有不同的影响。传统文化符号如今常被作为各种科技的名称，如探月工程有"嫦娥""玉兔"，探日工程则有"羲和"，我国自建的导航系统叫"北斗"，我国自建的空间站被命名为"天宫"，我国行星探测任务被命名为"天问系列"，首次火星探测任务被命名为"天问一号"，首辆火星车被命名为"祝融"，我国发射的暗物质粒子探测卫星被命名为"悟空"，我国的"星链"叫"鸿雁"，等等。这些科技命名，让人听上去就觉得非常"合适"，实际这是因为这些符号本身就都积淀有古人如同"科幻"般的想象。这正是传统文化魅力之所在，生命力之所在。我之前的一本书《符号里的中国》当中对某些符号进行了解读。本书可以说一种延续。未来我们有新的发明，新的发现，依旧可以从古书中寻找到合适的"符号"。

本书还有一个目的，就是希望能提供创意。过去总有人说我们从1到100可以，别人有了创意，我们可以完善得很好，但总是很难做到从0到1。实际不是这样的。通过本书你会发现，我们的文化基因从来就不缺少创意，古人有着各种脑洞大开的想象力，这也正是我一直强调的：本书不在于传播某种知识，更注重的是传播想象力。

最后要补充说明三点：

一是本书主要致力于"功能"的探讨，至于尺寸大小，色彩质地，主要用于辅助理解物体的独特性。为了让读者更好地理解物体的特征，我把古代的部分度量衡转换为现代的数据（参照《新编简明中国度量衡通史》一书），但每个时期的度量衡都有差别，应用哪个朝代的"标准尺"，我主要是以参考文献本身写定的年代或文献内容所"沿袭"的年代为标准。同一个朝代，采用大尺或小尺，又要根据材质等进行甄选。我对这些数据不做具体探讨，只是大致进行推测，数据的主要作用还是希望能帮助读者更好地理解物体形状及神奇之处。

二是对书中所引文献成书时间的争议问题不做深究。有的文献明显是托名所作，如托名东方朔的《神异经》《十洲记》，托名苏东坡的《物类相感志》等；也有一些文献成书时间尚未形成定论，如有学者就提出，宋代《清异录》、元代《琅嬛记》《诚斋杂记》等实际都是明人编辑或杜撰的。因本书并非致力于版本研究，为了行文的方便，对于成书时间明确，而又与传世文献不同的，则予以标注，而对于充满争议的，则仍沿袭传世旧说。

三是书中插图的问题。本书所配插图，多数为依据文字内容由AI辅助生成，旨在为读者提供更直观的视觉感受。古代"奇想"与"黑科技"的图像化，既是对想象力的延伸，也是一种对文字所传达信息的再创造。这些图像帮助我们窥见古人心中的世界之形，为理解文字所载的幻想与技艺提供了更多可能。然则"言不尽意，图不尽言"，图像虽能传神，但在细节、风格甚至氛围上，难以与原文描述完全一一对应。尤其是对于模糊、象征或多义性的记载，图像的再现难免有所简化与偏差。因此，诸图所示，仅为助读与启思之用，敬请读者以文本为主，图为辅，勿拘于形而忘其意。

古人的仿生智能系统

在本章中，我们将走进古人的"机械仿生"世界，探索那些超越时代的"机器人"设想与创造。从"周穆王时期"能抛媚眼、翩翩起舞的机关木人，到汉代能够察言观色、秉公断案的木偶法官；从三国马钧打造的自动杂技表演木人，到隋代用于情感陪伴的仿真人偶；从唐代能自动斟酒的迎宾木人，到宋明水上木偶剧的复杂机械装置，再到清代街头行走、演戏的自动木偶……这些文献中的记载，有的源于现实工艺的巅峰技艺，有的则寄托了古人对未来机械智能的奇幻想象。它们共同构成了一幅充满机械诗意的文明画卷，仿佛一部尚未命名的古代"智能机械史"。

1

偃师机器人：周代的仿生奇迹

2025 年"春晚"，有机器人跳舞的节目表演。古人早有类似的创意。

大约成书于汉代的《列子》记载了这样一个故事：一个叫偃师的人给周穆王造了一个"机器人"，它会走动、鞠躬，像真人一样，它能按照乐律唱歌，随着节拍跳舞，千变万化，随心所欲。

穆王以为它是真人，于是和妃子一起观看。结果它表演快结束的时候，居然偷偷向周穆王左右侍妾抛媚眼。周穆王大怒，要杀了偃师，偃师吓坏了，赶紧把人偶拆开，以证明它是假的，原来它完全是用皮革、木头、胶水、漆、白垩、黑炭、丹砂、靛青等材料做成的，肝胆、心肺、脾肾、肠胃、筋骨、肢节、皮毛、齿发，都是假的。重新组合起来，人偶又恢复了原状。

周穆王尝试把人偶的心拿出来，人偶就不能说话了；把肝拿出来，它就不能看了；把肾拿出来，它就不能走路了。[1] 如此看来，这个"机器人"极为高级，可以说话，可以看，可以行走，并且有表情。

偃师机器人

▶ 外观和结构

外观：机器人外表看起来与真人无异，具有人类的

1-周穆王西巡狩，越昆仑，至弇山。反还，未及中国，道有献工人名偃师。穆王荐之，问曰："若有何能？"偃师曰："臣唯命所试。然臣已有所造，愿王先观之。"穆王曰："日以俱来，吾与若俱观之。"

翌日偃师谒见王。王荐之，曰："若与偕来者何人邪？"对曰："臣之所造能倡者。"穆王惊视之，趋步俯仰，信人也。巧夫！领其颐，则歌合律；捧其手，则舞应节。千变万化，惟意所适。王以为实人也，与盛姬内御并观之。技将终，倡者瞬其目而招王之左右侍妾。王大怒，立欲诛偃师。偃师大慑，立剖散倡者以示王，皆傅会革、木、胶、漆、白、黑、丹、青之所为。王谛料之，内则肝胆、心肺、脾肾、肠胃，外则筋骨、支节、皮毛、齿发，皆假物也，而无不毕具者。合会复如初见。王试废其心，则口不能言；废其肝，则目不能视；废其肾，则足不能步。

穆王始悦而叹曰："人之巧乃可与造化者同功乎？"诏贰车载之以归。（《列子》）

外形特征。

材料：机器人由革（皮革）、木、胶、漆、白垩、黑炭、丹砂、靛青等多种材料制成。

内部构造：机器人的内部器官和结构模仿人体，包括肝胆、心肺、脾肾、肠胃、筋骨、肢节、皮毛、齿发等。

▶ 功能

语言能力：机器人能够说话，与人进行交流。这一功能类似于现代的语音合成技术。

视觉能力：机器人具有视觉能力，能够用眼睛看东西。这一功能可以类比于现代的摄像头或传感器。

运动能力：机器人能够行走，还能根据音乐的节拍跳舞，展示出协调的运动能力。

情感表现：机器人能够表现出情感，具有表情。例如在表演中，机器人向周穆王侍妾抛媚眼，显示出一定的"情感"表达能力。

2 / "秦朝"的"十二铜人"

1-（汉）高祖初入咸阳宫，周行府库，金玉珍宝，不可称言。……复铸铜人十二枚，坐皆高三尺，列在一筵上。琴筑笙竽，各有所执。皆缀花彩，俨若生人。筵下有二铜管，上口高数尺，出筵后。其一管空，一管内有绳，大如指。使一人吹空管，一人纽绳，则众乐皆作，与真乐不异焉。（《西京杂记》）

汉晋《西京杂记》记载：刘邦进入咸阳宫，在秦朝府库发现了不少珍宝，其中有十二个铜人，底座三尺高，排列在同一张席子上。每人持一种乐器，或琴，或筑，或笙，或竽。衣服华丽，如同真人一样。席子下面有两根铜管，上边的管口离地数尺，从席后伸出来。其中一根管是空的，另一根管里装有一根绳子，手指那么粗。让一个人吹空管，一个人提拉那绳子，就会琴筑笙竽一齐鸣奏，和真人所奏的音乐没什么两样。[1]

十二铜人

▶ 外观与配置

铜人的大小：铜人底座高三尺（按秦尺，约70厘米），它们被精致地安放在同一张席子上。

铜人的装饰：铜人穿着华丽的衣服，外观与真人无异，展示了当时对人物雕塑和服饰的精细制作。

乐器的种类：每个铜人手持一种乐器，包括琴、筑、笙和竽，这些乐器代表了古代中国丰富的音乐文化。

▶ 自动化音乐演奏

席子下面的铜管：席子下方有两根铜管，一根是空的，一根里面装有一根手指粗的绳子，这些管道与铜人的音乐演奏直接相关。

吹空管与提拉绳： 当一个人吹空管，另一个人提拉绳子时，铜人手中的乐器就会自动演奏，发出的音乐与真人演奏的几乎没有区别。

音乐的协调： 这种装置能够协调各个乐器的演奏，使得铜人之间的音乐配合天衣无缝，展示了高度的机械化和完美的音乐技术。

3

"汉代" 的 "跳舞机器人"：机械奇迹解围平城

1 - 匈奴单于正妻的称呼。

2 - 自昔传云："起于汉祖，在平城，为冒顿所围，其城一面即冒顿妻阏氏，兵强于三面。垒中绝食。陈平访知阏氏妒忌心重，即造木偶人，运机关，舞于陴间。阏氏望见，谓是生人，虑下其城，冒顿必纳妓女，遂退军。史家但云陈平以秘计免，盖鄙其策下尔。"后乐家翻为戏，其引歌舞有郭郎者，发正秃，善优笑，闾里呼为"郭郎"，凡戏场必在俳儿之首也。(《乐府杂录》)

唐代段安节《乐府杂录》记载了一个传说：汉高祖被冒顿单于四面包围于平城，其中一面被冒顿的妻子阏氏[1]带兵围困。城内断粮，情况越来越危急。陈平得知阏氏妒忌心重，便制作了一个木偶人，装上机关，让它在城墙上跳舞。阏氏看到后，以为是活人，担心城破后冒顿会纳女子为妾，于是劝单于撤军退兵。就这样，陈平靠着这个跳舞的"机器人"，解了刘邦的平城之围。[2]

跳舞机器人的故事与细节

▶ 历史背景

刘邦的困境：汉高祖刘邦在征讨匈奴时，被匈奴首领冒顿单于围困于平城，城中粮食短缺，形势十分危急。

陈平的策略：陈平是刘邦的一位智谋出众的谋士，他了解到冒顿单于的妻子阏氏非常喜欢吃醋、妒忌，于是设计木偶人使阏氏视为"假想情敌"，怕失宠而退兵。

▶ 木偶机器人的制作

制作木偶：陈平指挥工匠制作了一个非常漂亮的木偶人，这个木偶装置被设计得像真人一样，尤其在动作和外观上极为精致。

古人的仿生智能系统

运用机关：木偶人内部装有复杂的机关，使得它能够在城头上跳舞，动作自然且生动，给人以真人的错觉。

▶ 展示与退兵

城头表演：陈平将这个精心制作的木偶人放置在城头上，操纵它跳舞。匈奴首领的妻子远远望见，误以为是真人。

阏氏的反应：看到如此美丽的"女子"，阏氏担心冒顿单于会在攻下城池后纳她为妾，从而影响自己的地位，便劝说单于撤兵。

成功解围：冒顿单于最终听从了妻子的建议，撤兵离去，从而解除了对刘邦的围困。阏氏是如何说服单于的呢？《史记》记载：阏氏对单于说，我们即使得了此地，也不能占领。汉朝天子又有神灵保佑，我们这样长期对峙下去也不是办法。于是，冒顿单于把包围圈开了一角，放刘邦等人出去。

4

"潜英之石"与汉武帝的再会梦

1-李夫人既死，帝思之。命工人作夫人形状，置于轻纱幕中，宛然如生。帝大悦。（《汉武内传》）

关于汉武帝见逝去的李夫人，古代有很多记载。《汉武内传》记载：汉武帝造了一个李夫人的像，放在纱帐中，远远看去，就像李夫人活着的时候一样。[1]

东晋《拾遗记》的记载更为神奇，说汉武帝最爱的李夫人去世了，他十分思念，把董仲君叫来说：我十分想念李夫人，还能再见她一面吗？董仲君说：可远观，不可同于帷席。汉武帝说：如果能再见一面，我就知足了。董仲君说：黑河北面，有个对野之都，那里出产一种"潜英之石"（大概就是隐隐约约有花纹的石头），青色，质地轻得像羽毛。严寒的时候，石头是热的；盛夏的时候，石头是凉的。用这种石头雕刻成李夫人的模样，神态和语言可以跟真人很像，只是语调缺少灵气。

汉武帝问：怎么才能得到这种石头？董仲君说：我可以去找，但您得给我一百艘楼船和一千名大力士。汉武帝让人备好一切交给了董仲君。董仲君就出发了，十年之后他们带着石头终于回来了，但因为历经坎坷，回来时随行的人只剩下了四五个。

董仲君让工匠照着李夫人的画像雕刻石头。不久，石像刻成了，董仲君把它放到轻纱帷幕之中，请汉武帝来看。隔着纱帐看，里面的石像跟李夫人活着的时候简直一模一样。汉武帝非常高兴，就问董仲君：能不能再离近一点？董仲君说：不可以，这种石头有毒，只可远观。

汉武帝听从了。董仲君害怕汉武帝沉迷石像，因想念李夫人而

　古人的仿生智能系统

思虑过度伤身体，在汉武帝见过一次石像后，就派人把石像捣为九段，然后用这些材料搭建了一座梦灵台，用来祭祀李夫人。[1]

潜英之石

▶ 来源与外观

出产地：黑河北面的对野之都。

外观特征：石头隐隐约约有花纹，为青色。

质地：轻得像羽毛。

▶ 物理特性

温度变化：冬天石头会变得温暖。夏天石头会变得凉爽。

材质特性：石头轻盈，但具有毒性，不适合近距离接触。

▶ 功能特性

雕刻用途：用这种石头可以雕刻成人像，在外观上与真人几乎无异。

传译功能：石像能够传递和翻译人的语言。

古人想象与现代科技

潜英之石类似现代科技中的智能仿生技术。现在人们可以利用先进材料和仿真技术制作出高度仿真的人像，再现已故亲人的形象和声音，供缅怀和纪念。

现代技术通过复杂的算法和精密的机械结构，能够模拟真人的动作和语言交流。目前来说，虽然还难以完全达到自然人的灵气和神韵，但已经在逐步接近这种境界了。

1-汉武帝嬖李夫人。及夫人死后，帝欲见之，乃诏董仲君，与之语曰："朕思李氏，其可得见乎？"仲君曰："可远见而不可同于帷席。"帝曰："一见足矣，可致之。"仲君曰："黑河之北，有对野之都也。出潜英之石，其色青，质轻如毛羽，寒盛则石温，夏盛则石冷。刻之为人像，神语不异真人。使此石像往，则夫人至矣。此石人能传译人语，有声无气，故知神异也。"帝曰："此石可得乎？"仲君曰："愿得楼船百艘，巨力千人。"能浮水登木者，皆使明于道术，赍不死之药，乃至暗海。经十年而还，昔之去人，或升云不归，或托形假死，获反者四五人，得此石。即令工人，依先图刻作李夫人形。俄而成，置于轻纱幕中，婉若生时。帝大悦，问仲君曰："可得近乎？"仲君曰："譬如中宵忽梦，而昼可得亲近乎？此石毒，特宜近望，不可迫也。勿轻万乘之尊，惑此精魅也。"帝乃从其谏。见夫人毕，仲君使人舂此石人为九段，不复思梦，乃筑梦灵台，时祀之。(《太平广记》引《拾遗记》)

5

汉代的"木头人判案"

古代典籍记载：汉代李子长在执政时，审案的时候，想要了解囚犯（犯罪嫌疑人）的真实情况，就模仿囚犯的样子，用梧桐木做一个人形木囚，然后在地上挖一个坑，用芦苇做成坑壁，让木头囚犯躺在其中。在问案的过程中（很可能是让犯罪嫌疑人面对着木囚），如果囚犯确实有罪，木头囚犯就不会动；如果囚犯是被陷害的，东汉《论衡》和唐代《酉阳杂俎》说木囚就会动（可能从坑里站起来或者坐起来），唐代《独异志》则说木囚就会摇头。[1]

1-关于木囚的反应，古代文献记载略有不同：《论衡》说"囚冤侵夺，木囚动出"。《酉阳杂俎》说"囚或冤，木囚乃奋起"。《独异志》则说"若正罪则木人不动，如冤枉则木人摇其头"。

木头人判案

▶ 制作与结构

木头人：李子长用梧桐木制作了一个木头人，它被雕刻得与囚犯相似，象征性地代表被审判者。

固定装置：在地上挖一个坑，将木头人放置在坑中，并用芦苇围成一个坑壁，使得木头人能够固定在其中。

▶ 判案的过程

囚犯面前的木头人：当犯人被带到木头人面前时，木头人会根据囚犯的实际情况做出不同的反应。

有罪与无罪的判断：如果囚犯确实有罪，木头人会保持不动，表示罪行成立；如果囚犯是被冤枉的，木头人则会有所动作，表示无罪。

古人的仿生智能系统

木头人通过审视囚犯，能够辨别罪犯的真实情况，体现了古人对公正的期望和对机械智能的想象。

古人想象与现代技术

▶ 谎言检测仪

古人想象：木头人通过观察囚犯的表现来判断有罪与否，类似于谎言检测仪通过生理反应判断一个人是否撒谎。

现代技术：现代谎言检测仪通过监测人的生理反应（如心率、血压、呼吸和皮肤电反应）来判断一个人是否撒谎。

▶ 人工智能与大数据分析

古人想象：木头人通过囚犯的行为和表现进行判断，类似于人工智能系统通过数据分析进行案件判定。

现代技术：人工智能系统通过分析大量数据，运用模式识别和异常检测方法，辅助进行案件分析和判断。

▶ 生物识别技术

古人想象：木头人能够通过观察囚犯的表情和行为来判断其是否有罪，类似于生物识别技术通过分析生物特征来进行判断。

现代技术：生物识别技术通过分析生物特征（如面部表情、眼动、声音）来识别人类行为和情感。

▶ 机器学习算法

古人想象：木头人的判断机制可以视为一种早期的简单的机器学习算法，通过对囚犯行为的反应进行判断。

现代技术：机器学习算法可以通过学习大量案例，训练模型进行预测和判断。

古人关于仿生功能的想象

功能维度	偃师机器人（《列子》）	李夫人石像（《拾遗记》）	木囚断案（《论衡》《酉阳杂俎》）
材质构成	皮革、木材、胶漆等复合材料，内部模拟器官构造（心、肝、肺、肾等）	潜英之石，具"温差适应""轻如羽"特性，有毒，有灵性	梧桐木制成，结合芦苇等材料构造"审判场"
外观仿真度	外形、动作、表情、声音极为逼真，真假难辨	形神俱似，神态如生，隔纱难辨	拟态为囚犯原貌，具象征性、心理暗示功能
功能模仿	可行走、发声、跳舞、交流；器官一一对应功能	可发声但缺乏情感语气；具心理慰藉与精神操控功能	具"感应性反应"：可动、可摇头，判定冤屈
反应机制	内部构造决定外在表现，拆除特定器官即可"关闭功能"	半自动，非交互；需人为操控摆设，精神投射大于真实互动	"灵性触发"式反应，似具因果感应能力
制作难度与代价	高度复杂，精密拼装；模块化可修复	极难获取材料，需十年探索与巨资动员，甚至有生命代价	技术较低，但依赖"信念"与"法术"的双重运作
使用目的与应用场景	表演娱乐、宫廷展示、技术炫耀	情感慰藉、祭祀功能、政治象征	审案断狱、辅助判断、道德威慑
灵性或法术依附性	高度依赖技艺，不明示法术参与	明确提及"毒性""幻象"与"神语"，涉及法术	强烈依赖感应类法术，与正邪冤屈相应
现代科技对比	拥有人形外壳和感知模块的仿人机器人（如波士顿动力 Atlas）	AI 生成＋拟态建模＋远程语音传输（虚拟人、数字人）	情绪识别系统＋心理暗示设备＋AI 判案预测

6

马钧的杂技木人：
三国时代的机械奇迹

　　《三国志》引傅玄《马钧序》记载：有人向皇帝献上了一套木制的杂技表演装置，但这些木人无法动起来。于是皇帝问马钧：能不能让这些木人动起来？马钧回答：可以，还能增加新的功能。于是，马钧"升级"了这套杂技木人，他用木头做成齿轮，设机关，用水作动力，这套杂技"机器人"都活动了起来。有奏乐跳舞的，有表演跳丸掷剑、走索倒立的，还有木偶模拟百官行署、舂磨和斗鸡的场景，变化多端。[1]

　　除了杂技木人，明代《广博物志》和清代《渊鉴类函》还记载了马钧制作的会说话的"竹人"。据说，当时天下大旱，人们向竹人敬酒祈雨，与竹人对话，不久就下起了雨。[2]

1–其后人有上百戏者，能设而不能动也。帝以问先生："可动否？"对曰："可动。"帝曰："其巧可益否？"对曰："可益。"受诏作之。以大木雕构，使其形若轮，平地施之，潜以水发焉。设为女乐舞象，至令木人击鼓吹箫；作山岳，使木人跳丸掷剑，缘絙倒立，出入自在；百官行署，舂磨斗鸡，变巧百端。此三异也。（《三国志》引《马钧序》）

2–马均（钧）大巧，能削竹作人语。时天下大旱，人皆将酒与此竹人语，天下须臾雨也。（《广博物志》）

马钧的杂技木人

▶ 设计与动力源

　　齿轮和机关：马钧利用木头制作齿轮和复杂的机关，通过机械传动系统实现木人的运动。

　　水动力系统：马钧使用水作为动力源，通过水的流动带动齿轮转动，使木人能够进行各种动作。

杂技木人

▶ **音乐表演和舞蹈**

击鼓吹箫：木人能够敲击鼓和吹箫，进行音乐表演。通过内部的机械装置，木人能手脚协调地敲击乐器，演奏节奏分明的音乐。

舞蹈动作：木人还能做出优雅的舞蹈动作，仿佛真人在舞台上表演。

▶ **杂技表演**

跳丸掷剑：木人能够表演高难度的杂技动作，如跳丸（抛接球）和掷剑，这些动作需要精确的机械控制和协调。

缘絙倒立：木人还能模仿走索倒立的动作，展示了马钧对机械平衡和重力的深刻理解。

▶ **生活场景再现**

百官行署：木人能模拟古代官员办公的场景，再现当时的生活情景。

舂米磨面：木人能模仿农民在磨坊里舂米和磨面的动作，展示了农耕生活的细节。

斗鸡表演：木人能进行斗鸡表演，再现古代的娱乐活动。

7

晋代区纯的"木妇人"与机械装置

东晋孙盛《晋阳秋》记载：区纯制作了一个木房子，房子里有一个木制的妇人。当有人敲门时，木妇人会开门出来向来客行礼，之后再回到屋内并把门关好。区纯又制作了一个四方形的伺鼠具，伺鼠具有四个门，每个门前都有一个小木人。在伺鼠具放入四五只老鼠后，当老鼠试图从门口出来时，小木人会用槌子敲打老鼠，迫使它们退回去。区纯还制作了一个能够自动加工粮食的小木人，这个装置能够自动舂谷作米。[1]

1-衡阳区纯者，甚有巧思。造作木室，作一妇人居其中。人扣其户，妇人开户而出，当户再拜，还入户内，闭户。又作鼠市于中，而四方丈余，四门，门中有一木人。纵四五鼠欲出门，木人辄以椎椎之。门门如此，鼠不得出。又作指南车，及木奴，令舂谷作米。中宗闻其巧，诏补尚方左校。(《太平广记》引《晋阳秋》)

区纯的装置

▶ 木妇人迎客装置

木制的房子与妇人：区纯制作了一个木制的小房子，房子里有一个木制的妇人。这个妇人被设计得非常精巧，能够自动执行迎接来客的动作。

自动开门与行礼：当有人敲门时，木妇人会自动打开门，出来向来客行礼。礼毕后，木妇人会回到屋内，并自动把门关好。

细节与礼仪：这一装置不仅展示了区纯对机械设计的理解，还体现了他对迎宾礼仪和细节的关注，仿佛木妇人具备了人类的礼貌和行为。

▶ 现代技术对比

自动门系统：现代的自动门系统通过传感器检测来人，自动开启和关闭，与区纯的木妇人开门行礼装置原理类似，都是通过机械和控制系统实现自动化。

机器人迎宾：现代酒店和商场使用的迎宾机器人，能够检测到来人并进行问候和引导，与区纯的木妇人有异曲同工之妙。

▶ 伺鼠具与互动装置

四方形的伺鼠具：区纯制作了一个四方形的伺鼠具，伺鼠具有四个门，每个门前都有一个小木人，这些木人通过复杂的机械装置与环境互动。

控制老鼠的机械系统：在伺鼠具中放入四五只老鼠后，当老鼠试图从门口出来时，小木人会用槌子敲打老鼠，迫使它们退回去。这个装置展示了区纯对动态控制和机械互动的掌握。

模拟环境与行为控制：这种设计类似于现代的互动玩具或控制系统，能够模拟和控制动物的行为，展示了对机械原理的深刻理解。

▶ 现代技术对比

互动玩具和机械迷宫：现代的互动玩具和机械迷宫，通过机械和电子控制，实现与动物或人的互动，与区纯的装置理念相似。

自动化宠物喂食器：一些现代自动化宠物喂食器也采用了类似的动态控制原理，以确保宠物在特定时间获得食物。

▶ 自动加工粮食的小木人

自动化农业机械：区纯设计了一个能够自动舂谷作米的小木人，这个装置通过机械力自动完成谷物的加工。

农业创新与效率提升：这一发明展示了区纯在农业机械方面的创新能力，与现代的自动化农业机械有相似之处。

▶ 现代技术对比

自动碾米机：现代的自动碾米机通过机械装置自动完成碾米过

程，提高了生产效率，与区纯的小木人装置有相似的功能。

农业机器人：现代农业机器人能够自动完成各种农活，如播种、收割和施肥，与区纯的自动化农业机械理念一致，都是为了提高农业生产的自动化和效率。

景区加工香料机器人：现在一些景区卖香囊的商店，常常在门口放一个自动加工材料的机器人，造型仿照古人，这样的设计也与区纯的自动舂谷作米的小木人理念是一样的。

8 / 兰陵王的"舞胡子"：
北齐时期的智能劝酒机器人

1 - 北齐兰陵王有巧思，为舞胡
子。王意所欲劝，胡子则捧盏以
揖之。人莫知其所由也。(《朝野
佥载》)

唐代张鷟《朝野佥载》记载：北齐的兰陵王聪慧过人，手艺灵巧，他制作了一个会跳舞的"机器人"。每次宴会，兰陵王心中想要劝谁喝酒，他就能控制这个"机器人"捧着酒杯向对方作揖劝酒。人们不知道其中的道理是什么。[1]

舞胡子

劝酒功能：舞胡子能够根据兰陵王的意图捧着酒杯向特定的人作揖劝酒。这意味着它不仅能够进行预设的动作，还能根据外界的指令做出特定的反应。

隐秘的操控机制：人们对于舞胡子如何被操控并不了解，这种隐秘的控制方式增加了其神秘感和吸引力。兰陵王通过某种机制控制舞胡子的动作，这与现代的远程控制技术类似，如今，我们可以通过无线信号或互联网远程控制机器人，实现各种精确操作。

劝酒"机器人"

9

隋炀帝的仿真好友：
情感陪伴机器人的前身

　　《隋书》记载杨广在登基之前，和文士柳䛒是好友，登基之后，因为礼制的关系，晚上就不能把柳䛒召进宫内了。为了弥补这一遗憾，杨广命工匠根据柳䛒的模样制作了一个仿真"机器人"，并装上了复杂的机关。这个机器人能够模仿柳䛒的动作，坐、站、叩拜，几乎如真人一般。

　　每当杨广在月下独自饮酒时，想起好友柳䛒，就让宫人把这个仿真"机器人"拿来，放置在座位上，与自己对饮欢笑。[1]

　　这个"机器人"的作用类似现在一些可以进行简单对话和互动的情感陪伴机器人。

1-帝犹恨不能夜召（柳䛒），于是命匠刻木偶人，施机关，能坐起拜伏，以像于䛒。帝每在月下对酒，辄令宫人置之于座，与相酬酢，而为欢笑。（《隋书》）

仿真机器人的设计与功能

▶ 制作材料与工艺

雕刻与材料：工匠用木材雕刻出柳䛒的形象，精细地再现了他的外貌。

复杂的机关：工匠在木偶内部安装了复杂的机关，使其能够模仿柳䛒的日常动作。

▶ 动作模拟

仿真人类动作：仿真"机器人"能够做出多种人类动作，如坐下、站立、叩拜等，几乎如真人一般。

逼真效果：由于这些细致的机械设计，仿真"机器人"的动作流畅自然，给人以逼真的视觉效果。

▶ 情感陪伴

情感寄托：每当杨广在月下独自饮酒时，他会让宫人将这个仿真"机器人"放置在座位上，与自己对饮欢笑。这使得杨广在孤独时感受到好友的陪伴。

心理慰藉：仿真"机器人"不仅仅是一个装饰品，更是杨广情感寄托的对象，能够在一定程度上满足他的社交和情感需求。

隋炀帝令人制作的"仿真好友"，或许可以看作是现代情感陪伴机器人的雏形。

现代技术

现代情感陪伴机器人：现代的情感陪伴机器人被设计用于提供情感支持和心理慰藉，如陪伴老年人或孤独的个体——通过语音交互、情感识别和动作模拟，为使用者提供情感支持和交流互动。

人工智能（AI）：现代 AI 技术使机器人能够学习和适应用户的情感需求，通过持续的互动不断改进其陪伴效果。

古人的仿生智能系统

10

隋炀帝时期的"水力机械机器人"

　　旧题唐代颜师古传奇小说《大业拾遗记》（实际大约成书于宋代）记载：在三月上巳日这天，隋炀帝邀请群臣到曲水观看"水饰"（水饰指用水力机械操纵的各色木偶以及装有这类器具的彩船）。[1]

1-帝别敕学士杜宝修《水饰图经》十五卷，新成。以三月上巳日，会群臣于曲水，以观水饰。有神龟负八卦出河，进于伏牺；黄龙负图出河；玄龟衔符出洛；太鲈鱼衔篆图出翠妫之水，并授黄帝；黄帝斋于玄扈，凤鸟降于洛上；丹甲灵龟衔书出洛授苍颉；尧与舜坐舟于河，凤凰负图；赤龙载图出河，并授尧；龙马衔甲文出河授舜；尧与舜游河，值五老人；尧见四子于汾水之阳；舜渔于雷泽，陶于河滨；黄龙负黄符玺图出河授舜；舜与百工相和而歌，鱼跃于水；白面长人而鱼身，捧河图授禹，舞而入河；禹治水，应龙以尾画地，导决水之所出；凿龙门疏河，禹过江，黄龙负舟；玄夷苍水使者授禹《山海经》，遇两神女于泉上；帝天乙观洛，黄鱼双跃，化为黑玉赤文；姜嫄于河滨履巨人之迹，弃后稷于寒冰之上，鸟以翼荐而覆之；王坐灵沼，於牣鱼跃；太子发度河，赤文白鱼跃入王舟；武王渡孟津，操黄钺以麾阳侯之波；成王举舜礼，荣光幕河；穆天子奏钧天乐于玄池，猎于澡津，获玄貉白狐；觞西王母于瑶池之上，过九江，鼋龟为梁；涂修国献昭王青凤丹鹊，饮于浴溪；王子晋吹笙于伊水，凤凰降；秦始皇入海，见海神；汉高祖隐泫砀山泽，上有紫云；武帝泛楼船于汾河，游昆明池，去大鱼之钓；游洛，水神上明珠及龙髓；汉桓帝游河，值青牛自河而出；曹瞒浴谯水，击水蛟；魏文帝兴师，临河不济；杜预造河桥成，晋武帝临会，举酒劝预；五马浮渡江，一马化为龙；仙人酌醴泉之水；金人乘金船；苍文玄龟衔书出洛，青龙负书出河，并进于周公；吕望钓磻溪得玉璜，又钓卜溪获大鲤鱼，腹中得兵钤；齐桓公问隰朋名；楚王渡江得萍实；秦昭王宴于河曲，金人捧水心剑造之；吴大帝临钓台望葛玄；刘备乘马渡檀溪；澹台子羽过江，两龙夹舟；淄丘诉与水神战；周处斩蛟；屈原遇渔父；卞随投颍水；许由洗耳；赵简子值津吏女；孔子值河浴女子；秋胡妻赴水；孔愉放龟；庄、惠观鱼；郑弘樵径还风；赵炳张盖过江；阳谷女子浴日；屈原沉泫罗水；巨灵开山；长鲸吞舟。若此等总七十二势，皆刻木为之。
　　或乘舟，或乘山，或乘平洲，或乘磐石，或乘宫殿。木人长二尺许，衣以绮罗，装以金碧。及作杂禽兽鱼鸟，皆能运动如生，随曲水而行。又间以妓航，与水饰相次。亦作十二航，航长一丈，阔六尺。木人奏音声，击磬撞钟，弹筝鼓瑟，皆得成曲。及为百戏，跳剑舞轮，升竿掷绳，皆如生无异。其妓航水饰，亦雕装奇妙。周旋曲池，同以水机使之。奇幻之异，出于意表。

（转下页）

明代《戏婴图》中的"水饰"

　　　　　　　　古人的仿生智能系统

"水饰"中展示了各种"水力机械机器人"，演绎的内容包括神话与历史故事，如：

神龟背着八卦从黄河中出现，献给伏羲；黄龙背着图从黄河中出现；玄龟口衔符印从洛水中出现（这都是河图洛书的故事）；

太鲈鱼口衔篆图从翠妫水中出现，献给黄帝；黄帝在玄扈斋戒，凤鸟降临洛水上；丹甲灵龟口衔书从洛水中出现，献给仓颉（据说仓颉就是据此而造的文字）；

尧与舜在黄河中划船，凤凰背着图出现；赤龙背着图从黄河中出现，献给尧；龙马口衔甲文从黄河中出现，献给舜（根据其他古籍记载，这里应该是尧）；尧与舜在黄河中游览，遇见五位老人（古籍中说这五位老人告诉他们会有"河图"出现）；尧在汾河北面见到王倪、啮缺、被衣、许由四位贤人；舜在雷泽捕鱼（雷泽的人受舜的熏陶，不再争抢钓位，大家都变得谦恭礼让），在河滨制陶（制陶的人受舜的熏陶，没有次品出现）；黄龙背着黄符玺图从黄河中出现，献给舜；舜与百工一起歌唱，鱼在水中跳跃；有人鱼捧着治水的河图献给禹，跳舞后进入黄河；禹治水，应龙用尾巴画地，引导水流；禹凿龙门疏通河道，渡江时，有黄龙出现，把他的船驮了过去；玄夷、苍水的使者把《山海经》献给禹；禹在白水遇到两位神女，向她们请教如何治理天下；商汤观洛水，有两条黄鱼跃出水面，变化为两块黑玉，上边有赤文；

（接上页）

又作小舸子，长八尺，七艘；木人，长二尺许，乘此船以行酒。每一船，一人擎酒杯立于船头，一人捧酒钵次立，一人撑船在船后，二人荡桨在中央。绕曲水池回曲之处，各坐侍宴宾客。其行酒船，随岸而行，行疾于水饰。水饰行绕池一匝，酒船得三遍，乃得同止。酒船每到坐客之处即停住，擎酒木人于船头伸手。遇酒，客取酒饮讫。还杯，木人受杯，回身向酒钵之取杓斟酒满杯。船依式自行，每到坐客处，例皆如前法。此约岸水中安机，如斯之妙，皆出自黄衮之思。

宝时奉敕撰《水饰图经》，及检校良工图画。既成奏进，敕遣宝共黄衮相知。于苑内造此水饰，故得委悉见之。衮之巧性，今古罕俦。（《大业拾遗记》）

姜嫄在河滨踩到巨人脚印（姜嫄因此而怀孕，生下周人的始祖后稷）；姜嫄生下后稷，抛弃在寒冰上，鸟用翅膀护着后稷（姜嫄觉得不吉利，就把后稷抛弃，结果总是有人或者动物保护着孩子，于是最终又抱回来抚养）；周文王到灵沼，满池鱼儿欢快跳跃（这出自《诗经》夸赞周文王的一个场景，动物都不怕周文王，更显其仁慈）；太子姬发渡黄河时，赤文白鱼跃入王舟；武王渡过孟津，持黄钺指挥阳侯之波（周武王伐纣，渡孟津的时候，起了风浪，周武王挥动黄钺，言自己是替天行道，谁敢阻拦，于是风浪停息）；周成王举行尧舜之礼，河上出现光亮（周成王举行尧舜礼仪，把玉璧沉入河中。礼仪结束后，成王退回等待。到了黄昏时分，荣光从河幕升起。这时有一条青龙来到祭坛，口中衔着一幅玄甲图，吐出图后便离开了）；周穆王在玄池奏钧天乐，在澡津猎获玄貉、白狐；周穆王在瑶池宴请西王母，过九江时，大鼋浮出水面为他当桥；涂修国献给昭王青凤、丹鹄，两种神鸟在浴溪饮水；王子晋在伊水吹笙，凤凰降临；

秦始皇入海，见到海神；汉高祖隐居芒砀山泽，山上常常有象征帝王之气的紫云显现；汉武帝在汾河泛楼船，在昆明池游玩，放生上钩的大鱼；汉武帝在洛水游玩，水神献上明珠和龙髓；汉桓帝在黄河游玩，遇见青牛从河中出现（汉桓帝有一次出游到黄河边，突然有一头青牛从河里出来，径直朝汉桓帝走去，众人吓得四散逃跑，太尉何公当时是殿中将军，勇敢有力，立刻上前顶住了那头青牛）；

曹操在谯水沐浴，击杀了一条水蛟；魏文帝率军到河边要伐吴国，却因河水暴涨而不能渡；杜预造河桥成功，晋武帝在宴会上举杯劝酒，表示祝贺（杜预因为孟津渡口常有船只覆没的风险，请求在富平津建一座桥。有人认为殷商和周朝都曾在此地建都，历代圣贤都没有建桥，必定是不适合建桥的缘故。杜预说："'造舟为梁'，就是指河桥。"桥建成后，皇帝带领百官前来视察庆祝，举杯敬杜预说："如果没有你，这座桥就不会建成。"杜预回答："如果不是陛下

　　古人的仿生智能系统

的英明决断，我也不能施展我的小小巧思。"）；五马浮渡江，一马化为龙（《晋书》记载太安之际，童谣云："五马浮渡江，一马化为龙。""五马"指的是司马睿、司马纮、司马羕、司马祐、司马宗五位司马姓的王因永嘉之乱向南渡过长江，其中司马睿后来登极继位为晋元帝，这就是一马化为龙了）；

仙人在醴泉饮水；金人乘金船；苍文玄龟口衔书从洛水中出现，青龙背书从黄河中出现，一起献给周公；姜太公在磻溪垂钓，得到玉璜（姜太公遇到周文王，得到重用），又在卞溪钓到大鲤鱼，腹中有兵钤（姜太公在鱼肚子中得到兵书）；

齐桓公问愚公名（齐桓公到"愚公之谷"遇到愚公，问为什么这个地方叫"愚公"）；楚王渡江得到萍实（楚昭王渡江时，有一个像斗一样大的东西直冲王舟，停在船中。昭王对此非常惊讶，派人去请教孔子。孔子说："这叫做萍实，可以剖开来吃掉。"并说："只有霸者才能得到它，这是吉祥的象征。"）；秦昭王在河曲设宴，金人献上水心剑（秦昭王三月上巳日在河曲设宴饮酒，忽然看到一个金人从河中出现，献上了一把水心剑）；吴大帝孙权在钓台拜访葛玄；刘备被追杀，骑马渡檀溪；

澹台子羽渡江，两条龙夹着他的船（澹台子羽渡江时，带着价值千金的玉璧，江神想据为己有，于是兴风作浪，让两条蛟龙夹击他的船。子羽左手拿着玉璧，右手持剑，击杀了两条蛟龙）；淄丘诉与水神战斗（淄丘诉是一位勇士，据说他和水神大战了三天三夜）；周处斩蛟（周处除三害的故事）；

屈原遇到渔父；卞随跳入颍水（卞随是著名隐士，商汤战胜夏桀后，要把天下让给卞随，卞随认为这是在污辱自己，自投颍水而死）；许由洗耳（许由也是著名隐士，尧要让许由做九州长，许由听到这话，感觉自己的耳朵受到了污染，因而临水洗耳）；赵简子遇到津吏的女儿（这是"女娟救父"的故事）；孔夫子在河边遇见沐浴的女人；秋胡妻跳入水中；

孔愉放龟（孔愉因讨伐华轶有功，被封为余不亭侯。孔愉曾经过余不亭，看到有人在路边用笼子装着乌龟，他买下乌龟并将其放生在溪中。乌龟在水中游走时，不断地向左看了几次。后来，制作侯印时，印章上的龟钮总是头向左看，三次铸造都是如此。工匠告诉孔愉，孔愉这才明白其中的意义，于是佩带了这枚印章）；庄子和惠子观鱼；

郑弘樵径还风（汉代太尉郑弘曾经在打柴时捡到一支遗失的箭，不久，有人来寻找这支箭，郑弘还给了他，对方为了表示感谢，问郑弘有什么愿望，郑弘认出他是神人，于是说："我常常在若邪溪运送柴薪，顶风运送觉得非常困难，希望早晨吹南风，晚上吹北风，这样就可以一直顺风了。"后来果然如此。顺风因此被称为"郑公风"或"樵风"）；

赵炳张盖渡江（赵炳曾经来到水边，向船夫请求渡江，但船夫不答应。于是，赵炳展开伞盖，人坐在里面，长啸呼风，风掀起波浪推动着伞盖渡过了江）；阳谷女子浴日（羲和浴日的故事）；屈原投江；巨灵开山（据说华山就是巨灵劈开的）；长鲸吞舟，等等。

总共七十二个场景，人物、动物、器物等都是用木头雕刻出来的，这些故事都能依靠水力的操纵进行动态表演。这简直就是古代的电视机，节目属于"影视频道"。

除此之外，还有"艺术频道"。书中记载说水饰旁有十二艘妓船，长一丈，宽六尺，上边有木人奏音乐，击磬撞钟，弹筝鼓瑟，都能成曲。还有各种百戏表演，如跳剑舞轮，升竿掷绳，都像真的一样。这些也都是通过水力驱动来运转的。

在看"电视"节目的时候，还有倒酒的"服务机器人"：有七艘长八尺的劝酒小船，在每艘小船上，有一人拿着酒杯立于船头，一人捧酒钵站在后边，一人在船后撑船，二人在中央划桨。

酒船到了客人面前就会自动停住，船头拿酒的小木人就会把酒递给客人，客人接过杯喝完酒，把杯子还回去，小木人接过杯子，转身从捧着酒钵的小木人那儿拿过来木杓，再将空杯斟满酒，然后划向下一位客人。

斟酒机器人的小船总能找到需要酒的客人，定位异常准确，而且它行驶飞快，可以在曲水宴会期间多次为客人斟酒。当载着各种传说故事的船绕池一周，斟酒船已经绕池三周了。

所有这些巧妙的装置都设置在池岸和水中，这些奇妙的设计都出自黄衮巧思。

"水力机械机器人"的描述与功能

▶ 水力机械装置的总体概述

水力驱动：这些"机器人"利用水力驱动，通过水的流动实现各种机械运动，展现了水力技术的应用。

仿生设计：装置中的人物各具"身份"，仿佛在演绎各种神话传说和历史场景，栩栩如生。

▶《水饰图经》中的七十二种故事

神龟献八卦：神龟背着八卦从黄河里爬上来献给伏羲，这是一个展示古代神话的动态机械装置。

河图洛书：装置再现了河图洛书从水中显现的神话，体现了古代中国对河图洛书的崇敬。

大禹治水：展示大禹治水的场景，水力机械中的人物随着水流而动，仿佛在进行治水的工作。

历史和神话的再现：其他故事包括吕望钓磻溪、刘备渡檀溪、周处斩蛟、秋胡妻赴水、屈原沉汨罗水、巨灵神手劈华山和长鲸吞舟等，很多故事都与水有关，可以和设置的水的环境配合起来，这些场景都被水力机械化为动态的表演，栩栩如生。

动态演示：每个故事中的人物和动物都会随着水的流动而活动，犹如古代的动画片或电视电影，展示了古人对机械自动化和水力技术的巧妙运用。

▶ 艺术与音乐表演

乐曲演奏木人

小船上的乐队：有的小船上装有木制的乐手，这些木人能够演奏各种乐器，如击磬、撞钟、弹筝、鼓瑟等。

自动演奏：通过水力驱动，木人们自动敲击和演奏，仿佛一支真实的乐队在表演。

杂技表演木人

动态表演：木人通过机械和水力的配合能够表演各种杂技，如舞剑、爬竿、掷绳等。

机械灵活性：表演中的木人动作灵活，显示了古代机械设计的精妙。

▶ 自动倒酒的服务机器人

劝酒的小船

多功能服务：在宴会上，有专门的小船装载着服务"机器人"，这些木人能够为客人倒酒。

团队协作：船上分工明确，一人拿酒杯立于船头，另一人捧酒钵站在后边，还有一人在船后撑船，二人在中央划桨。

自动斟酒功能

精准定位：酒船会自动停在客人面前，船头拿酒的小木人将酒递给客人，客人喝完后，小木人接过杯子，再从捧着酒钵的木人那儿拿来木杓斟满酒。

高效服务：斟酒机器人可以快速找到需要酒的客人，并多次为客人斟酒，展现了高效的自动化服务能力。

快速行驶：斟酒船的速度飞快，可以在宴会期间多次为客人提供服务，确保所有客人都能及时得到酒。

11 / 唐代的"机器人"：
殷文亮的自动斟酒木人

唐代《朝野佥载》记载：洛州的殷文亮曾当过县令，他很有手艺，喜欢喝酒。他用木头做了一个小人，给它穿上漂亮的衣服。这个木头小人能按次序给客人倒酒，如果客人没有喝完酒，木头小人就不会继续倒酒。

殷文亮还做了一个女木人，能唱歌和吹笙，节奏都很准确。如果客人喝酒不喝完或者喝得慢了，女木人就会唱歌和吹笙来催促客人喝完。[1]

1-洛州殷文亮曾为县令，性巧好酒。刻木为人，衣以缯彩。酌酒行觞，皆有次第。又作妓女，唱歌吹笙，皆能应节。饮不尽，即木小儿不肯把；饮未竟，则木妓女歌管连理催。此亦莫测其神妙也。（《朝野佥载》）

殷文亮的自动斟酒木人

▶ 智能识别与自动化

酒杯状态识别：木人能够识别酒杯中是否还有未喝完的酒，并根据识别结果决定是否继续斟酒。这与现代智能识别系统类似，现代技术通过传感器和图像识别技术，能够精确检测物品的状态。

按次序斟酒：木人按照特定的次序为客人斟酒，展示了机械控制系统的精密设计，使得木人能够按顺序服务每一位客人。

▶ 互动娱乐功能

音乐表演：女木人能够进行音乐表演，包括唱歌和吹笙，并且能够准确地跟随节奏，展示了古代机械与音乐结合的巧妙设计。

催促功能：如果客人没有喝完酒，女木人会通过唱歌和吹笙来催促客人喝完。这种设计增加了宴会的趣味性和互动性，类似于现代的互动娱乐机器人。

12

杨务廉的木僧：
唐代的"投币机器人"

1-将作大匠杨务廉甚有巧思。常于沁州市内刻木作僧，手执一碗，自能行乞。碗中钱满，关键忽发，自然作声云"布施"。市人竞观，欲其作声。施者日盈数千矣。(《朝野佥载》)

唐代《朝野佥载》记载：有个叫杨务廉的工匠非常有创意，喜欢做各种小玩意儿。他在沁州集市制作了一个木僧，木僧手里拿着一个碗，能够自己乞讨。每当碗里的钱满了，机关就会被触发，木僧就会说："布施。"大家都想听木僧说话，所以纷纷往碗里投钱。一天有数千人布施。[1]

一些现代的捐款装置通过投币或扫码捐款来触发声音或动画，鼓励更多人捐款，类似于杨务廉的木僧。

木僧的设计与功能

▶ 外观与设计

仿真外观：木僧被精心雕刻，外观如同真人，手里拿着一个碗，站在街头乞讨。其装饰和细节设计使得木僧看起来既真实又具有吸引力，引起众多路人的注意。

▶ 自动化乞讨功能

乞讨动作：木僧通过内部的机械装置，能够自动进行乞讨的动作。这可能包括轻微的动作，如碗的轻微摇动，或者木僧的点头等，模拟真实乞讨的情景。

吸引注意：这些动态动作使得木僧更加栩栩如生，吸引更多路人的关注和互动。

机械反应：当人们向碗中投币时，内部的机关会被触发。碗中的重量变化可能会启动一系列的机械反应，类似于现代投币装置的原理。

声音反馈：每当碗里的钱满了，机关就会被触发，木僧会发出声音："布施。"具有语音功能这种反馈机制鼓励人们继续投币，增加了互动性和趣味性。

木 僧

13

宋代的"水上表演机器人"：
水上傀儡戏

1-又有一小船,上结小彩楼,下有三小门,如傀儡棚,正对水中乐船。上参军色,进致语。乐作,彩棚中门开,出小木偶人。小船子上有一白衣垂钓,后有小童举棹划船,辽绕数回,作语,乐作,钓出活小鱼一枚。又作乐,小船入棚。继有木偶筑球舞旋之类,亦各念致语,唱和,乐作而已,谓之"水傀儡"。(《东京梦华录》)

宋代孟元老《东京梦华录》记载了宋代水上表演的"机器人",这种表演使用一艘小船,船上装饰着小彩楼,下面有三个小门,就像木偶戏的棚子。表演开始时,乐队演奏,中门打开,小船上一个白衣小木偶人出来垂钓,后面还有一个小童木偶划船。小船在水上绕行几圈后,白衣木偶人真的钓上来一条活鱼。然后,乐队继续演奏,小船回到彩棚里。接着,还有其他木偶表演筑球和舞旋等节目,每个节目都有说白和音乐伴奏。[1]

水上表演机器人的描述与功能

▶ 水傀儡表演的基本结构

小船：表演的核心是一艘小船,船上装饰着精致的小彩楼。彩楼的设计类似于一个小型的木偶戏棚子。

三个小门：彩楼下方设有三个小门,门的设计使得木偶可以从中出现和消失,增加了表演的神秘感和趣味性。

▶ 表演开始与乐队伴奏

乐队演奏：表演开始时,乐队奏乐,伴随着音乐,彩楼的小门打开,预示着表演的开始。乐队的演奏不仅增添了氛围,还为整个表演提供了节奏和背景音乐,提升了观赏效果。

► 白衣小木偶人的钓鱼表演

白衣小木偶人：中门打开，一个白衣小木偶人从彩楼中走出来，站在船上进行钓鱼表演。木偶人的设计和动作通过内部的机械装置实现，得以在船上自由活动和钓鱼。

动态钓鱼：在小船绕行水面几圈后，白衣木偶人真的钓上来一条活鱼。这一动态展示让观众感受到表演的真实性和趣味性。活鱼的钓起尤其展示了表演中的机械巧思和精准控制。

► 其他木偶表演节目

小童木偶划船：在白衣木偶人钓鱼的同时，另一个小童木偶在船上划桨，使得小船在水面上绕行，依次靠近"岸边"的观众，增加了表演的互动性。

筑球和舞旋：表演中还有其他木偶节目，如筑球（类似于踢球）和舞旋（旋转类舞蹈），这些节目都伴随着音乐和说白，展示了木偶多样化的动作和表演。

演出闭幕：每个节目结束后，木偶人会回到彩楼内，关上门。整个过程流畅而富有节奏感。

14

明代宫廷的"剧目表演机器人"：
水上木偶戏

　　明代刘若愚《酌中志》详细介绍了明代宫内一种水上表演机器人装置。木偶是用轻木雕刻的，角色有国内外的君王、仙人、将军和士兵等，形象各异。每个木偶高约二尺，只有上半身，没有腿脚，底部装有榫卯，通过三寸长的竹板支撑。表演时，建一个大木池，池中装水七分满，底部镶锡防止漏水，池子用凳子支起，并用屏风围住，操作者在屏风后面通过屏风下方的开口移动木偶。池中还放有活鱼、虾、蟹等水生生物，增加真实感。

　　明代流行的表演剧目包括《英国公三败黎王》《孔明七擒孟获》《三宝太监下西洋》《八仙过海》和《孙行者大闹龙宫》等。宫内给皇帝表演时，钟鼓司官员负责操纵木偶，另有一人敲锣宣讲题目，替木偶发声。

剧目表演机器人的设计与功能

▶ 木偶的制作

　　轻木雕刻：木偶由轻木雕刻而成，这种材料便于木偶的灵活移动和精准操纵。

　　多样角色：木偶的角色包括国内外的君王、仙人、将军和士兵等，每个木偶都经过精心雕刻，细节生动。

　　半身设计：每个木偶高约二尺，只有上半身，没有腿脚。这种设计简化了木偶的操控。

榫卯连接：木偶的底部装有榫卯，通过这种传统的木质连接方式，木偶固定在三寸长的竹板上，由幕后操作者进行移动和控制。

▶ 表演场景的布置

大木池：表演场景设置在一个大木池中，池内装水至七分满，底部镶锡以防漏水，整个池子被凳子支起。

水生生物：为增加真实感，池中还放有活鱼、虾、蟹等水生生物，使得整个表演环境更加逼真和生动。

屏风遮蔽：池子四周围绕着屏风，操作者隐藏在屏风后，通过屏风下方的开口来操纵木偶的动作。这种设计不仅遮蔽了操作者的操作，还增加了表演的神秘感和观赏性。

▶ 表演的内容与形式

多样剧目：表演的剧目丰富多样，包括《英国公三败黎王》《孔明七擒孟获》《三宝太监下西洋》《八仙过海》和《孙行者大闹龙宫》等。这些剧目充满了戏剧性和传奇色彩，吸引了大量观众。

配乐与解说：钟鼓司官员负责操纵木偶，另一人负责敲锣和宣讲题目，为木偶配音，增加了戏剧的氛围和表演的层次感。

15

清代的"自动行走小木人"：
黄履庄的童年创造

自动行走小木人

清初张潮《虞初新志》记载：黄履庄在他七八岁的时候，上课偷偷背着老师，拿了工匠的刀具，雕刻了一个只有一寸多长的小木人。这个小木人放在桌子上能自动行走，手脚也能自己动。[1]

黄履庄小木人的描述与功能

▶ 小木人的制作

尺寸：小木人只有一寸多长（按清尺，3—4 厘米），这样的小尺寸在制作和操作上都需要极高的技巧和精度。

结构：小木人被雕刻成能够站立和行走的形状，尽管体积很小，但它具备基本的平衡能力，表明黄履庄对人体结构和机械原理有一定的理解。

▶ 小木人的功能与操作

自动行走：小木人被设计成能够在桌面上自动行走，这个功能可能通过复杂的机械结构或简单的弹簧和重力平衡来实现。自动行走的机制展示了黄履庄在机械原理和动态控制方面的早期天赋。

手脚的动作：小木人不仅能够行走，手脚也能自动移动，这增加了木人的生动性和复杂性。这种多功能的设计展示了黄履庄在动能转换和机械连接方面的创新。

古人的仿生智能系统

16

《聊斋志异》中的木雕美人：
古代精湛的自动化表演

清代《聊斋志异·木雕美人》记载了这样一个表演：一个人背着竹筐，牵着两只大狗，从竹筐中取出一个一尺多高的木雕美人。她手能转动，妆束艳丽，就像真人一样。那人用小锦缎鞍垫覆盖在狗身上，让美人骑上去。安排妥当后，他呵斥狗快跑。

木雕美人自如地开始表演各种骑马的动作，如脚踩马蹬蹲藏到狗肚子一侧，从狗腰向狗尾滑坠，抓住狗尾飞身上狗，或者在狗背上跪拜站立，变化灵巧而不失手。

接着，那人又表演昭君出塞的故事。木雕美人扮演昭君，那人从筐中取出一个木雕男子，木雕男子帽插野雉尾，身披羊皮袍子，骑在另一只狗身上跟在木雕美女后面。木雕美女扮演的昭君频频回头张望，木雕男子则扬鞭追赶，跟真人表演一样。[1]

1-商人白有功言：在泺口河上，见一人荷竹簏，牵巨犬二。于簏中出木雕美人，高尺余，手自转动，艳妆如生。又以小锦鞯被犬身，便令跨坐。安置已，叱犬疾奔。美人自起，学解马作诸剧，镫而腹藏，腰而尾赘，跪拜起立，灵变不诎。又作昭君出塞。别取一木雕儿，插雉尾，披羊裘，跨犬从之。昭君频频回顾，羊裘儿扬鞭追逐，真如生者。（《聊斋志异》）

木雕美人及其表演

▶ 木雕美人的外观与装饰

高度：木雕美人高约一尺多（30—40 厘米），体态娇小但比例精致。

造型：木雕美人雕刻非常精细，展现了工匠高超的技艺和对人形结构的深刻理解。

服饰：木雕美人穿着艳丽的服装，妆容鲜明，栩栩如生。

装扮：木雕美人的妆容和衣饰都经过精心设计，使她看起来如同活生生的人。

▶ 木雕美人的表演

骑马术表演：木雕美人被放置在一只真狗背上，装上小鞍子后，能够进行一系列复杂的马术表演，如脚踩马蹬蹲藏到狗肚子一侧，从狗腰向狗尾滑坠，抓住狗尾飞身上狗，或在狗背上跪拜站立。这些动作的灵活和精准表明了其内部机械装置的复杂性和高超的设计水平（也有可能有想象的成分）。

与狗的互动：狗在表演中充当了"马"的角色，木雕美人巧妙地与狗的动作协调，展示了完美的互动和配合。

昭君出塞的故事表演：木雕男子扮演追随昭君的角色，插着野雉尾，披着羊皮袍，形象逼真，与木雕美人形成了呼应。木雕美人和木雕男子再现了昭君出塞的场景，昭君频频回头张望，男子则扬鞭追赶，动作流畅，栩栩如生。

古人的影讯技术系统

在本章中，我们将探索古人对信息传播与视觉技术的奇幻想象。从七宝灵檀几这样的古代"电脑"，到对远程通信、邮件撤回、阅后即焚、全息投影等功能的预言式构想；从可以识别身份的"人脸识别"古镜，到二维转三维的视觉幻术、"虚拟人生"、"元宇宙"、图像中的感官体验……这些文献中的记载，不仅展现了古人对"可视化""可记录""可远传""可虚拟"的深刻理解，也流露出他们对未来世界的浪漫想象。此外，除了想象，古人实际也有"动图"创意的现实实践。在这些散落在历史深处的技术实验与想象中，我们仿佛看见了一座未曾命名的"古代元宇宙"——一个由光影构成、意识可穿越的前数字时代。

17 古人想象的"电脑"：七宝灵檀几

电脑可以解答我们的一些问题，古人也渴望有一个能解答问题的设备。

元代伊世珍《琅嬛记》引《玄观手抄》记载了"七宝灵檀几"：这个几案上有个类似屏幕的东西，可以显示文字。

如果有人想要修道，站在几案前，上边就会显示文字，指导使用者一步一步进行修炼。如果有人想要购买某样物品，设备会显示出物品所在的地点，指引使用者前去购买。当有人生病时，设备可供搜索并显示治疗方法和所需药品，为使用者提供医疗建议。读书时如果忘记了某个词句或典故的出处，可以通过设备进行搜索，快速找到所需信息。

七宝灵檀几"百事可图"，你想了解的，都能在上边查询。此外，它还能根据个人的偏好提供个性化服务，比如选择不同的字体（隶书、篆书、楷书、草书）来显示。[1]

1-谢霜回有七宝灵檀之几，几上有文字，随意所及，文字辄形隶篆真草，亦如人意。譬如一人欲修道，则使其人自观几上，则便有文字，因其缘分性资而曲诱之。又如心欲得某物，则几上便有文字曰某处可得。又如欲医一病人或欲作一戏法，则文字便曰服何药愈，念何咒书何符即得也。甚至读书偶忘一句一字，无不现出。霜回宝之，故道经云："世有灵檀则百事可图，世有神瓜则饮食可废。"
（《琅嬛记》引《玄观手抄》）

七宝灵檀几

▶ 外观与结构

几案结构：七宝灵檀几的外形类似于古代的几案，平面宽敞。

显示屏幕：几案上设有一个可以显示文字的屏幕，类似于现代的触控屏或显示器。

七宝装饰：七宝灵檀几由多种珍贵材料作装饰，"七宝"包括黄金、宝石、玉石等。这些材料不仅增加了装置的美观和价值，还可能赋予其特殊的灵性与功能。

▶ 主要功能

修道指导：当想修道之人站在设备前，七宝灵檀几可以根据个人的特性和缘分，显示出详细的修炼步骤。这种功能类似于现代智能设备能够根据用户的数据提供个性化建议。

购物指南：如果有人想购买某样物品，七宝灵檀几会显示出物品所在的地点，并指引使用者前去购买。这种功能类似于现代网络购物软件，可以帮助用户找到并购买所需商品。

医疗帮助：当有人生病时，七宝灵檀几可供搜索并显示治疗方法和所需药品。这类似于现代在线医疗咨询或健康应用，能够为用户提供诊断和治疗方案。

七宝灵檀几

游戏攻略：你要是想学习变戏法，七宝灵檀几就会显示文字告诉你怎么实现。这种功能让人们能够轻松学习戏法，类似于现代的教程或指导软件。

文学参考：读书时如果忘记了某个词句或典故的出处，可以通过七宝灵檀几进行搜索，快速找到所需信息。这种功能类似于现代的数字人文搜索引擎。

个性化服务：设备可以根据个人的偏好选择不同的字体（隶书、篆书、楷书、草书）来显示文字，提供个性化的阅读体验。这类似于现代电子设备的自定义显示设置。

全面查询功能：七宝灵檀几号称"百事可图"，意味着它可以回答和解决各种问题，无论是生活上的还是学术上的。这种功能类似于现代的百度文心一言或 ChatGPT 或 DeepSeek，能够提供几乎所有领域的信息和解答。

古人的影讯技术系统

18 / 古人想象的"电视"

元代《琅嬛记》记载：有一个人打渔，捞上来一面镜子，背面有文字，写着"紫金炼精，昼烛鬼形"八个字。当时有个叫沈爱的人正好在旁边看见，就花钱把它买了下来。沈爱把这面镜子放在阁子里，经常会有从未见过的人影出现在镜子中，而且到了夜晚，镜子还会一直发光。[1]

1- 吴人沈爱观渔，渔人网得一镜，背上有文曰："紫金炼精，昼烛鬼形。"爱以百钱买之，置阁内，时时有人物影，平生所未睹者，往来于镜内，夜恒有光。《琅嬛记》）

紫金炼精镜

▶ 外观

镜子的背面刻有"紫金炼精，昼烛鬼形"八个字。

▶ 功能

显现人物影像：镜子中会出现从未见过的人影，仿佛是从另一个世界传来的影像。

夜晚发光：镜子在夜晚会发光，类似现代的电视屏幕。

明末有本书叫《西游补》，是《西游记》的补充之作。故事补写了第六十一回唐僧师徒离开火焰山后，孙悟空被鲭鱼精迷惑，进入青青世界万镜楼中。这楼中有各种镜子，有的如同电视机，如"天字第一号"镜子，正播放科举考试的故事。只见镜子中的画面是发榜之日，有人因失利而哭泣，有人怒骂不公，有人呆坐，有人摔碎文具，有人甚至因无法接受结果而试图自杀，被人阻止。有人反复思量自己的考试答题，试图理解为什么失败。有人拍桌大笑，说命运不公。有人愤怒到吐血。有人假装开心，实际上很失望。而榜上有名的考生，则表现出不同的态度：有人换上新衣，庆祝成功。有人假装不在意，表现谦逊。有人高谈阔论，称考试公平……镜子中的画面真实反映了人们的生活和情感，仿佛现代的电视新闻。

"天字第一号"镜子

科举考试的画面：这面镜子展示了科举考试结果揭晓后的场景。镜子中，发榜之日，考生们的各种情感和反应一一展现：失落、愤怒、庆祝、谦逊等。

情感的多样性：通过镜子中的画面，观者可以清楚地看到考生们在面对成功和失败时的各种真实反应，仿佛是一部播放人类生活和情感的纪录片。

《西游补》中的万镜楼不仅展示了如同现代电视机的镜子，还描绘了类似"元宇宙"的概念，能够让人通过镜子实现与古人和未来人的互动。如"天字第二号"镜子，是一面镂青古镜，镜中有一个石碑，上边提示："古人世界"。孙悟空通过这面镜子"穿越"到了古代，见到了绿珠、西施、项羽等人。这个设定体现了古人对影像技术和互动体验的幻想。

古人的影讯技术系统

19

清代的"千里镜"：古代光学黑科技

明代《耳新》记载：利玛窦从西方带来了"千里镜"，这面千里镜可以看见平时肉眼看不到的星体，还可以看到数百步之外的蝇头小字。[1]

利玛窦千里镜的特征

观测星体：千里镜可以看到平时肉眼无法看到的天体现象，所见之景，细节更为丰富。

远距离视物：除了天文观测之外，这种望远镜还具有观察远处细小物体的功能。例如，可以在数百步之外清楚地看到蝇头小字。

清代《清稗类钞》记载了一种本土发明的"千里镜"。大约生活在清代嘉庆道光年间的女士黄履，制作了一种特殊的千里镜，在一个方匣上面布置四面镜子。当把千里镜在光线充足的地方照，它可以捕捉数里外的景象，然后在平面上显示出来，效果非常清晰，就像画出来的一样。[2]

千里镜的功能类似于现代的望远镜，它的设计展示了古人对光学和反射原理的理解，体现了古人对远距离观测的兴趣和需求。

黄履千里镜的特征

方匣与四面镜子：黄履制作的千里镜由一个方匣和四面镜子组成，这些镜子被精确地布置在方匣的顶部。这样的设计使得千

1-番僧利玛窦有千里镜，能烛见千里之外，如在目前。以视天上星，体皆极大。以视月，其大不可纪。以视天河，则众星簇聚，不复如常时所见。又能照数百步蝇头字，朗朗可诵。玛窦死，其徒某道人挟以游南州，好事者皆得见之。（《耳新》）

2-女士黄履，字颖卿，钱塘人，巽妹，梁绍壬室。通天文算学，作寒暑表、千里镜，与常见者迥别。千里镜，于方匣上布镜四，就日中照之，能摄数里外之影，平刊其上，历历如绘。（《清稗类钞》）

里镜能够在光线充足的地方进行有效的观察。

光线捕捉与影像显示：当将千里镜对准光线充足的地方时，它能够捕捉数里外的景象。这些景象通过光线的反射，清晰地显示在方匣的平面上，就如同画出来的一样。这个功能类似于现代望远镜将远处景象放大并投射到眼睛或屏幕上的原理。

千里镜的应用与效果

清晰的图像捕捉：千里镜能够捕捉数里外的景象，并在平面上清晰显示，显示的效果细致入微，就像画出来的一样。这种能力使得它可以用于观景、侦察和其他需要远距离观察的场合。

光学与反射原理的应用：千里镜展示了古代光学和反射原理的应用，通过精确布置的镜子来捕捉和显示远处的景象。虽然具体的光学原理没有被详细描述，但可以推测，这种设计已经涉及早期的光学反射和图像传递技术。

现代科技

▶ 数字望远镜

现代数字望远镜结合光学技术和数字成像技术，能够将捕捉到的景象直接转换为数字图像，并显示在屏幕上或传输到其他设备。其优势包括：

实时显示：数字望远镜能够实时显示观测图像，方便用户即时查看和分析。

图像处理：数字成像技术能够对捕捉到的图像进行处理和增强，提高图像质量。

应用范围：数字望远镜广泛应用于天文学、野生动物观察和监控等领域，扩展了传统望远镜的应用场景。

20

古人的投影技术：
透光鉴与奇香投影

古人发明了一种可以把文字照在墙上的镜子，叫"透光鉴"。北宋沈括《梦溪笔谈》中就记载了这样一种透光照见字的铜镜。镜背面有二十个字的铭文，字体极其古老且深奥难懂。把铜镜对着日光，镜背面的图案花纹以及文字，都会展示在墙壁上，如同日光从镜中穿透一样。[1]

阳光怎么能穿过铜器呢？有人推究它的原理，称是花纹和铭文的地方凹下去的缘故。现代物理学家指出，这种推测是对的，金属镜体达到一定厚度时（0.5毫米左右），便有可能使镜面产生与镜背相应的曲率，镜体厚薄不同导致曲率不等，就会出现透光现象。

1-世有透光鉴，鉴背有铭文，凡二十字，字极古，莫能读。以鉴承日光，则背文及二十字皆透在屋壁上，了了分明。人有原其理，以谓铸时薄处先冷，惟背文上差厚，后冷而铜缩多，文虽在背，而鉴面隐然有迹，所以于光中现。予观之，理诚如是。然予家有三鉴，又见他家所藏，皆是一样，文画铭字无纤异者，形制甚古，惟此一样光透。其他鉴虽至薄者，皆莫能透。意古人别自有术。（《梦溪笔谈》）

透光鉴的主要特点

铭文图案：透光鉴的背面有二十个字的铭文，字体古老且深奥难懂。

投影效果：当光线穿过透光鉴时，背面的图案和文字会清晰地显现在墙壁上，类似于现代投影设备的效果。

光学原理：利用镜体厚薄不同导致的曲率变化，将背面的图案和文字投射到墙壁上。

透光鉴与投影仪

投影原理：透光鉴利用镜体厚薄不同导致的曲率变化，将背面的图案和文字投射到墙壁上。这类似于现代投影设备，通过光线和镜片的折射和反射，将图像投射到屏幕上。

投影效果：当光线穿过透光鉴时，背面的图案和文字会清晰地显现在墙壁上，仿佛这些图案和文字是从镜子中"透"出来的一样。现代投影仪也是通过光线将图像从设备内部投射到外部屏幕上。

古人对"投影"还有诸多的想象。

"灯烛奇观"。 唐代苏鹗《杜阳杂编》记载了一种灯烛：燃烧的时候，会产生烟，烟气会变成楼阁台殿的造型，有人说蜡烛是由"海市蜃楼"那个"蜃"的油脂制成的。文中说：公主生病了，召来了一位叫米賓的术士来治病。米賓决定使用一种叫做灯法的幻术来治疗她。他特地准备了一支特殊的香蜡烛，只有两寸长，上面覆盖着五色的图案。米賓将这支烛子点燃，奇迹般地，它燃烧了一整夜也没有燃尽，而且散发出来的香气异常浓郁，可以传百步远。更奇特的是，烛子燃烧时产生的烟雾竟然形成了一座座楼阁台殿的景象，仿佛是在空中建造了一座华丽的宫殿。有人说这是因为烛子中含有一种特殊的蜃脂，所以才会产生这样的奇观。[1]

灯烛的效果，类似于现代的全息投影技术，通过光影效果在空气中形成立体图像。

> 1-公主始有疾，召术士米賓为灯法，乃以香蜡烛遗之。米氏之邻人觉香气异常，或诣门诘其故，賓具以事对。其烛方二寸，上被五色文，卷而爇之，竟夕不尽，郁烈之气可闻于百步。余烟出其上，即成楼阁台殿之状，或云蜡中有蜃脂故也。(《杜阳杂编》)

灯烛的主要特点

特殊的香蜡烛：只有两寸长，上面覆盖着五色的图案。

长时间燃烧：点燃后燃烧了一整夜也没有燃尽。

浓郁的香气：香气可以传到百步远。

烟雾成形：燃烧时产生的烟雾形成楼阁台殿的景象。

灯烛与全息投影原理

全息投影原理：灯烛燃烧时产生的烟雾在空气中形成立体图像，类似于全息投影技术，通过光影效果在空气中形成三维图像。

特效展示：现代全息投影技术可以在空气中展示动态的立体图像，例如虚拟人物、建筑等。灯烛的效果也展示了古人对立体图像的理解和想象。

"奇香投影"。宋代《奚囊橘柚》记载：汉武帝时期，著名术士李少君用彩蜃的血（蜃是一种传说中的生物，与海市蜃楼的现象有关，彩蜃之血可能具有神奇的视觉效果）、丹虹的唾液（丹虹是传说中的一种神奇生物，其唾液可能具有特殊的发光或成像效果）、灵龟的膏、狐狸的丹（传统中认为狐狸有变化之术，其丹药可能有神奇效果），再加上福罗草（一种具有特殊香气的草药，可能具有催化或增强其他材料效果的作用），制成了一种奇香。汉武帝每次祭祀，就点燃一颗香。用紫金炉烧香之后，它的烟气聚集在屋顶房梁上久久不散，烟气的形状渐渐如同水纹，不一会，水纹中就出现了蛟龙、鱼鳖、百怪，等等。与此同时，点燃灵音之烛，众乐器在火光中一齐演奏，场面非常奇妙。[1]这也类似于现代的投影仪。

1-汉武帝事仙灵，甲帐前置玲珑十宝、紫金之炉，李少君取彩蜃之血，丹虹之涎，灵龟之膏，阿紫之丹，捣福罗草，和成奇香。每帝至坛前，辄烧一颗。烟绕梁栋间，久之不散，其形渐如水文。顷之，蛟龙鱼鳖百怪出没其间，仰视殊菜。又燃灵音之烛，众乐迭奏于火光中。（《古今图书集成》引《奚囊橘柚》）

奇香的主要特点

特殊材料：彩蜃之血、丹虹之涎、灵龟之膏、狐狸之丹、福罗草。

烟雾成形：点燃后，烟雾在空中形成水纹般的形状，随后出现蛟龙、鱼鳖、百怪等景象。

持续时间：烟雾在梁栋间久久不散，形成的图案能维持较长时间。

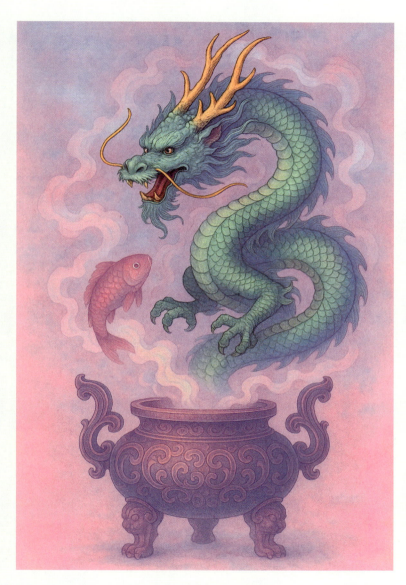

奇香投影

21 / 古人想象的监控与录像

现在人们流行在家中安装监控，不仅可以保护家人的安全，还可以通过手机上的软件，看看家人影像以解相思之苦。古人和我们现代人一样，也有远程监控和信息记录的需求。古人在没有现代科技的情况下，想象出了许多类似于我们今天的监控和录像设备。

石头柜子。唐代《酉阳杂俎》记载：范零子随司马季主进入常山的石室学习道术，石室的东北角放着一个石柜，季主告诫不要打开。范零子心中思念家乡，于是就违背了季主的戒令，打开了石柜。打开后，在里面他看到了家乡的景象，父母家人似乎近在眼前，这让他感到无比悲伤和思念。因为违反了规定，季主便责令范零子离开了石室。几年后，季主又让他看守一个铜柜，他再次违反禁令，所见情景与之前相同。范零子最终修道未成。[1]

> 1-范零子，随司马季主入常山石室。石室东北角有石匮，季主戒勿开。零子思归，发之，见其家父母大小，近而不远，乃悲思，季主遂逐之。经数载，复令守一铜匮，又违戒，所见如前。竟不得道。（《酉阳杂俎》）

现代监控技术

家庭监控：现代监控设备通过摄像头和互联网，将安装在家中的视频、音频、报警等监控系统连接起来，让人们随时随地查看家中的情况，保护家人的安全，并解相思之苦。

实时连接：通过智能手机和应用程序，用户可以实时查看监控视频，与家人保持联系，甚至可以通过摄像头进行远程通话。

石　匮

远程镜子

　　　　　　　古人的影讯技术系统

远程镜子。明代谢肇淛《五杂组》记载：前蜀高祖王建养子王宗寿得到一面铁制的古镜，把它挂在高台上欣赏，发现方圆百里的事情都能清清楚楚地反射在镜子里。又说宋代吕蒙有古镜，能照见二百里内外的事情。这些镜子的想象，已经接近监控摄像头的构想了。

现代技术

远程监控摄像头：现代摄像头可以通过网络进行远程监控，捕捉和记录远距离的图像和视频。

高清影像：现代摄像头提供高清影像，清晰地反映周围环境的细节。

照海镜。清代袁枚《续子不语》提到了一种照海镜，行船的时候，此镜可以照见海底的怪鱼与礁石，有了它，船只就可以在百里外提前准备躲避。有人在宜兴西北乡新芳桥邸的农耕地发现了一件神秘物品：它形状圆如罗盘，直径超过两尺，外圈深青透红，看起来像玉，但又不是玉，中间嵌着一块白色的石头，透明通亮，看起来像晶石，但又不是晶石，整体形状像个突立的罩子。

那人将它卖给镇东药店，卖价是八百文。后来一位客人经过此地，非常感兴趣，以十吊钱购买。然后，他再至崇明以一千七百两的银价卖给了别人。

商人说："这是'照海镜'，海水深沉昏暗，用它可以看到海里的怪鱼和各种礁石，甚至能看清百里之外的情形，提前避开危险。"[1]

1-宜兴西北乡新芳桥邸农耕地得一物，圆如罗盘，二尺余团围。外圈绀色，似玉非玉，中镶白色石一块，透底空明，似晶非晶，突立若盖。卖于镇东药店，得价八百文。塘西客某过之，赠以十千，至崇明卖之，得银一千七百两。海贾曰："此照海镜也。海水沉黑，照之可见怪鱼及一切礁石，百里外可预避也。"（《续子不语》）

▶ 外观描述

形状：照海镜形状圆如罗盘，直径超过两尺。

颜色与材质：外圈深青透红，类似于玉，但又不是玉，中间镶嵌着一块白色的石头，透明通亮，类似于晶石，但又不是晶石。

结构：整体形状像一个突立的罩子。

▶ 功能与用途

海底照明：照海镜能够在黑暗的海水中照亮周围，使得使用者能够看到海底的情况，包括奇特的鱼类和礁石。现代的水下摄像头和声呐设备能够探测和显示海底环境，提供实时的图像和数据。

预知危险：照海镜的另一个重要功能是预知海底的危险，帮助船只避开礁石和其他潜在的危险。

提升安全：由于能够提前看到海底的情况，照海镜显著提升了海上航行的安全性，尤其在黑暗和复杂的海况下。

业镜。受佛教的影响，古人想象出一种像录像机一样功能的镜子。据说通过"业镜"可以观察一个人一生的所作所为，这就相当于录像机了。

宋代孙光宪《北梦琐言》记载：青城山宝园寺的僧人彦先曾犯过罪，他人不知。他离开青城山前往蜀州，途中在天王院休息时暴毙。他的魂魄被带到一个官署，在见到地府之王前，先见到判官。判官问他所犯的罪，彦先却不承认，于是判官给他一个猪蹄，彦先推辞不接，但最后还是勉强接过，原来那是面镜子。镜子里照出他自己的影像，他以前的所有罪过都清晰地显现出来。彦先羞愧害怕，不知该怎么办。判官安抚他，给了他一个警告后就将他释放回人间了。[1]

明代小说《南游记》中说阎王天子有一宝贝，叫"孽镜"，通过它，可以看到一万年以来发生的事情，并且又可以照见未来一万年要发生的事情。

在古代小说中，还有不少对"业镜"的描述。"业镜"不仅可以展现过去、现在、未来所有发生的事情，还可以任意选择抽出某些过去、现在、未来发生的片段加以显现或回放，并且还具有类似现代视频播放中的快进、2倍速等功能。

圆光术。我们现在丢了东西，可以查看监控录像。古人也有这方面的需求，于是想象出一种专门

[1] 青城宝园山僧彦先，尝有隐慝，离山往蜀州，宿于中路天王院。暴卒，被人追摄，诣一官曹，未领见王，先见判官，诘其所犯。彦先抵讳之，判官乃取一猪脚与彦先，彦先推辞不及，俛偻受之。乃是一镜，照之，见自身在镜中，从前愆过猥亵，一切历然。彦先惭惧，莫知所措，判官安存，戒而遣之。（《北梦琐言》）

用来找东西的法术——"圆光术"。

圆光术就是通过某种仪式、咒语或者神秘的手段，创建出一种特殊的光环或光球，从而实现对特定区域内活动的观察和监控，如同现代的摄像设备和录像技术。《阅微草堂笔记》《里乘》《清稗类钞》等清代文献中都提及过有关的故事。

《里乘》中的故事情节

杭州沈公子有一颗家传的夜明珠，是稀世珍宝。有一天珠子不见了，他认为是两个童仆拿了，严刑逼问，但二人并不承认。最后，沈公子跟他们约定，在一段时间内必须找回来，否则要了他们的命。

当时有一个叫俞仲华的人，会圆光术，两个童仆求助于他。俞仲华找来一群孩子，让他们围在一起观察地上的镜光，镜光中出现了一幅画面，像是一个圆形的镜子。

孩子们看到镜子里首先显现出沈公子的花园，里面有池塘、亭子、花草、竹石、鱼鸟和栏杆等。接着，只见沈公子穿着丝绸衣服，头戴镶珠子的帽子走进书房，两名童仆跟在他后面。公子在书房里换上短衣，坐在书桌前看书，两名童仆则忙着点蜡烛、泡茶、递水果和莲藕、给公子按摩背部、驱赶蚊子，还替他铺床。沈公子伸了个懒腰，摘下帽子放在桌上，脱衣服和袜子，上床睡觉，童仆们收拾好便离开了房间。

俞仲华问孩子们："童仆们走后，帽子还在桌上吗？"孩子们回答："是的。"孩子们继续观察，突然看到花园池塘的荷叶间出现了一个白胡子老人，他四处张望着笑了起来。俞仲华说："这一定有奇怪的事情发生，继续仔细看。"

忽然，孩子们惊叫道："啊！好奇怪！老人上岸后，竟然变成了人头蛇身的怪物。他爬上台阶，从窗户缝隙里看进去，然后直接从窗户爬进房间，走到床前揭开帘子对着公子笑，又走到桌前，叼起帽子上的珠子，从窗户爬出去，蜿蜒着回到池塘里消失了。"

通过这段"录像"，俞仲华洗刷了二名童子的嫌疑。沈公子知道后，把池水抽干，果然见到了包裹夜明珠的角巾，可惜珠子和那个蛇妖不知去向。

22 / 古人想象的女性专属"照相机"

明代冯梦龙《情史》讲述了这样一个故事：大观年间，秀才方乔在街市上偶遇才女紫竹，对其一见钟情。无奈紫竹是大家闺秀，很少出来抛头露面。方乔对自己这个"白月光"念念不忘，每每看到市场上有卖肖像画的，他就疯狂地跑过去挨张看，希望能有一张画得像紫竹的，可惜总是没有相像的。

有一天方乔遇到一个道士，道士给了他一面古镜，镜子照某个特定女孩子，她的相貌就会留在镜子当中。方乔把镜子拿到市场的一个摊位找了个人代卖，终于等到了紫竹又出来逛街。

这一天，紫竹正好逛到卖镜子的摊位，看到了这把古镜，就拿起来照了一照，惊奇地发现，她的相貌留在上面了。紫竹问卖家：为何这面镜子会这么神奇，这是什么镜子？卖家说：这镜子是方乔的，你可以去问他。于是紫竹见到了方乔，方乔解释了事情的经过，并把镜子送给紫竹，两个人就这样认识而交往了起来。[1]

1—一日，遇道士持一锦囊，内有古镜。谓乔曰："子之用心，诚通神明。吾有此纯阳古镜，藏之久矣，今以奉赠。此镜一触至阴之气，留影不散。子之所遇少女，至阴独钟，试使人照之，即得其貌矣。然后令画工图之。"又戒乔不可照日，一照即飞入日宫，散为阳气矣。镜背有篆书云："火府百炼纯阳宝镜。"（《情史》）

照相镜子

功能：通过道术捕捉特定女性的相貌并保留在镜面上，类似于现代照相机的拍摄功能。

操作：特定女性照镜，相貌留存，但有使用限制（不能照日）。

意义：展示了古人对记录与保存特定人物形象的需求及幻想。

清代《聊斋志异》以及模仿《聊斋志异》的《益智录》中都记

载了这样一种镜子：女子只要对着镜子照一下，影像就在镜子中定格了，可以当成相片摆放在家里。要是换了装扮，或者再换一个女子来照，那么原来的影像就会消失，新的"照片"就产生了。镜子的影像可以随着照镜人的变化而更新，展现出一种动态的记录功能。

《聊斋志异》中的故事情节

冯生偶然获得了一面镜子。这面镜子背面有凤纽，环绕着水云湘妃的图案，镜子正面光泽明亮，光芒能照射一里多远，可以清晰地反映出人物的须眉。镜子最神奇的地方在于，当美人照镜时，她的影像会留在镜中；如果改妆再次照镜或换另一个美人，前一个影像就会消失。

冯生听闻肃府第三公主绝美，便想利用镜子偷偷捕捉她的影像。于是当公主游览崆峒山时，冯生就提前躲在山中，趁她下轿之际，用镜子捕捉了她的影像，随后将镜子带回家中，置于案头。每次审视镜子，冯生都能看到公主在镜中拈巾微笑，仿佛要说话一般。他对此非常喜爱，并将镜子小心收藏。

然而，这一行为被他的妻子泄露，引起了肃府的愤怒，肃府王爷下令追收镜子并准备处死冯生。冯生通过贿赂宦官试图平息此事，但公主提议嫁给冯生以消除耻辱。王起初不许，但在公主闭户不食后妥协，命宦官传达意图。

冯生已有妻子，坚守"糟糠之妻不下堂"的原则，宁死不愿接受公主。王再次逮捕冯生并准备对其妻子下毒，然而冯生的妻子进入宫中，以智慧和勇气赢得了妃子和公主的喜爱，最终促成了冯生与公主的婚姻，同时维持了原有的婚姻。[1]

1-得一镜，背有凤纽，环水云湘妃之图，光射里余，须眉皆可数。佳人一照，则影留其中，磨之不能灭也；若改妆重照，或更一美人，则前影消矣。（《聊斋志异》）

《益智录》中的故事情节

隗俊想为自己找一位理想的妻子，他得到一面神奇的镜子，镜子能够捕捉和留存特定女性的影像。当一女子照镜子时，她的影像会被记录下来；若另一女子再照镜子，前一个影像便会消失。

范氏和狐女要帮隗俊找合适的配偶，于是带着镜子到处去寻找

北宋王诜《绣栊晓镜图》，
台北故宫博物院藏

1-盖有美人，以镜照之，则美人之形容留镜中，若另照一人，而前人始杳。（《益智录》）

美貌女子，只要看到漂亮的女孩子，就请她们照镜子，然后将这些影像带回给隗俊查看。隗俊通过镜子看到了一系列女子的影像，但大多数并不满意，便让范氏和狐女继续寻找。经过多次尝试，最终镜子显示了一位令隗俊心动的女子的影像，看完之后，他魂牵梦绕，认定这就是理想的妻子。最终通过媒人说合，隗俊迎娶了这位通过镜子找到的女子。[1]

如果将古人想象的这种"照相机"的概念应用到现代，或许可以发明一种"智能相框"：类似于电子相框，可以自动循环显示多张照片，但每次新拍摄的照片会优先显示或替换旧照片。

古人想象中的这种"照相机"，只有给女性照的时候，才会有影像留存。我们或许还可以制作一种"女性专属智能相框"，相框内置摄像头，通过高精度面部识别算法设定一种程序：只有在识别到女性时才会激活拍照和影像留存功能。把它作为节日礼物送给母亲、妻子、女朋友或闺蜜，摆放在客厅里，当女性家庭成员经过相框时，相框自动捕捉并显示她们的影像，留下美好瞬间。

23 / 古人想象的"人脸识别"镜子

古人想象出一种可以人脸识别的镜子。

唐代《酉阳杂俎》记载：有一铁镜，直径五寸多，当几个人一起照这面镜子的时候，每个人在镜子里看到的只有自己，看不到其他人的影像。[1]

1-荀讽者，善药性，好读道书，能言名理，樊晃尝给其絮帛。有铁镜，径五寸余，鼻大如拳，言于道者处传得。亦无他异，但数人同照，各自见其影，不见别人影。（《酉阳杂俎》）

这项技术要是能应用于照相就好了，手机摄像头都只识别背景和手机的主人一个人，这样在网红打卡点拍照，就不用排队了。

人脸识别镜子

这种镜子还可以用于健身房、更衣室等，每个人在镜子中只能看到自己，这样在公共场合照镜子，可以保护隐私，也可以避免多人在镜子中对视的尴尬。

我们现在的镜头可以"美颜"，古人也有类似的想象。旧题汉代伶玄《飞燕外传》记载：中南半岛有个古国叫真腊，进献给汉朝的宫廷两件宝物——万年蛤和不夜珠，它们晚上会发光，如同月光，而且它们的功能就像现在的美颜相机，只要光照到人身上，不论这个人美丑如何，都会变得非常美艳动人。[1]

古人想象出通过改变光线使人看起来更加美丽，这一功能与现代的柔光灯、美颜相机和滤镜相似。

我们现在有一些"变脸"软件，你一拍，头像会变成老人、老虎等，古人也有类似的想象。《子不语》记载湘潭有"镜水"，能照人三生。有一书生去照，结果水中出现的是猛虎；有一老头去照，结果水中出现的是一位满头秀发的美女。[2]

现代一些商场中有"特效镜子"，通过感应和数字显示技术，将人转换成各种有趣的形象，如动画角色、动物等，这种体验与古代的"镜水"想象有异曲同工之妙。

1 - 真腊夷献万年蛤、不夜珠，光彩皆若月，照人无妍丑，绝美艳。（《飞燕外传》）

2 - 湘潭有镜水，照人三生。有骆秀才往照，非人形，乃一猛虎也。有老篾工往照，现作美女，云鬟霞佩。池开莲花，瓣瓣皆作青色。（《子不语》）

　　　　　　　　古人的影讯技术系统

24 / 昭华管：古人的 MV

汉晋《西京杂记》记载：秦咸阳宫收藏有一支叫昭华管的玉管（类似笛子），长二尺三寸（按秦尺，约 53 厘米），上边有二十六孔。一吹奏，就会有"MV 影像"：车马、山林一一浮现，还有隐约飘忽的车马杂沓声。停止吹奏，影像就都消失了。[1]

1-玉管长二尺三寸，二十六孔。吹之则见车马山林，隐辚相次，吹息，亦不复见，铭曰昭华之管。(《西京杂记》)

昭华管的神奇功能

视觉幻象：昭华管的最显著特点就是其在吹奏时产生的视觉效果。当乐声响起，听众不仅能听到美妙的笛音，还能看到伴随着音乐而出现的影像。车马、山林浮现在眼前，给人一种身临其境的感觉。这种效果类似于现代将听觉与视觉体验完美结合的多媒体表演。

动态幻象的消失：昭华管更令人惊奇的是，产生的影像会随着吹奏的停止而消失。

"昭华管"与现代 MV 相似处

▶ 视听结合

古人想象：昭华管通过吹奏玉笛产生影像，声音与图像结合，实现了视听同步。

现代科技：现代 MV 音乐与视频同步播放，通过视频增强音乐的表现力，达到视听结合的效果。

昭华管

▶ **动态影像**

古人想象：昭华管吹奏时影像浮现，停止吹奏影像消失，体现了动态影像的效果。

现代科技：现代 MV 视频内容根据音乐的节奏和情感进行动态变化，提供丰富的视觉体验。

▶ **沉浸体验**

古人想象：昭华管影像包括车马、山林，营造了一个虚拟的环境，让人仿佛置身其中。

现代科技：现代 MV 通过精心制作的视频内容，营造出一种身临其境的感觉，增强观众的体验。

25

助聪筒：古人想象的蓝牙耳机

晚清吴趼人《新石头记》提到一种类似蓝牙耳机的助听器，叫"助聪筒"，它用金属制成，是一个大约只有半寸长的金属筒状物，可以轻松地塞在耳朵里。在一座可以容纳五万人的大讲堂里，只要中间没有阻隔，"助聪筒"就让人在远处也能听到讲台上极细微的声音。[1]如此看来，它可能具有降噪和声音增强功能。

助聪筒

▶ **外观与结构**

材质：助聪筒用金属制成，这种材料可能是为了提高声音传导性和设备的耐用性。

尺寸：助聪筒非常小巧，长度大约只有半寸，可以轻松塞在耳朵里。

便携性：小巧的设计使得助聪筒非常便于携带和使用，能够随时随地为使用者提供声音的增强功能。

▶ **声音增强与传输功能**

声音放大：助聪筒能够增强声音，即使在距离很远的地方，也能清晰地听到极细微的声音。它可能通过放大和传输声波的方式，来增强远处的声音。

降噪与声音过滤：虽然文本中没有明确提到，但从其描述的效

1 - 老少年道："有的也不过小厂，不甚大观。此地逼近海疆，倒有个水师学堂，是个大观。那讲堂里面，足足可以容得五万人。"宝玉皱眉道："这讲堂大的倒不奇怪，只是那离得远的，怎么听得见讲呢？"老少年道："那位科学世家华自立，发明了一样新器，叫做'助聪筒'，用一种金类，做成一个小小筒子，不过半寸来长，拿来塞在耳朵里，任凭隔了多远，只要当中没有阻隔，极细的声音，都可以听得见的。"
（《新石头记》）

果来看，助聪筒可能具有一定的降噪功能，能够过滤掉环境噪音，让使用者更清晰地听到所需的声音。

▶ 适用场景

大讲堂的应用：助聪筒特别适用于大讲堂这样的场合。故事中提到一个可以容纳五万人的大讲堂，通过使用助聪筒，即使坐在远处的听众，也能够清晰地听到讲台上的讲话。

无障碍传输：只要中间没有障碍物，助聪筒就能让人听到远处的声音。这说明它可能通过某种方式对声音进行增强和定向传输，类似于现代的定向声波技术。

助聪筒

古人的影讯技术系统

26 / 古人想象的备份"优盘"

古人有不少对提高记忆力的想象。先秦《山海经》记载有一种"枥木",吃了它的果实,记忆力会特别好。东晋葛洪《抱朴子》中说韩众服用"菖蒲"十三年,他能一天看书万言,而且全能背诵下来。清代李汝珍《镜花缘》中提到了一种"朱草",说吃了它之后,耳聪目明,小时候读的书,都能丝毫不差地想起来,等等。这些都是古人依靠食物提高记忆力的想象。

除此之外,古人还有器物方面的想象。五代王仁裕《开元天宝遗事》记载:唐代宰相张说得到一个"记事珠",如果有忘记的事情,只要拿着这颗珠子玩弄,就会感觉心神开悟,所有事情无论大小都能清楚地回想起来。[1]

1-开元中,张说为宰相,有人惠说一珠,绀色,有光,名曰记事珠。或有阙忘之事,则以手持弄此珠,便觉心神开悟,事无巨细,涣然明晓,一无所忘。说祕而宝也。(《开元天宝遗事》)

这颗绀色的"记事珠"根据文中的记载,具有以下神奇功能。

恢复记忆:当张说忘记某些事情时,只需将珠子拿在手中把玩,便能回忆起所有的细节。

启迪心智:通过把玩珠子,张说感觉心神开悟,记忆力和理解力大幅提升。

管理信息:珠子帮助张说管理和利用信息,使他不再遗忘大事小事。

"记事珠"功能类似于现代的备份"优盘",我们看看"优盘"的特性。

信息存储：优盘可以存储大量数据，包括文档、图片、视频等信息。

数据恢复：当我们忘记某些信息时，只需插入优盘，查看存储的数据，便能找回所需的资料。

便携性：优盘小巧便携，随时随地都能帮助我们管理和访问信息。

记事珠 VS 优盘

"记事珠"与现代人发明优盘的初衷有异曲同工之妙。无论是古代的"记事珠"还是现代的优盘，目的都是提升人们的记忆力和信息管理能力，使生活和工作更加便捷和高效。

27 / 古人的手机需求与想象

古人的想象力丰富多彩，他们对"手"功能的幻想，似乎预示了现代手机的一些核心功能。

远程通信与视频通话。古人想象，要是通过"手"上什么东西，能与千里之外的人"面对面"就好了。南朝梁慧皎《高僧传》记载：晋怀帝永嘉四年，佛图澄来到洛阳，他是一位得道的高僧。人们说他用油麻掺合胭脂涂在手掌上，千里之外的事物可以在手掌中显现，如在面前。[1] 如今，通过手机视频通话功能，人们真的可以随时随地与远方的亲友面对面交流了。

信息储存与回顾。手机有储存功能，古人也有这方面的需求，要是能通过手上什么东西储存信息就好了。《高僧传》记载：南朝宋孝武帝在位时期，有一位高僧来到京师，人们说他把香涂在手掌上，就可以看到过去的事情。[2] 这一想象，大概如同我们现在手机储存相片和视频的功能。

照明功能。手机有照明功能，古人对于手也有类似想象。东晋《拾遗记》记载：在左右手上用丹砂分别画上日月，晚上举着手，就可以当手电筒用了，光亮可以照百余步。[3] 这种想象力反映了人类对于便利工具和夜间生活改进的追求。

电子支付。明代《吕祖志》记载了一个有趣的故事：吕洞宾将一枚神奇的钱币交给一个小孩，说这枚

1-以油麻杂胭脂涂掌，千里外事皆彻见掌中，如对面焉。（《高僧传》）

2-以香涂掌，亦见人往事。（《高僧传》）

3-韩房身长一丈，垂发至膝，以丹砂画左右手，如日月盈缺之势，可照百余步。（《拾遗记》）

1-道人笑将一钱置儿手，戒之曰："汝要买物吃时，但用此，尽取尽有，惟不得向人说。"儿喜归家，密白其父，开手示之，才用一钱毕，又有一钱在手。（《吕祖志》）

钱币可以无限使用，从手中拿出这枚钱币支付后，再张开手时，又会出现一枚新的钱币。小孩兴奋地回家，把秘密告诉了父亲，并展示了这枚神奇钱币的效果：每次支付后，手中总会再出现一枚钱币。[1]

这种对"手"的想象是不是很像现代的手机支付，如微信支付、支付宝，只要账户中有余额，就可以随时支付，方便快捷。

现代手机功能，如视频通话、信息存储、照明和电子支付等，都可以在古人对"手"功能的幻想中找到对应。我们可以看到，人类对更高效、更便捷的生活方式的追求是一脉相承的，从古至今从未改变。

28 / 古代黑科技之"微信"

在清代，人们似乎发明了类似于现代微信语音功能的装置。

清代袁枚《续子不语》记载：程嘉荫发明了一种称为"寄话筒"的装置，筒子中间有多个小隔闸，内部有机关可以封住空气。人对着筒子说话后，把闸关上，就可以把声音储存起来。闸有一定的次序，如果乱开，话语就无法成句。据程嘉荫所说，这种方法可以保存话语一百天，超过一百天，内部的声音就会散掉。[1]

1-（程嘉荫）亦能造寄话筒。筒间寸许，有闸隔之，内有机闭气，人向筒语毕，则闸之。闸有次第，若乱开，则不成句矣。据程云，此法可贮百日，过百日则机微气散。（《续子不语》）

程嘉荫的"寄话筒"

构造和使用方法：寄话筒造型如竹筒，分成好几节，每节之间由小闸门隔开。人们对着筒说话，每说完一段话就要关闭一个小闸门，防止声音混乱。这与微信语音每段话最多 60 秒的设计类似。这样一段一段的语音存入寄话筒之后，就可以将筒寄送给远方的人收听了。

存储和播放：寄话筒中的声音能保存百日之久，过了百日声音就会消散，相当于现代设备的自动清理缓存功能。要想播放，收件人需要按顺序打开闸门，逐段听取存储的语音信息。

清代袁枚《子不语》和晚清徐珂《清稗类钞》都提到了另一个人发明的"微信"，这就是由乾隆年间婺源秀才江永（字慎修）制作的"传声机"。《清稗类钞》记载：江永发明了一种竹筒，竹筒内装有玻璃盖，有钥匙可以打开。打开竹筒后，可以对着筒子说上几千

1-江慎修永置一竹筒，中用玻璃为盖，有钥开之。开则向筒说数千言，言毕即闭，传千里内。人开筒侧耳，其音宛在，如面谈也。过千里，则音渐渐散不全。慎修，乾隆壬午年卒，则其法发明之时期，尚在留声机、电话之前也。(《清稗类钞》)

言，讲完后立即关上，声音就被保存好了。这个竹筒可以传递到千里以内的地方。接收的人打开竹筒，把耳朵靠近筒口，就能听到原话，就像面对面交谈一样。如果传递超过千里，声音就会渐渐消散，不再完整。江永在乾隆壬午年去世，因此他发明这个竹筒的时间，远在西方留声机和电话发明之前。[1]

江永的"传声机"

构造和使用方法：一个竹筒，用玻璃作为小闸门，密封效果好。

存储容量：能够储存数千言，内存大。

传送范围和信号质量：向筒内说完话后将筒盖关闭，可以传送到千里内的收件人。打开筒盖后，声音依然清晰，仿佛面对面交流。但是超过千里，信号质量开始下降，声音逐渐不全。

这些古代发明反映出古人在当时科技条件下对远程交流的需求和创造力。

古人的影讯技术系统

29 / 古人想象的邮件撤回功能

在现代社会，电子邮件撤回功能可以帮助我们避免因为发错了信息而尴尬。古人虽然没有现代技术，但他们对通信中的错误修正也有自己的想象和解决方式。

唐末五代杜光庭《仙传拾遗》记载：唐大历年间，西川节度使崔宁给上司写了一封信，事关重要，因此派人"走马入奏"[1]。结果送信的人骑着快马出发三日后，崔宁才发现，誊抄好的正式文件居然还在桌子上：坏了，寄错了，把草稿纸误发出去了！

崔宁估算了一下送信人马的速度，即使现在再派人骑上最快的马去追，也不可能追上了。给上司发错了文件，那是很严重的失误，为此他惶恐不已，不知道该怎么办。

崔宁知道张殖有法术，便召来，张殖说小事一桩。只见他点燃一炉香，把誊清的文件放在烟上晃了晃，文件忽然飞了出去，大约过了一顿饭的时间，被送走的草稿飞了回来。

等又过了几天，送信的人回来了，崔宁问他一路上有没有什么异常，送信人说一切正常，信件直到递交上去，封口和印章都和之前一样完好无损，信没有被打开的痕迹。上司打开信件看到的是誊写好的公文，并不知道草稿被替换之事。[2]

1-"走马入奏"是古代的一种重要的通报制度，通常用于紧急情况下向皇帝或高级官员报告重要事件。特派的使者会骑马快速前往目的地，而不是使用其他交通方式，以确保信息的迅速传达。

2-大历中，西川节度使崔宁，尝有密切之事差人走马入奏。发已三日，忽于案上文籍之中，见所奏表净本犹在；其函中所封，乃表草耳。计人马之力，不可复追，忧惶不已，莫知其计。知殖术，召而语之。殖曰："此易耳，不足忧也。"乃炷香一炉，以所写净表置香烟上，忽然飞去。食顷，得所封表草坠于殖前。及使回问之，并不觉。进表之时，封题印署如故。（《太平广记》引《仙传拾遗》）

古人想象的香炉撤回邮件

古人想象与现代科技的相似之处：

▶ 纠错机制

古人想象：张殖通过点燃香炉，利用香烟的神秘力量，将正式文件传送出去并替换了已经发送的草稿。

现代科技：电子邮件系统中的撤回功能允许用户在发送错误邮件后将其撤回，替换或删除错误的信息。

▶ 信息的隐秘传递

古人想象：香的使用非常隐秘，文件在香烟的作用下飞行且不被察觉，确保了信息的安全性。

现代科技：电子邮件的加密和撤回功能确保信息在传输过程中的隐秘性和安全性，防止信息被未授权的人查看。

▶ 时间效应

古人想象：香依靠神奇力量能够在短时间内实现文件的传递和替换，类似于瞬间传输。

现代科技：电子邮件撤回功能在发送后的一段时间内有效，允许用户在短时间内纠正错误。

30 / 阅后即焚的文字

　　我们现在通讯设备中有一个功能叫"阅后即焚"，阅读完了消息，过几秒或者退出聊天界面，文字、图片就会自动消失。

　　古人虽然没有这样的技术，但他们在文学作品中想象了类似的概念。

阅读后飞走的文字

　　唐代余知古《渚宫旧事》记载：刘廓、朱道珍是非常要好的朋友，他们都喜欢下围棋，常常不分昼夜地聚在一起下棋。可惜，朱道珍在元徽三年某月六日去世了。几个月后的一天，刘廓正在屋里静坐，忽然一个人出现在他面前，手里拿着一封信，递给了他。那人告诉刘廓："这是朱道珍给你的信。"刘廓打开信，里面写道："我常常怀念我们一起下棋的美好时光，虽然现在相隔甚远，无法再像以前那样下棋，但我相信我们的缘分还没有尽，或许很快能再见面。"刘廓读完信后，信

1-海外浮提国，其人皆飞仙，好游行天下。至其地，能言土人之言，服其服，食其食，极意与人同乐。欲返国，顷刻可万里。万历间，叶侍御按江西，有司言市上一群狂客善黄白，极饮娱乐，市物甚侈，多取珠玉绮缯，赏之过其直，满用金钱不甚惜。及抵暮忽不见，诘其逆旅，衣囊俱无。有请大索，侍御不许。召至前，果能江右土语。手持一石如水晶，可七寸许，举之案上，上下前后物入镜中，照极毛芥。又持一金镂小函，中有经卷，乌楮绿字，如般若语，览毕则字飞。愿献此二者，侍御却而遣之，明日遂不复见。(《枣林杂俎》)

件就消失了。

为了找下棋"搭子"，古人想象，哪怕阴阳隔绝都是可以为此而建立联系的。"廊读毕，失信所在"，读完信，信件随之消失，这种想象被我们现代的"阅后即焚"功能实现了。

明代谈迁《枣林杂俎》记载：海外浮提国有一帮异人，他们会瞬间移动，而且到了一个地方，还会说当地的语言。有一次他们来到江西，给当地官员展示了两件宝物：一件是像水晶一样的石头，放在桌子上，上下前后的物件都可以在这块如镜子一样光亮的水晶石中显现；另一件是小金盒，里面有经卷，经卷上的文字，你只要看完了一句，那一句话就会飞走不见。[1]

水晶石头

石头像水晶一样光亮，放在桌子上，可以映照出上下前后的物件。现代科技中，全息显示设备能够展示三维图像，提供全景视角，水晶石头想象大概类似于这种技术。

金盒与经卷

金盒：金盒作为经卷的容器，保护其中的经书，类似于现代数据存储设备，如加密的 USB 或硬盘。

阅后即焚的文字：金盒中的经卷文字在阅读后会自动消失，类似于现代的"阅后即焚"功能。

31 / 信件通讯保密措施

　　古人在传递信件的时候，想了很多保密措施。如封泥就是古代常用的保密手段之一，即在信件封口处加上封泥——盖有印章的干燥坚硬的泥团，如有人打开，就会破坏封泥，这样就能防止他人偷窥信件内容了。这是一种较为简单却有效的方法。

　　《金史》记载了一件特殊的"加密信件"。金中都被围困，完颜承晖用矾写奏章告急。这是金朝人发明的一种秘密书写方法，为了让写出的书信不被泄漏，人们把矾和胶与铁钉共煮，得到一种"水"，写字时蘸着这种水在白纸上写，看不到文字，要想看到文字，须取来一些墨，涂在纸张的背后，纸上的文字就显示出来了。

现代技术

　　隐写术：隐写术（Steganography）是将信息隐藏在其他文件，如图片、音频或视频文件中，只有知道方法的人才能提取出隐藏的信息。

　　加密技术：使用先进的加密算法对信件内容进行加密，只有持有解密密钥的人才能阅读。

　　唐代段成式《酉阳杂俎》记载了这样一种信件保密措施：有一个叫裴沆的人，在送信的路上，想要偷看信的内容。信装在一个饭碗大小的包裹中，他想打开，结果有四条红蛇从包袱的四个角伸出脑袋来，吓得他不敢打开了。这封信只有收件人才能打开。[1]

1-裴还洛，中路阅其附信，将发之，襆四角各有赤蛇出头，裴乃止。（《酉阳杂俎》）

这个思路很有意思，我们未来或许可以利用虚拟现实（VR）或增强现实（AR）技术，在行李箱或包裹周围创建虚拟的守卫或障碍物，只有授权的人才能拿走或者打开。这样我们在外出的时候，行李箱就不怕丢了，去海边的时候，把行李放在沙滩上，自己去海里玩，也不怕丢了。

未来创意：虚拟守卫行李箱

古人想象的"全息投影通讯"

　　我们在科幻电影中，经常见到"全息投影"，如一个千里之外的人，可以通过电子设备，在会议现场生成一个三维立体的人像，从而主持大会。

　　古人也有类似"全息投影"的想象。如唐代张读《宣室志》讲述了这样一个故事：有个姓吕的小伙子家里很穷，去投靠自己当官的表伯父，结果并没有受到优待。小伙子无奈，就住到了这个陌生城市的旅馆里，过了一个多月，他更穷了。

　　偶然间小伙子遇到一位俞老头，好心的老头看他可怜，就把他请到自己家里，说可以帮他。到了晚上，俞老头拿出一个瓦器放在地上，一顿饭的时间（大概相当于我们的拨号连线环节），再把那个瓦器拿起来一看，里面有一个身高五寸的三维立体小人，穿着官服，是小伙子表伯父的模样。老头开始对话，劝这个小人要好好招待小伙子，晓之以理，动之以情："这个小伙子是你的表侄，家境贫困，特意来投靠你，但你却不理不睬，这可不是亲亲之道。你应该好好招待他，给他一些钱财和生活必需品。"三维立体小人被说动，躬身作揖答应了。

古人想象的"全息投影通讯"

1·叟因取一缶合于地。仅食顷，举而视之，见一人长五寸许，紫绶金腰带，俯而拱焉。俞叟指曰："此乃尚书王公之魂也。"吕生熟视其状貌，果类王公，心默而异之。因戒曰："吕乃汝之表侄也，家苦贫，无以给旦夕之赡，故自渭北不远而来。汝宜厚给馆谷，尽亲亲之道。汝何自矜，曾不一顾，岂人心哉！今不罪汝，宜厚贶之，无使为留滞之客。"紫衣偻而揖，若受教之状。叟又曰："吕生无仆马，可致一匹一仆，缣二百匹，以遗之。"紫衣又偻而揖。于是却以缶合于上，有顷再启之，已无见矣。明旦，天将晓，叟谓吕生曰："子可疾去，王公旦夕召子矣。"及归逆旅，王公果使召之。方见，且谢曰："吾子不远见访，属军府务殷，未果一日接言，深用为愧。幸吾子察之。"是日始馆吕生驿亭，与宴游累日。吕生告去，王公赠仆马及缣二百。（《宣室志》）

老头又把瓦器放回地上，过了一会儿，再掀起瓦器，那个小人已不见了。

　　第二天早晨，小伙子果然被表伯父叫去，得到了丰厚的资助，包括仆马及缣二百匹。表伯父还对小伙子表示歉意，说自己之前事务繁忙，没有及时接待他。小伙子得到帮助后，满心感激，返回了家乡。[1] 这个故事展示了古人对远程交流的独特构想。

神奇的瓦器

▶ 外观设计

　　材质：瓦器，可能是用陶土制成的，这在唐代是常见的材料。

　　大小：故事中没有明确提到瓦器的具体尺寸，但能装下一个小人的尺寸，可以推测瓦器应当适中，不会过大或过小。

▶ 功能特性

　　即时投影：瓦器能够投影出一个三维立体的小人，形象逼真。

　　形象大小：投影出的小人高五寸（按唐小尺，约 12 厘米），穿着官服，精确呈现表伯父的模样。

　　双向交流：老头与小人对话，劝说其招待小伙子，显示了瓦器投影的不仅仅是影像，还有一定的智能交互功能。

　　快速反应：老头在瓦器上进行操作后，只需一顿饭的时间，小人就出现在瓦器中。这显示了瓦器能够迅速生成立体影像并进行互动。

　　动态消失：对话结束后，小人会在瓦器中消失。瓦器可以快速进入和退出投影模式。

33 / 古人想象的"喷墨打印机"

古代文献中记载的古人对书写和绘画的独特想象，有一些类似现代打印机和喷绘的原理。

东晋葛洪《神仙传》记载：有一个叫班孟的人，她可以在半空中坐着跟人聊天，又可以走着走着整个身子钻进地下去。最神奇的是，班孟能够将墨放在嘴里嚼，然后对着纸喷出墨汁，瞬间纸上就会出现满满的文字，这些文字都各有意义，仿佛经过精心书写一般。[1] 这种能力类似现代的喷墨打印机。

班孟的技艺与现代喷墨打印机技术

墨水喷射：喷墨打印机通过喷射墨水在纸上形成文字和图像，班孟正是通过喷出墨汁在纸上形成有意义的文字。

快速成文：现代喷墨打印机可以迅速打印大量文本和图像，而班孟则能一口喷出，立即在纸上生成满篇文字。

精确表达：班孟喷出的文字各有意义，显示了她能够精确地控制墨汁的喷射和文字的形成，这与喷墨打印机的精细打印效果类似。

东晋《拾遗记》还记载了一个"喷绘"故事：在秦朝，有一位名叫烈裔的画家，他来自一个叫骞霄的国家。秦始皇得知他技艺非凡后，将他召入宫中。他口含颜料，喷在壁上，就形成了一幅精美的龙兽图画。另外，他用手指在地上画线，就像用绳子量一样精确，

[1] 班孟者，不知何许人。或云女子也。能飞行终日，又能坐空虚之中，与人言语；又能入地中，初时没足，至腰及胸，渐渐但余冠帻，良久而尽没不见。……又能含墨舒纸，著前嚼墨，一喷之，皆成文字，满纸各有意义。后服酒饵丹，年四百余岁，更少容。后入大冶山中，仙去也。《神仙传》

用手直接画圆、画方,就跟用了圆规、尺子一样准确。他还能在方寸内画出五岳四渎和各个国家的分布。他所画的龙凤极为逼真,就像要飞走一样。[1]烈裔口含颜料喷绘龙兽的技艺,可以与现代的喷绘技术相媲美。

烈裔的技艺与现代喷绘技术

▶ 喷射颜料

烈裔的技艺:他能口含颜料,喷射到墙壁上形成图案。这需要对喷射力道和方向的精细控制。

现代喷绘技术:现代喷绘技术使用高精度喷嘴,通过计算机控制,将颜料或墨水喷射到画布或墙壁上。喷绘机能够控制喷嘴的运动和颜料的喷射量,确保画作的每一细节都符合预期。

▶ 手指绘画与精细控制

烈裔的技艺:他用手指在地上画线,如同用绳子量过一样精确,能够画出完美的圆和方形,并在方寸内绘制复杂的地理图。

现代喷绘技术:现代喷绘技术通过计算机精确控制,能够绘制出精细的图案。无论是简单的几何形状,还是复杂的地理图和细节丰富的图像,都可以通过编程实现。

▶ 绘制复杂图案

烈裔的技艺:烈裔擅长绘制龙凤等复杂图案,画作栩栩如生,充满动态感。

现代喷绘技术:现代喷绘技术能够轻松绘制复杂的图案,精度和细节都达到极高的水平。从简单的线条到复杂的图像,都能通过计算机程序控制,实现高度真实的效果。

唐代《酉阳杂俎》也记载了"彩绘":故事发生在唐代大历年间(766—779年),地点是在荆州的一座名为陟岵寺的寺庙内。有位术士将各种颜料混合在一个器皿中，然后将之含在嘴里喷洒到白墙上，瞬间出现了一幅表现佛教故事的图像——《维摩问疾变相》[1]。这幅图像色彩鲜艳，细节生动，让观看的人惊叹不已。大半天后，图像的颜色逐渐褪去，到了傍晚几近消失，不过图中金粟纶巾和鸳子衣服上的一朵花在两天后却仍然可见。[2]

术士的喷绘技艺与现代临时艺术装置

临时性：术士喷绘的图像随着时间的流逝逐渐消失，这与现代临时艺术装置的短暂存在非常相似。例如，沙雕艺术、光影艺术、街头涂鸦等通常在特定时间段内展出，然后自然消失或被移除。术士的技艺展示了对时间流逝的敏感把握，创造了短暂而美丽的艺术瞬间。

表现形式：术士通过喷洒颜料在白墙上形成图像，这种直接将颜料喷射到表面的技艺，与现代街头涂鸦艺术家的创作方式非常类似。（涂鸦艺术家使用喷漆在墙壁上创作图案和文字，形成独特的艺术表达。）两者都利用了喷射技术，直接在垂直表面上进行创作，展现了艺术家对空间和色彩的掌控。

色彩变化：术士喷绘的图像颜色在一段时间后逐渐变淡直至消失，这种色彩的短暂性与光影艺术中的色彩变化相呼应。光影艺术通过灯光和投影技术，在建筑物和场地上投射出多彩的图案和影像，随着时间的推移和灯光的变化，图像也会消失或改变。光影艺术通过动态变化的色彩和光线，创造出临时而迷人的视觉效果，与术士的喷绘技艺在理念上似乎有相通之处。

1-《维摩问疾变相》取材于《维摩诘经》，描绘了佛教大德维摩诘居士以智慧和辩才，与前来探病的诸佛弟子进行讨论的场景。该题材在中国佛教艺术中广为流传，经常被用于壁画、雕刻和绘画作品。

2-大历中，荆州有术士从南来，止于陟屺寺，好酒，少有醒时。因寺中大斋会，人众数千，术士忽曰："余有一伎，可代抃瓦厴珠之欢也。"乃合彩色于一器中，骤步抓目，徐祝数十言，方欲水再三，噀壁上，成《维摩问疾变相》，五色相宣，如新写。逮半日余，色渐薄，至暮都灭。唯金粟纶巾、鸳子衣上一花，经两日犹在。成式见寺僧惟肃说，忘其姓名。（《酉阳杂俎》）

34 / 古人想象的"智慧芯片"

1- 历稔，忽梦一人，刀划其腹开，以一卷之书，置于心腑。及觉，而吟咏之意，皆绮美之词，所得不由于师友也。(《云溪友议》)

2- 郑康成师马融，三载不闻，融鄙而遣还。玄过树阴假寐。见一老父，以刀开腹心。谓曰："子可以学矣。"于是寤而即返。遂精洞典籍。(《异苑》)

我们现代人有对大脑植入芯片的幻想，古人也有类似想象。

唐代范摅《云溪友议》记载：胡生做梦梦到有人拿着刀子把他的肚子剖开了，并把一卷书放到了他的心脏里面（古人对心脏的定位就相当于我们现在的大脑），等他醒来后，就变得非常有才华，能出口成章，辞藻华美。[1]

南朝宋刘敬叔《异苑》记载：东汉郑玄（字康成）跟老师马融学习了三年，马融却没教给他什么。郑玄有一次在树荫下和衣小睡，梦见一个人用刀划开他的心，对他说："你是可以自学的。"郑玄睡醒后立即返回，再学习读书，瞬间开悟，不用人教，自学就能弄明白。[2] 相当于神人给他大脑里的"智慧芯片"升级了，他不久就把典籍都弄懂了。

现代技术：脑机接口（BMI/BCI）技术正在研究如何通过植入芯片来增强大脑功能，以提高学习和记忆能力。

古人想象：古人通过神话故事表达了对快速学习和提升智慧的幻想，类似于现代的智慧芯片和脑机接口概念。

大脑升级

35 古代黑科技之 3D 眼镜

清初《虞初新志》记载：黄履庄有《奇器目略》一书，其中记载的几个发明展示了古人对三维视觉效果和动态影像的奇妙想象。[1]

管窥镜画。这是一种通过管道观看的画作，直接看时显得杂乱无章，但通过管道看却能呈现出栩栩如生的图像。这与现代 3D 眼镜的效果类似，不戴眼镜时图像模糊，戴上后就变得清晰。

视觉转化：管窥镜画利用管道和光学原理将杂乱图像转换为清晰画面，类似于 3D 眼镜通过视差障壁原理，将左右眼看到的不同图像组合成一个立体的图像。

体验效果：需要特定工具（管窥镜或 3D 眼镜）来体验效果，直接观看时图像不清晰，需要工具来进行视觉转化。

上下画。这种画作从不同的角度观看会呈现不同的图像。从上方看是一幅画，从下方看又是另一幅。

多视角展示：上下画根据观看者的视角展示不同的图像，类似于现代多视角成像技术和多视角显示屏。

动态视角体验：观众通过改变观察角度可以体验到不同的视觉效果，类似于现代互动艺术装置。例如，一些互动艺术装置会根据观众的位置改变显示内容，或通过运动传感器追踪观众的视角。

三面画。一幅画从三个不同角度观看，会展示三幅不同的图像。

1-管窥镜画：全不似画，以管窥之，则生动如真。上下画：一画上下观之，则成二画。三面画：一画三面观之，则成三画。……自动戏：内音乐俱备，不烦人力，而节奏自然。真画：人物鸟兽，皆能自动，与真无二。灯衢：作小屋一间，内悬灯数盏。人入其中，如至通衢大市，人烟稠杂，灯火连绵，一望数里。（《虞初新志》）

多维度成像：三面画类似现代全息图技术，全息图利用光学干涉和衍射原理，从不同角度观看时，显示不同的图像内容。例如，全息影像可以通过光的干涉图样记录和重现三维物体的全息信息，观众从不同角度可以看到物体的不同面。

视觉交互：现代交互式全息展示技术允许观众通过移动位置或视角来看到不同的内容。例如，在博物馆展览中，观众可以走动或转动全息展示设备，探索不同的视角和内容。三面画和现代交互式全息展示技术都鼓励观众主动参与，通过改变视角来探索和体验不同的视觉内容。两者都提供了一种探索性的视觉体验，激发观众的好奇心和互动参与。

自动戏。这是一个可以自动播放音乐的装置，不需要人力操作，节奏自然。

自动化演奏：自动戏可以自动播放音乐，类似于早期音乐盒，18 世纪末到 19 世纪的音乐盒通过旋转的圆筒或碟片上的突起敲击钢片，发出美妙的音乐。

持续播放：这种装置能够长时间播放音乐，类似于现代背景音乐系统或自动音乐播放设备，提供持续的听觉享受。

真画。这种画作中的人物、鸟兽都能够动起来，仿佛是真实的生物。

动态表现：真画中的角色和场景可以动态表现，类似于现代动画技术，使得画面充满生机和活力。

生动展示：以动态方式展示内容，类似于现代动态显示器或数字画框，可以呈现不断变化的画面。

灯衢。这是一个小屋子，里面悬挂着数盏灯，人进入屋子后，如同置身在一热闹市场，人非常多，灯顺着大路连绵数里。

虚拟环境：灯衢通过灯光和空间设计，创造出一种虚拟的环境体验，类似于现代的 VR 设备营造出的虚拟现实场景。

沉浸感：这种装置让观众感受到置身于一个完全不同的世界，类似于现代的沉浸式剧场或体验馆，通过灯光和影像效果增强沉浸感。

　　　　　　　古人的影讯技术系统

36 古代黑科技之书画界的"动图之祖"

相声中有一个段子：有一幅画，画中一个人携带着伞。卖家说，要是下雨天打开这幅画，画中人就是打着伞的；要是晴天打开画，画中人是夹着伞的。有一个人在晴天的时候买了夹着伞的，等下雨天的时候，他想向朋友们炫耀一下这幅稀世珍宝，结果打开之后，发现画中人还是夹着伞的，他很生气，去找卖画老板。老板说这画实际是两幅一套，一幅是人夹着伞，一幅是人打开伞，下雨天就挂打开伞的，晴天就挂夹着伞的。这显然是蒙人，不是"动图"。

北宋《湘山野录》则记载了一个真的"动图"：徐知谔得到一幅神奇的画，上边画着一头牛，白天的时候，牛在外面吃草，晚上牛就在牛栏卧着睡觉。后来徐知谔把画给了后主李煜，李煜又进贡给了大宋皇帝。宋太宗让大家讨论这幅画是怎么回事，有一位僧人指出来："这是用两种特殊颜料绘制成的，一种颜色的特点是昼隐而夜显，即白天看不到，晚上显现；另一种材料的特点则是昼显而夜晦，即白天看得见，晚上看不到。"[1]

清代《浪迹丛谈》也说到了这幅画：南唐李后主有《牧牛图》，画的是一头牛在白天吃草栏外，夜晚却在栏内休息的情景。这幅画后来被送给了

1-江南徐知谔为润州节度使温之少子也，美姿度，喜蓄奇玩。蛮商得一凤头，乃飞禽之枯骨也，彩翠夺目，朱冠绀毛，金嘴如生，正类大雄鸡，广五寸，其脑平正，可为枕。谔偿钱五十万。又得画牛一轴。昼则啮草栏外，夜则归卧栏中。谔献后主煜，煜持贡阙下。太宗张后苑以示群臣，俱无知者。惟僧录赞宁曰："南倭海水或减，则滩碛微露，倭人拾方诸蚌，胎中有余泪数滴者，得之和色着物，则昼隐而夜显。沃焦山时或风挠击，忽有石落海岸，得之滴水磨色染物，则昼显而夜晦。"诸学士皆以为无稽。宁曰："见《张骞海外异记》。"后杜镐检三馆书目，果见于六朝旧本书中载之。（《湘山野录》）

1-《昨梦录》载：南唐李后主有《牧牛图》，献于宋太宗，图中日见一牛，食草栏外，而夜宿栏内。太宗以询群臣，皆莫知之，独僧赞宁曰："此海南珠脂和色画之，则夜见；沃焦山石磨色画之，则昼见。各一牛也。"按珠脂别无经见，沃焦山亦非人迹所能到，恐此系一时取辨应对。邱至纲《俊林机要》则以为，用大蚌含胎结珠未就如泪者，立取和墨，欲日见者于日下画，欲夜见者于月下画。此说似尚近理，然珠泪亦难得，此事究未经亲试，不敢遽断其是非矣。(《浪迹丛谈》)

宋太宗，太宗询问大臣们，希望能解释其中的奥妙，但是大臣们都不知道该如何解释。有一位僧人说："这幅画可能是用了海南珠脂和沃焦山石的颜色来画的。海南珠脂在夜晚才会显露出来，而用山石磨出来的颜料画的部分在白天才会显示出来，所以画中的牛不是同一头牛。"后来，也有人提出不同看法，如邱至纲《俊林机要》描述说："用大河蚌的一种泪状珠液调墨作画，白天在太阳下画的就只能在白天看见，夜间在月亮下画的就只能在夜间看见。"[1]

画作背景与传承

《牧牛图》的发现与流传：《湘山野录》提到，徐知谔得到了这幅奇妙的《牧牛图》，将之献给了后主李煜，李煜又将其进贡给宋太宗。宋太宗对这幅画的奇特效果感到非常好奇，于是召集群臣讨论其原理。

画作的神奇效果：画中牛的行为在不同时间段会发生变化，白天牛在外面活动，而到了晚上则会回到栏中。这种动态变化使得画作仿佛具有生命力，吸引了观者的注意力。

古人对画作原理的解释

僧人赞宁的解释：这幅画使用了两种特殊的颜料，一种在白天显现，另一种在夜晚显现。具体来说，白天显现的部分使用了沃焦山石磨成的颜料，而夜晚显现的部分则使用了海南珠脂。两者结合，形成了日夜交替的动态效果。

邱至纲的解释：这幅画的动态效果是通过用大蚌含胎未成珠时如泪的液体和墨调和绘制的。白天在太阳下画的部分只能在白天看到，而夜间在月光下画的部分则只能在夜间显现。这种解释强调了画作的制作过程与光线的关系。

现代物理的视角：这种现象可能是由于使用了具有不同光反射和荧光特性的颜料。白天的光线和夜晚的光线激发了颜料的不同反应，从而使得画作在不同时间展现出不同的景象。

宋代《搜神秘览》也记载了两幅奇画：其中一幅是《牧牛图》，晚上的时候看这幅画，牛在牛栏中，人在家中，白天的时候看这幅画，人在川泽之间放群牛；另一幅画是《寒江独钓图》，白天看，一个人在船头钓鱼，晚上看，则人在舟中睡觉，鱼竿放在船篷上。

《搜神秘览》中的故事情节

从前有一位非常神奇的画家，他的画作常常令人惊叹不已。其中一幅画，画面上有一个人在草原上牧放着一群牛，场面非常壮观，几乎填满了整个草原和河流。但是，晚上看这幅画时，画中的人躺在小屋下，而牛则被关在牛栏里。等到早上再看时，人和牛群回到了原来的草原和河流中。

另一幅画是描绘了寒江独钓的景象，画中有渔船在江上摇摆，一位渔夫坐在船头，悠闲地垂钓，头戴斗笠，身穿蓬衣。但是，夜晚观看这幅画时，你会看到渔夫躺在船舱里，钓竿则搁在蓬上。而到了早上，又会看到他坐在船头钓鱼。

有人猜测说："这些画可能是用了一种神奇的药术制作的，涂上阴阳药能够让画面在不同时间显示不同的景象。白天看到的是阳药作用下的景象，而夜晚看到的则是阴药的效果。"[1]

1-顷有为奇画者，缣素间为人以牧，群牛盈满川泽。夜视之，则人卧于庑下，牛入于圈栅中。及旦而视之，复在川泽矣。又为寒江景，渔舟荡其上，一人坐于艌首，垂钓而望，顶台笠，挂蓬衣。夜视之，则人卧于舟中，置竿于蓬。及旦而视之，复在艌首矣。或者曰："此药术之功也。致阴阳药焉，日之所见者，阳药涂之也；夜之所见者，阴药涂之也。"人或然之，且不可与善绘者等，为奇之一端耳。(《搜神秘览》)

《牧牛图》

▶ 白天与夜晚的双重景象

白天：画中展现了广袤的草原和河流，人物在草原上放牧着牛群，场面生动而壮观，几乎填满整个画面。草原上，牛群悠然自得地吃草，人与自然和谐共处。

夜晚：当夜幕降临，画中的景象发生了奇妙的变化。人回到屋庑下休息，而牛群则被圈入牛栏中，仿佛结束了一天的劳作，画面静谧安详。

《寒江独钓图》

▶ 日夜交替的渔夫生活

白天：画面描绘了一位渔夫在寒冷的江上钓鱼的场景。渔夫坐在船头，头戴斗笠，身穿蓑衣，悠闲地垂钓。这种宁静的景象展现了渔夫在寒江上独钓的孤寂和专注。

夜晚：画中的渔夫结束了一天的劳作，躺在船舱里休息，而他的钓竿则搁置在船篷上。夜晚的画面与白天相比，显得更加宁静和安逸。

这些记载，是古人关于"动图"的尝试。我们现在电脑设置壁纸已有动态壁纸了，而且有的还可以随着时间的变化而变化，如日出日落，屏幕上的风景会随之变化。古人也早就有这样的想法，并付出了实践。

现代动态壁纸：现代计算机和手机可以设置动态壁纸，这些壁纸能够根据时间的变化自动切换，比如日出日落的变化。古代的《牧牛图》和《寒江独钓图》在不同时间展现不同的内容，就类似于现代动态壁纸根据时间变化自动切换显示内容。

电子墨水屏：电子墨水屏能够根据不同的光线条件调整显示内容，适应环境光变化，提供清晰的阅读体验。古代使用不同颜料在白天和夜晚显示不同图像的原理，就类似于电子墨水屏根据光线条件调整显示内容。

37 古代传说中的二维转三维与互动

如今的 VR 让我们在视觉上可以把二维图像转换成三维。古人实际早有这样的想法：要是图画上的人物能变成三维的，或能与人互动交流就好了。

唐代《逸史》记载：一个人在墙壁上画了一个女子，然后用酒杯给这个虚拟人物喝酒，结果画中的女子将酒喝得一滴不剩，不多久，女子的脸变得通红，持续了大约半天。[1] 画中女子与人互动，并表现出真实的反应——脸红，反映了古人希望图像能够突破二维限制，与现实中的人进行真实互动的愿望。明代《西樵野记》记载：景泰年间，葛棠晚上喝酒，在亭壁上挂了一张《桃花仕女图》，画上的女子能从画上下来唱歌跳舞。明代《三遂平妖传》有一个情节，说画中女子从画中走出陪着员外喝茶，等等。

> 1-又画一妇女于壁，酌满杯饮之，酒无遗滴。逡巡，画妇人面赤半日许。其术终不传人。（《太平广记》引《逸史》）

现在一些博物馆和艺术展览已经通过科技实现观众与二维画作的"互动"了。如重庆科技馆，有和唐代张萱《捣练图》的互动，当你操作画作旁边的杠杆，屏幕中画作上的人物就会动起来，开始捣练；还有明代仇英的《汉宫春晓图》，图上一个画师正在给一美女画画，你要是操纵旁边的杠杆，屏幕中就会出现一只手故意去推画师的背部，跟他捣乱，画师会画得乱七八糟，画师这时候还会回过头来，冲你发怒。

古人还有很多二维图像转三维图像的想象，如：

《太平广记》引《大唐奇事》记载了类似于"神笔马良"的神奇

北宋赵佶《摹张萱捣练图》（局部），波士顿美术馆藏

明代仇英《汉宫春晓图》（局部），台北故宫博物院藏

故事。

廉广，山东人，有一次他去泰山采药，赶上了风雨，于是在大树下避雨，夜半雨停下山，路上遇到一个人，像是位隐士。隐士说：你怎么深夜还在山中啊？两个人就聊起了天，隐士送给廉广一支"五色笔"，并说：你用这只神笔画出来什么，就可以变成真的，但要保密，不能让别人发现，不能泄露天机。廉广行礼表示感谢，一抬头，隐士不见了。

廉广回到家后，用这支笔试验了几次，真的很灵。廉广一直遵嘱保守这个秘密，轻易不敢用这支笔画什么。但世上没有不透风的墙，廉广有神笔的事情，还是在社会上流传开来了。

廉广有一次办事来到中都县，中都县李县令喜欢画画，他听到廉广有神笔的传闻，于是邀请廉广来县衙喝酒，并旁敲侧击地打听神笔的事情，廉广缄口不提。李县令希望他给自己画一幅，廉广不想画，李县令就苦苦恳求。廉广实在是万不得已，就在墙壁上画了一百多个鬼兵，气势好像要去打仗。

这个县的赵县尉也听到传闻，知道廉广为李县令画了一幅画，也请廉广为他画。廉广又在赵县尉的官署墙壁上画了一百多个鬼兵，气势也像是要去打仗。

结果夜里，两个地方的鬼兵就都从墙上下来，打了起来。李、赵二人吓坏了，等白天的时候，鬼兵回到墙壁上，他们想办法将墙上所画的鬼兵全都毁掉了，并且因此也不敢让廉广在此地逗留了。

于是廉广去了下邳县，结果下邳县县令也让廉广给他画画，廉广说：不能画啊，我画什么，什么就会变成真的。下邳县令说：画鬼兵会打仗，要是画物，就没事了吧？因此他求廉广给自己画条龙。（这是唐朝的故事，那时候对龙这一符号的等级避讳还没有明清时期只能皇家专用那么严苛。）廉广耐不住软磨硬泡，就给他画了一条龙，刚画完，只见画龙的地方开始升出云雾，画里的龙腾空而起，紧接着就下起了滂沱大雨。大雨一连下了好几天也不停，雨水就要淹毁住宅和庄稼了。

下邳县令很害怕，认为廉广会妖术，让他赶紧停止下雨。廉广哪会止雨术啊，一直说自己不会妖术。下邳县令多次审问，但廉广一直实实在在地说自己真的不会止住这条龙下雨。雨还是不停地下，很多人受灾，县令害怕担责，就给廉广安了个会妖术的罪名，将他关进了大牢。

廉广在狱中大哭不止，哀告山神快来解救他。这天夜里，廉广梦到了避雨那晚见到的神人，神人给他出了个主意，让他画一只大鸟，然后乘着它，就可以飞出牢狱了。廉广从梦中醒来，等到天亮后，就偷偷画了一只大鸟，画完后，试着呼叫它，果然大鸟就活了。廉广乘上大鸟，飞出了牢狱，一直飞到了泰山顶上。

那位神人出现在廉广面前，对他说：你因为泄露天机，所以会遭遇此难。本来我给你这支笔，想让它给你带来一些福气，没想到却使你遇到祸患，你还是将它还给我吧。于是，廉广从怀中取出笔，还给了神人。神人不见了。下邳县的雨停了，廉广画龙的地方，重新还原成泥壁，上边什么也没有。从此之后，廉广也失去了画画的本领。

这个故事中的想象与现代科技有这样几个方面的相似点：

一、廉广在墙壁上画的鬼兵能够从墙上下来，晚上甚至打起来，类似于现代的动画和增强现实（AR）技术，能够让静态图像变为动态影像。鬼兵能够自主行动并与环境互动，类似于现代人工智能驱动的虚拟角色。

二、廉广画的龙腾空而起，并引发了大雨，类似于现代的气象控制和环境模拟技术。通过特定的行为（画龙）引发环境变化（下雨），龙从画中飞出，直接影响现实世界，类似于虚拟现实（VR）技术与现实的深度融合。

三、廉广画了一只大鸟，鸟变成真的，带他飞出牢狱，类似于即时生成的虚拟物体或 3D 打印技术，可以快速生成并使用。大鸟具有自我导航和飞行能力，类似于现代的无人机技术。

唐末五代《仙传拾遗》记载了这样一个故事：有一个叫张定的

人，偶然遇到一个道士，道士教给了他法术。有一次张定的父母想出门看戏，张定说：干嘛还出门，在院子里就能看。只见他拿出一个可以装二斗以上的水瓶，中间空空的没有任何东西。他把瓶子放在院子里，然后作法，再把瓶子放倒，这时候从瓶子里出来无数的人，都高六七寸，有文官，有将军，有兵丁，有士女以及游人，满满一院子的人，热闹极了。接着又出现了局筵队仗，音乐百戏，楼阁车棚，等等。于是他们在自家院子看了一整天戏。到天黑时，张定又拿出水瓶，在院子里放倒，人物车马、千群万队曲折连绵地都回到了瓶内。父母把瓶子拿起来看，只见瓶中仍是空无一物。张定还能让屏风上的人物动起来，如果屏风上有人物演奏音乐的画面，他用手一指，人物就能飞走歌舞、说笑跑动，跟真人的声音、动作一样。[1]

1-张定者，广陵人也，童幼入学。……即提一水瓶，可受二斗以来，空中无物。置于庭中，禹步绕三二匝，乃倾于庭院内，见人无数，皆长六七寸。官僚将吏、士女看人，喧阗满庭。即见无比设厅戏场，局筵队仗，音乐百戏，楼阁车棚，无不精审。如此宴设一日，父母与看之。至夕，复侧瓶于庭，人物车马，千群万队，逦迤俱入瓶内。父母取瓶视之，亦复无一物。……每见图障屏风，有人物音乐者，以手指之，皆能飞走歌舞，言笑趋动，与真无异。（《太平广记》引《仙传拾遗》）

古人的这个想象类似于将虚拟形象投射到现实空间中的现代全息投影或虚拟现实技术。屏风上的人物动起来与现代的动画技术相似，我们现在的技术已经可以将静态的图画转化为动态的影像，或产生 3D 效果，并实现虚拟与现实的融合和互动了。

现代技术

现代的动画技术：可以制作出栩栩如生的动画片和电影，让静态的图像动起来。

现代的全息投影技术：可以在空中投射出栩栩如生的虚拟人物和场景，这已经在演唱会和展览中得到广泛应用。

VR 技术：通过佩戴设备，让用户沉浸在一个虚拟的三维环境中，与虚拟人物和场景进行互动。

元代《琅嬛记》引《丹青记》记载：王维为岐王画了一幅画，画中大石头有天然之致，岐王非常喜欢。几年后忽然有一天，刮风下雨打雷闪电，居然把画中的石头刮出来了，石头把房屋撞坏后，飞走了，再看画中，成了空白。据说石头飞到了高丽神嵩山，唐宪宗时期，高丽使者送了回来，石头上还有王维的字印。皇上命人将石头和王维的手迹比较，毫无差错，这才知道王维的画技神妙无比，于是遍寻全国，将王维的画收藏在宫中，并在地上洒上鸡狗血，以防画中物再次飞走。[1]

故事中画中物体飞出的情节，类似于现代全息投影技术，可以让静态图像变为动态影像，甚至与环境互动。王维的画技让画中的物体看起来如此真实，类似于现代的高分辨率全息投影和 3D 建模技术，这些技术能够创建非常逼真的虚拟物体。石头飞到高丽又被送回，类似于现代虚拟现实和增强现实技术中的远程互动和投影，可以在不同地点之间进行虚拟物体的传输和展示。

清代纪昀《阅微草堂笔记》记载了一个叫霍养仲的人讲的故事：某大户人家墙上悬挂了一幅《仙女骑鹿图》，落款是赵仲穆，赵仲穆是元代著名的书画家，不知这幅画是否是他的真迹。这幅画很神奇，每当屋子里没人的时候，画中的仙女就沿着墙壁走动起来，就像是表演灯戏。

有一天，有人想捉住她，就预先在画轴上系上长绳。等画中人走出画，到了墙上，那人在外面迅速拉动绳子，把画轴拽出屋子。画中人回不到画里，她只好将形象附在了墙壁上，恢复了如同在画中静止的模样。刚开始色彩还很鲜艳，跟原来画中无异，可过了一会儿，色彩就渐渐变淡，渐渐变无，过了半天连轮廓也没有了，完全消失了。[2]

画中人物能够在无人时沿墙走动，表现了古人

1-王维为岐王画一大石，信笔涂抹，自有天然之致。王宝之，时窥窃间独坐注视，作山中想，悠然有余趣。数年之后，益有精彩。一旦大风雨中，雷电俱作，忽拔石去，屋宇俱坏，不知所以。后见空轴，乃知画石飞去耳。宪宗朝，高丽遣使言："几年月日，大风雨中，神嵩山上飞一奇石，下有王维字印，知为中国之物，王不敢留，遣使奉献。"上命群臣以维手迹较之，无毫发差谬。上始知维画神妙，遍索海内，藏之宫中。地上俱洒鸡狗血厌之，恐飞去也。（《琅嬛记》引《丹青记》）

2-霍养仲言，一旧家壁悬《仙女骑鹿图》，款题赵仲穆，不知确否也。（仲穆名雍，松雪之子也。）每室中无人，则画中人缘壁而行，如灯戏之状。一日，预系长绳于轴首，伏人伺之。俟其行稍远，急掣轴出，遂附形于壁上，彩色宛然。俄而渐淡，俄而渐无，越半日而全隐。疑其消散矣。（《阅微草堂笔记》）

古人的影讯技术系统

对静态绘画作品具备动态特性的幻想。这与现代的动画技术和动态影像有一定相似之处。画中人附在墙上，色彩逐渐消失的情节，展示了动态影像回归静止状态的过程。这一过程类似于现代投影技术中的影像淡出效果：图像变得模糊直至消失。

清代神魔小说《草木春秋演义》中天雄元帅有一件法宝：聚兽铜牌。铜牌上画着怪兽，敲击三下，就会有一群怪兽从铜牌中走出来。[1] 这种迷惑效果，或许未来可以借助虚拟现实应用于战争中。

聚兽铜牌上的怪兽能够在现实中出现，与现代 AR 技术相似，现代 AR 技术可以在现实环境中叠加虚拟物体，实现虚拟与现实的互动。

1-又在牛鞍鞒上取那面聚兽铜牌，上有龙章凤篆。天雄把宝剑连拍三下，铜牌响处，内中走出一群怪兽来，好不厉害。(《草木春秋演义》)

清代《女仙外史》记载了一架音乐屏风，原来是杨国忠的，屏风上雕刻了三十六个美女。夜晚的时候，周围悬挂上可以发光的宝珠，当屏风周围的光线足够明亮的时候，屏风上的美女就动了起来。她们十二个人一组，分成三组。第一组十二个人穿着汉代的服饰，从屏风上走下来，歌的歌，弹的弹，吹的吹，表演完又回到了屏风

聚兽铜牌

上；紧接着又下来十二个美女，跳起了舞蹈，或如垂手，或若招腰，或有类乎霓裳，跳完了，又回到了屏风上；最后一组十二个美女下来，演奏笙、箫、筝、笛、琴、瑟、琵琶、云锣、响板等乐器。

这个故事展现了古人对动态影像和互动表演的奇妙想象，也类似于现代的虚拟现实和全息投影技术。原文指出，"时正黄昏，阁中四十九颗明珠周围悬挂，照耀与白日无异"。在明亮的光线下，屏风上的美女才能"活"起来，说明光线在激发动态影像中的重要作用，这类似于现代投影技术中光源的重要性。在增强现实（AR）技术中，环境光的变化会影响虚拟物体的显示效果，良好的光线条件可以增强 AR 体验的真实性。

总的来看，古代关于二维图像转化为三维或动态影像的幻想和现代科学技术有着奇妙的共通之处。如：

动态影像：音乐屏风、聚兽铜牌等，类似于现代全息投影和 AR 技术。

互动性：古代传说中的图画人物与人互动，如脸红、表演等，类似于现代技术中的传感器和算法，可以让虚拟人物根据用户的动作和指令做出反应。

沉浸体验：张定的瓶子戏法，类似于现代 VR 技术，通过沉浸式的虚拟环境，能让用户有身临其境的感觉。

38 古人的"虚拟人生"想象

在现代科技中，人们可以通过网络进入虚拟世界，在其中扮演不同的角色，拥有自己独特的虚拟身份，体验不一样的人生。古人也有类似的想象。

南朝宋刘义庆《幽明录》记载：南朝宋世，焦湖庙有一个柏树枕头，也有人叫它玉枕，这个枕上有裂缝小孔。有个叫杨林的商人，来庙里祈祷，希望自己能找到合适的妻子。庙里有人就把枕头给他，他枕上去后觉得枕头的裂缝越来越大，于是进到了里面，随即看见一座朱楼琼室，里面有一位高官，是赵太尉。太尉见了杨林，便把女儿嫁给了他。杨林和妻子过得很恩爱，生了六个儿子，长大后都成了秘书郎。过了好几十年，杨林也没想回去的事情。

可一天，他忽然有个念头：自己是不是在梦中？这念头一起，身边的事物都变了，他醒了，他还在寺庙里，梦里时间过去了几十年，这里的时间刚刚过去一点点。他凄怆不已，怅然若失。[1]

唐传奇《枕中记》也记载了一个类似的故事：唐代有一卢生，途经邯郸旅店时，遇到一个神仙术士吕翁。卢生自叹怀才不遇，感慨贫困潦倒，壮志难酬。吕翁出一瓷枕，言可使其安享荣华富贵。此时，店主正蒸黄粱饭，卢生倚枕而卧。这个枕头两边有孔，卢生躺下后，觉得枕头的孔越来越大，里面有光线，他就起来进去了，然后发现到了家。实际是进入了梦中。

1-宋世，焦湖庙有一柏枕，或云玉枕。枕有小坼。时单父县人杨林为贾客，至庙祈求，庙巫谓曰：君欲好婚否？林曰：幸甚。巫即遣林近枕边。因入坼中，遂见朱楼琼室。有赵太尉在其中，即嫁女与林。生六子，皆为秘书郎。历数十年，并无思归之志。忽如梦觉，犹在枕旁。林怅然久之。（《太平广记》引《幽明录》）

柏枕的梦境入口

1-时主人方蒸黍，翁乃探囊中枕
以授之，曰："子枕吾枕，当令
子荣适如志。"其枕青瓷，而窍
其两端。生俯首就之，见其窍渐
大，明朗。乃举身而入，遂至其
家。……（《枕中记》）

在梦里，他先娶美妻，继而中进士。后来他既
有过兴修水利，造福百姓，开疆拓土，大破戎虏，
登阁拜相，位列三公的荣耀，也有为人嫉妒，遭人
排挤，命悬一刻，两次流放边疆的屈辱。八十岁
时，卢生病，久治不愈，告老还乡，皇帝不许，终
死于任上。断气时，卢生一惊而醒，只见自己还在旅店中，枕头还
是那个枕头，店主的黄粱饭还没有熟呢。[1]

柏枕、青瓷枕

▶ 外观

柏枕：枕头上有裂缝小孔。

青瓷枕：枕头两端有孔。

▶ 功能

虚拟的梦境世界：枕头能够让人进入一个虚拟的梦境世界，体
验另一种人生。

时间流逝的错觉：在梦境中，时间流逝与现实不同，几十年在
现实中只是瞬间。

39 古人想象的"元宇宙"链接方式

"元宇宙"是现代科技中非常流行的一个概念。在元宇宙中，用户可以通过数字化的身份进入一个虚拟的空间进行各种活动。在电影《黑客帝国》中，通过在人身上链接各种配件，就可以进入另一个虚拟世界。我们的古人也有链接"元宇宙"的很多想象。

东汉《洞冥记》与唐代《酉阳杂俎》都记载了一种"梦草"，像蒲草，红色，白天会缩进地下，晚上就冒出来。把梦草放在怀里，就可以知道梦是美梦还是噩梦，而且立马应验。如果白天想着见到谁，晚上抱着梦草睡觉，就能在梦中见到他/她。汉武帝特别思念去世的李夫人，于是晚上怀抱着梦草睡觉，果然就梦到了李夫人。汉武帝因此给这类草改名为"怀梦草"。[1]

五代《开元天宝遗事》记载：唐玄宗时期，龟兹国进贡了一枚颜色如玛瑙、温润如玉的枕头。枕头制作朴素，但具有神奇的功能：只要枕着它睡觉，就能在梦中神游十洲三岛、四海五湖，想去哪里就去哪里。唐玄宗因此将其命名为"游仙枕"。[2]

到了清代《三侠五义》中，也有一"游仙枕"，它成了包拯连接阴阳两个世界的"道具"。包公借此进入另一个世界，与阴间的鬼魂交流，获取现实中无法获得的信息。

这种连接阴阳的道具与现代的虚拟现实设备有

1- 有梦草，似蒲，色红。昼缩入地，夜则出，亦名怀梦。怀其叶，则知梦之吉凶，立验也。帝思李夫人之容，不可得，朔乃献一枝。帝怀之，夜果梦夫人。因改曰怀梦草。（《洞冥记》）
（梦草）汉武时异国所献。似蒲。昼缩入地，夜若抽萌。怀其草，自知梦之好恶。帝思李夫人，怀之辄梦。（《酉阳杂俎》）

2- 龟兹国进奉枕一枚，其色如玛瑙，温温如玉，其制作甚朴素。若枕之，则十洲三岛、四海五湖，尽在梦中所见。帝因名为游仙枕。后赐与杨国忠。（《开元天宝遗事》）

异曲同工之妙，都是通过特殊的方式让使用者进入另一个维度或空间，体验不同的世界。

游仙枕

▶ 《开元天宝遗事》中的"游仙枕"

背景与来源：唐玄宗时期，龟兹国进贡了一枚颜色如玛瑙、温润如玉的枕头。

外观与制作：枕头的外观非常朴素，没有过多的装饰，但其质地如玛瑙般光滑温润。

神奇功能：枕着枕头睡觉，可以在梦中神游十洲三岛、四海五湖，体验极其真实，仿佛身临其境。

▶ 《三侠五义》中的"游仙枕"

功能扩展：在《三侠五义》中，游仙枕不仅能让使用者在梦中神游，还能够连接阴阳两个世界。

特殊用途：包拯通过游仙枕进入另一个世界，与阴间的鬼魂交流，从而获取现实中无法获得的信息。这使得游仙枕成了一种连接现世与冥界的工具。

《三侠五义》中的故事情节

包公看到封印得很严，就叫道："打开让我看看。"包兴打开封印，双手捧到包公面前。包公仔细看了一会儿，看起来像是一块腐烂的木头，上面有一些模糊不清的蝌蚪文字。包公看过之后，也没说要用，也没说不要用，只是点了点头。包兴明白了包公的意思，捧着仙枕，走到里面的房间，把帐钩挂好，把仙枕放好，然后出来递了一杯茶给包公。包公坐了很久，然后站起来。包兴赶紧提灯，把包公引到房间里。包公看到帐钩挂好了，游仙枕也放好了，心里暗暗高兴，就上床和衣而卧。包兴放下帐子，把灯移到外面，悄无声息地在外面等候。

包公虽然躺下了，但心中有事，怎么也睡不着，不由得翻身向里。头刚碰到枕头，只觉得自己在一个红色的石台阶上，看到下面有两个穿青衣的人牵着一匹黑马，马的鞍辔都是黑色的。忽然听到青衣人说道："请星主上马。"包公便上了马，一抖缰绳。谁知道这马跑得飞快，耳边只听到风声。又看到经过的地方，都是昏暗的，虽然黑暗，却又看得清清楚楚。只见前面有座城池，双门紧闭。那马直奔城门而去。包公心里着急，怕会撞上。

转眼间，城门已过，进了一个极大的衙门。到了石台阶，那马就不动了。有红黑两个判官迎出来说："星主升堂。"包公下马，看到大堂上有匾额上书"阴阳宝殿"四个大字，又见公位桌椅等物都是黑色的，来不及细看，就坐上了公座。只听红判官说道："星主一定是为阴错阳差的事而来。"便递过来一本册子。包公打开一看，上面却没有一个字。正要问，只见黑判官拿起册子，翻了几页，放在公案上，包公仔细一看，上面写着整整齐齐的八句粗话："原是丑与寅，用了卯与辰。上司多误事，因此错还魂。若要明此事，井中古镜存。临时滴血照，磕破中指痕。"除此之外，没有别的字迹。包公正要问，两个判官拿了册子走了。那匹黑马也不见了。

宋代《清异录》记载的"左宫枕"有着同样的功能。这个枕头是青玉制成的，是一个双人枕，它除了可以让人在梦中周游天下，还有这样两个特点：冬暖夏凉，可以醒酒。[1]

1-左宫枕，青玉为之，体方平，长可寝二人，冬温夏凉，醉者破醒，梦者游仙。云是左宫王夫人，左宫以授杜光庭，光庭进之蜀主，与皇明帐为幪宫二宝。
（《清异录》）

左宫枕

▶ 描述

材质：青玉制成。

形状：体方平，长度足以容纳两人并排而卧。

传承：据说最初由左宫王夫人拥有，左宫将其传授给杜光庭，杜光庭又将其献给蜀主。它与皇明帐一同被视为五代后蜀宫中两大宝物。

▶ 功能特征

冬温夏凉：具有自动调节温度的功能，在冬天能提供温暖，在夏天能保持凉爽。

醉者破醒：能够解酒，使用者喝醉了，枕上去能快速恢复清醒。

梦者游仙：人入睡后能做美梦，仿佛身处仙境。

元代《琅嬛记》记载了一件玛瑙制成的"华胥宝环"，握着睡觉，这个环就会在梦中显现。一开始如同一扇门，人进入环之后，越往里走，空间越大，就像《桃花源记》里写的"初极狭，才通人，复行数十步，豁然开朗"。最后进入这样一个"梦境"：有名山大川，有奇禽异木，有房屋宫殿，等等。

这个宝贝的特别之处在于，它带你进入虚拟世界，在这里，你能控制自己的梦境，你想出现什么，眼前就会出现什么，"心有所思，随念辄见"。[1]

"华胥宝环"之所以叫这个名字，是借鉴了黄帝"一梦华胥"的典故。《列子》中记载，黄帝白天睡觉梦到几千万里外的华胥氏之国，那里的人们安乐和平，简直是理想的国度，但太远了，不是舟车能到达的。黄帝是通过梦，神游到了华胥，后来人们就用"一梦华胥"代指一场美妙的幻梦。"华胥宝环"就是可以让人进入美妙虚拟世界的宝环。

> 1-季女赠贤夫以玛瑙宛转环，丹山白水宛然在焉。握之而寝，则梦入其中。始入甚小，渐进渐大。有名山大川之胜，异木奇禽，宫室璀璨。心有所思，随念辄见，因名曰"华胥宝环"。（《琅嬛记》引《真率斋笔记》）

华胥宝环

▶ 材质与外观

材质：华胥宝环是用玛瑙制成的，这种宝石在古代被认为具有神秘和治疗的力量。

外观：环形设计，握着它睡觉时，环在梦境中逐渐变成一个入口。

▶ 梦境入口

初始状态：在梦境中，宝环首先显现为一个狭窄的入口。

空间扩展：进入环内，随着持有者的前行，空间逐渐扩展，最

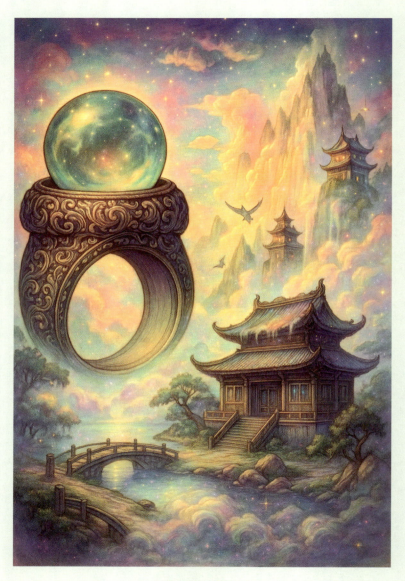

华胥宝环的梦境入口

终变得广阔无垠。

▶ **梦境世界**

自然景观：梦境中有名山大川和奇禽异木，营造出一个超现实的自然环境。

人文建筑：梦中还包括精美的房屋和宫殿，展示了丰富的文化和艺术风貌。

控制梦境：最特别的是，持有者可以完全控制梦境的内容。只要心中有所思，眼前就会出现相应的景象。

无限探索：宝环带领持有者进入一个无尽扩展的虚拟世界，提供了无尽的探索和体验的可能性。

这些古代故事中的物件（如"怀梦草""游仙枕"和"华胥宝环"）展示了古人对梦境和虚拟世界的丰富想象力。通过这些神奇的物件，古人能够进入虚拟的梦境，体验不一样的人生。这些想象与现代科技中的 VR/AR 设备有着许多相似之处。现代的 VR 设备通过视觉、听觉、触觉等多种感官的沉浸式体验，让用户能够在虚拟世界中自由探索和互动，实现古人想象中的"元宇宙"链接方式。

▶ **现代科技 VR/AR 设备的功能与效果**

虚拟现实（VR）：通过 VR 设备，用户可以进入一个完全沉浸的虚拟世界，体验各种场景。

增强现实（AR）：通过 AR 设备，用户可以在现实环境中看到虚拟世界并与之互动。

控制与互动：现代 VR/AR 设备允许用户通过手柄、手势等方式与虚拟世界互动，控制场景变化。

沉浸式体验：现代科技提供逼真的视觉、听觉效果，甚至触觉反馈，让用户在虚拟世界中获得高度沉浸的体验。

　　　　　　　　古人的影讯技术系统

40 / 图像中的感官体验

明代《封神演义》中提到女娲娘娘的"山河社稷图"。这幅图可以变化出各种环境，且能让人走进图画中而不自知。杨戬就是靠着此图捉住白猿袁洪的。

《封神演义》中的故事情节

袁洪进入了山河社稷图，这图如四象变化，有无穷的妙处。想山就现山，想水就见水，前后左右任意转换，袁洪不觉显露了原形。只见一阵香风扑鼻，香甜美妙。他爬上一棵树，看到一棵桃树，绿叶繁茂，枝头挂着一颗红润的仙桃，颜色鲜艳，娇嫩可爱。

白猿攀枝穿叶，摘下仙桃，一闻扑鼻馨香，心中大喜，一口吞下，便倚松靠石而坐。不一会儿，忽然见杨戬手持宝剑而来。白猿正欲起身，却发现不能动弹，原来是吃了仙桃的缘故。杨戬迅速抓住白猿的头皮，用缚妖索将其捆住，收起山河社稷图，向南谢过女娲娘娘。杨戬将白猿擒住后，径直返回了周营。

山河社稷图

► 全感官沉浸体验

视觉：山河社稷图可以呈现各种景象，使用者能看到真实的山河、树木、建筑等。袁洪在图中能够看到色彩鲜艳、细腻逼真的仙桃和绿叶，这种视觉体验让他感受不到图画与现实的界限。

嗅觉：袁洪在山河社稷图中能够闻到仙桃的香气，这种甜美的香气扑鼻而来，增加了虚拟环境的真实性，让使用者更深入地

走进《山河社稷图》中的白猿

体验图中的世界。

味觉：袁洪摘下并吃掉仙桃，品尝到了仙桃的甜美味道。这种味觉体验进一步增强了图的沉浸感，使虚拟环境中的物体不仅能看、闻，还能品尝。

触觉：袁洪能够攀爬桃树、摘下仙桃，这暗示图中的物体具有触觉反馈，使用者能够在图中感受到物体的触感。

这些类似现代 VR 和 AR 技术提供的视觉、听觉和触觉体验。目前，VR 设备可以通过触觉手套模拟触觉，未来可能会实现通过气味发生器模拟嗅觉和味觉。

▶ **实时环境生成与互动**

环境变化：袁洪可以随心所欲地改变山河社稷图中的景象，想象什么就会出现什么。这类似现代的"实时渲染"功能，现代

VR 技术通过强大的计算能力，可以实时生成和渲染复杂的三维环境，让用户的每一个动作和决定都能即时反映在虚拟世界中。

互动与反馈：图中的世界不是静态的，袁洪的行为和想法都会影响到图中的变化。这类似于现代互动式体验，使用者的每一个动作和决定都能即时反映在虚拟世界中。

▶ 控制与捕获

陷阱机制：袁洪被山河社稷图中的景象迷惑，最终被困住，显示了图的控制和捕获能力。这种机制让图不仅是一个展示环境的工具，还具有控制和影响使用者行为的能力。

环境影响：袁洪因为吃了仙桃而无法行动，这表明图中的物体能够对使用者产生实际的物理影响。这种影响不限于虚拟环境，还能够反映到使用者的实际行动中。

古人的高能武器系统

在本章中，我们将探索古人那些看似超现实却构思精妙的武器设想。从类似"精确制导导弹"的远程攻击，到"防御装置""预警系统""无人机""信号干扰与压制系统"的构想，甚至包括"激光"武器和"操控天气"的神秘装置，古人对高能武器的想象，早已超越了他们所处时代的技术。这些构想，有的已被现代科技逐步实现，有的仍停留在幻想阶段，在它们背后，浮现的是一个关于控制、感知、防御与权限管理的"古代超级武装系统"的雏形，是古人对武器高能化、战场智能化的前瞻思维的体现。想象推动技术进步，技术亦不断反哺想象。本章也将回溯那些真实存在于古代的武器装备，追寻现代军备的原始形态，揭示幻想与现实之间那条隐秘而清晰的技术演进之路。

41 / 古人想象的 "精确制导导弹"

1- （帝颛顼高阳氏）有曳影之剑，腾空而舒。若四方有兵，此剑则飞起指其方，则克伐；未用之时，常于匣里，如龙虎之吟。（《拾遗记》）

我们现在有自动定位的精确制导导弹和用于定点清除的无人机，古人也有类似的想象。

东晋《拾遗记》记载：颛顼有一把 "曳影剑"，其特点是：如果东西南北某个方向发生战争，你指哪个方向，它就飞到前线把敌人杀掉。这把剑在不使用时，放在剑匣中，会发出如虎啸龙吟般的声音。[1]

曳影剑

▶ 背景与描述

颛顼：传说中的上古帝王，以高阳氏为号。

宝剑的存放：曳影剑在不使用时，会被存放在一个剑匣中。剑匣内，宝剑发出如同虎啸龙吟的声音，表现出其非凡的威力和神秘的力量。

▶ 功能与特性

自动飞行与攻击：曳影剑能够自动飞行并精准攻击目标，类似于现代的精确制导导弹。

远程指挥：使用者只需指向目标方向，宝剑便会自动执行攻击任务，这与现代导弹的远程指挥系统相似。

元代《琅嬛记》引《胶葛》记载了一种 "长眼睛" 的箭：鲁国有个人的仆人突然失踪了，十天后才回来。主人想要责打他，仆人说："我姑姑修炼法术得道了，召唤我去喝酒，我们非常开心，不知不觉就过了十天。临别时姑姑赠给我四支金箭，说：'不用特别会射箭，随便射出去也能绕来绕去命中目标，然后又会返回箭袋。'"主人试了一下，果然如此，于是珍藏起来，并给它起名叫"金仆姑"。从此以后，鲁国的好箭都用这个名字来称呼。[1]

"金仆姑"

▶ 功能与特性

自动追踪目标：金仆姑能够自动追踪目标，精准命中后返回箭袋。

无需特别技术：射箭者无需具备高超的射箭技巧，箭本身具备自主导航能力。

▶ 古人想象与现代科技

巡航导弹：金仆姑的自动追踪功能类似于现代巡航导弹，能够在飞行过程中调整航向，绕过障碍物，精准命中目标。

智能武器：一些研究中的智能武器，如智能子弹和导弹，据说具备自动追踪和调整飞行路径的能力，被称为"长眼睛的子弹"。

明代《醒世恒言》记载：吕洞宾有一把宝剑，只要说出敌人的住址和姓名，念过咒语，这把宝剑就化为青龙自动找到敌人并杀掉，青龙口衔人头而回。[2]可谓是斩首行动之利器。

这种设定与现代能够根据预定目标进行精确打击的定点清除技术相似。

吕洞宾的飞剑

自动追踪与精确打击：宝剑能够根据预定目标进行精确打击，

1-鲁人有仆忽不见，旬日而返。主欲笞之，仆曰："臣之姑修玄女术得道，白日上升，昨降于泰山，召臣饮，极欢，不觉遂旬日。临别赠臣以金矢一乘，曰：'此矢不必善射，宛转中人而复归于笄。'"主人试之果然，辄而宝焉，因以"金仆姑"名之。自后鲁之良矢皆以此名。（《琅嬛记》引《胶葛》）

2-师父曰："此剑能飞取人头，言说住址姓名，念咒罢，此剑化为青龙，飞去斩首，口中衔头而来，有此灵显。有咒一道，飞去者如此如此；再有收回咒一道，如此如此。"（《醒世恒言》）

吕洞宾的斩首宝剑

类似于现代的定点清除技术。

远程控制：通过念咒语控制宝剑的行动，类似于现代的远程控制系统。

清代小说《锋剑春秋》中说秦朝大将王翦有"诛仙剑"，此剑可以飞起追杀敌人，完成任务后自动返回。使用时需要指挥者念动真言咒语，相当于语音控制。

《锋剑春秋》中的故事情节

王翦看到孙龙赶来，立刻拿起手中的诛仙剑，并念动了真言咒语，将剑祭起空中，大声喊道："孙龙，别想逃走，看我的宝剑伤你。"孙龙听到后抬头一看，只见空中有一块五色光霞托着一口宝剑，如同牛吼一般，朝他飞奔而来。

孙龙觉得情况不妙，连忙伸手取弓搭箭，想要射落宝剑。然而，他并不知道这把宝剑是云光洞海潮圣人镇洞之物，非同一般。就在他准备射击的时候，宝剑已经来到顶门附近，将其杀死。王翦又念动咒语，收回了剑。

诛仙剑

▶ 自动飞行与追杀敌人

飞行能力：诛仙剑能够在空中自由飞行，自动追踪并锁定目标。

追杀能力：在锁定目标后，诛仙剑能够迅速飞向目标，并进行致命的攻击，如同现代的精确制导导弹。

▶ 语音控制

念动真言咒语：使用者需要通过念动特定的真言咒语来激活和控制诛仙剑。这类似于现代的语音控制系统，通过语音指令来操作设备。

► 自动返回

任务完成后的回收：在完成追杀任务后，诛仙剑能够自动返回到使用者的手中，体现了高度的自主性和智能化。

清代《草木春秋演义》中马兰花有一个兵器叫金牙石，战场上可以把石头发出去，击中敌人，敌人立死，然后一招手，石头又能回到使用者的手中。[1] 该武器具有高精度打击和自动返回的能力。

1-马兰花有金牙石一枚，临阵上打着猛将即死，一招复回，亦宝物也。(《草木春秋演义》)

2-灵宅前已俯首，而今杀心又动，将黑猿血炼就一柄斩仙利剑。此剑随心所用，思杀何人，剑即诛之。无论已成将成之仙，遇此剑儿，难保首领。(《绣云阁》)

名　称	功　能	操　作	灵显 / 自动化
金牙石	在战场上能够精准打击敌人，一旦击中敌人，敌人即死	使用者在战场上投掷金牙石，金牙石击中敌人后，可以自动返回使用者的手中	具有自动返回的能力，是一种珍贵的宝物
高精度打击武器（例如导弹或智能弹药）	能够对预定目标进行高精度打击，确保目标被消灭	通过先进的瞄准和导航系统，操作员可以远程控制武器，执行打击任务	部分武器具备自动返回或循环使用的功能

清代小说《绣云阁》中的兵器"斩仙剑"，长约五尺，晶光射日，杀气逼人，你只要心里想着杀谁，它就会去杀谁。[2] 这个武器拥有高度智能化的人工智能系统，能够感知使用者的思维，并根据使用者的意愿自主选择目标进行攻击，或许未来人类真的会发明出这种脑机接口的武器。

斩仙剑

► 外观与材料

长度与材质：斩仙剑长约五尺，剑身由黑猿血炼制而成，显现出晶莹的光泽。

视觉效果：剑在阳光下发出耀眼的光芒，显示出强烈的杀气。

▶ 主要功能

感知思维：斩仙剑能够感知使用者的思维和意图，只需心中想着目标，它便能立即响应。

自主选择目标：根据使用者的意图，斩仙剑会自动飞向指定的目标，执行精准的斩杀任务。

▶ 无差别杀伤力

杀伤力强大：无论目标是仙人还是即将成仙的存在，斩仙剑都能轻易地将其斩杀，展现出其无可匹敌的威力。

不可抵挡：即便是已经成仙的存在，也难以逃脱斩仙剑的追杀，突显了它的绝对力量。

古人想象中的这些神奇武器与现代科技有着许多相似之处：宝剑需要人指明方向或者说出敌人的住址和姓名，现代精确制导导弹和无人机同样依赖于先进的导航和定位技术，才能够精确识别和打击目标；吕洞宾的飞剑、王羲的诛仙剑和马兰花的金牙石在完成任务后能够自动返回，这与现代无人机在执行任务后能够自动返航的功能类似，等等。这些古代传说展现了人类对科技与武器的无尽想象和追求。

42 古人想象的"集束炸弹"

清代《草木春秋演义》中天雄元帅的兵器是"五口苗叶飞刀"，他在战场上，大喝一声将它们抛向空中，这些飞刀在空中飞舞。天雄用手指指向敌人阵地，飞刀便向对方阵地飞去。到了对方阵地后，五口苗叶飞刀在空中变成了成百上千口飞刀，如同乌鸦群一般向对手们袭去。这类似现代的集束炸弹或多弹头独立重返大气层载具。

《草木春秋演义》中的故事情节

天雄将背上的五口苗叶飞刀拔出来，喝一声"起"，飞刀已经在半空中。他用手指指定汉阵，汉阵中的金铃子赶紧将白前圈抛向空中，试图阻挡飞刀。番阵中的荽蕤道人见状，将锦地罗撒起，把白前圈收了去。金铃子大惊失色。只见那五口苗叶飞刀在空中乱舞，瞬间化作千百口飞刀，如同乌鸦群一般。黄丹与山奈大惊，喊道："吾命休矣！"接着，飞刀从空中降下。二小将军大叫道："大丈夫丧于沙场，幸矣！"话未说完，千百口苗叶飞刀落下，可怜两位小将军被砍成了肉泥。

五口苗叶飞刀

外观和构造：五口苗叶飞刀，初看是五把飞刀，可能外形类似于苗叶，轻便而锋利。

分裂攻击：飞刀到达敌阵后，在空中分裂成成百上千口飞刀，如同乌鸦群一般覆盖敌人阵地。

效果：分裂后的飞刀如雨点般落下，造成毁灭性的破坏，将敌军砍为肉泥。

现代科技

▶ **集束炸弹（Cluster Bomb）**

构造：集束炸弹通常包含多个小型炸弹，被一个较大的弹壳包裹。

发射和分裂：投放后，弹壳在空中打开，释放出内部的小型炸弹。

覆盖范围：小型炸弹在空中散布开来，覆盖广泛的区域，对敌方阵地造成大面积破坏。

▶ **多弹头独立重返大气层载具（MIRV）**

构造：一个载具携带多个独立的弹头。

发射和分裂：发射后，载具在进入目标区域时，分离出多个弹头，每个弹头可以独立瞄准不同的目标。

精准打击：每个弹头都具有独立的导航系统，可以对多个目标进行精准打击。

可以"裂变"的飞刀

43 / 古人想象的自动防御系统

古人对防御系统的想象颇具创造力。

东晋《抱朴子》记载了一种"防御"兵器的法术。某地山贼会禁术，官军在山贼地盘金属刀剑都拔不出来，射出的箭还会反着射向自己。官军最后破解的方式是拿大木头冲上去，剿灭了山贼。[1]这种"禁术"类似于现代的电子干扰系统。

▶ 古人想象与现代科技

干扰武器系统：现代的电子干扰可以使敌方的导弹或飞机无法正常锁定目标，类似于山贼的禁术，使得官军的刀剑无法拔出。

反向攻击：一些先进的电子干扰系统可以"返送"信号，使得敌方的攻击返回原点，这类似于山贼的法术使得箭矢反射回射手。

《抱朴子》记载了一种"肉芝"，是用一种活了一万年的蟾蜍制成的。这种蟾蜍头上有角，下巴有两个红色的"八"字重叠，在五月五中午捉到，阴干一百日，就可以做成"肉芝"。如果缺水了，用它的左脚画地，地上就会有水流出来，把它的左前腿佩戴在身上，可以避免各种兵器伤害自己，敌人射来的箭也会自动反射回去。[2]

这类似于科幻电影中的能量护盾或激光反射装置，可以吸收和中和来自外部的物理攻击，并反射敌方的攻击。

1-吴遣将军贺齐讨山越。越中有善禁者，官军刀剑不得拔，弓矢皆还自向。贺曰："吾闻兵有刃者可禁，彼能禁吾刃，必不能禁吾无刃物矣。"乃多作劲木白棓，选有力精帅五千人为先登，尽持棓。山越恃其善禁，了不设备，于是官军以白棓击之，禁者果不得行，所杀万计。（《抱朴子》）

2-肉芝者，谓万岁蟾蜍，头上有角，颔下有丹书八字再重，以五月五日日中时取之，阴干百日。以其左足画地，即为流水，带其左手于身，辟五兵，若敌人射己者，弓弩矢皆反还自向也。（《抱朴子》）

▶ 古人想象与科幻电影

能量护盾：现代科幻电影中，能量护盾是一种先进的防御技术，可以抵御各种物理攻击，包括子弹、激光和导弹等。这种护盾通常通过吸收或反射攻击能量来保护使用者。例如，《星球大战》系列电影中的能量护盾可以在战斗中抵挡激光炮火的攻击。

激光反射装置：在一些科幻电影展示的高科技武器系统中，激光反射装置可以将攻击的激光束反射回去，造成攻击者自身的伤害。现代科学研究也在探索通过反射或折射光线来实现防御的技术。

唐代张说《梁四公记》记载：太湖之中，洞庭山南有一个一百多尺深的洞穴。有一个叫仰公暇的人无意间掉到洞里，发现这里有龙宫，但因为小蛟龙看守，他进不去。回来之后，他把这件事告诉了梁武帝，梁武帝问杰公怎么到龙宫，杰公说通往龙宫的道路有四：一条通向洞庭湖西岸；一条通向蜀道青衣浦北岸；一条通向罗浮两山间的穴溪；一条通向枯桑岛东岸。他还说，东海龙王第七个女儿掌管龙王的珠藏，有一千多条小龙在那里卫护这些珍珠。龙怕蜡，喜欢美玉和空青石，嗜吃燕子。如果能派人前去，可以得到宝珠。

梁武帝按照杰公的安排，真的从龙宫拿回来很多宝贝。杰公向梁武帝介绍说，拿回来的珍珠中，有一颗天帝如意珠之下等珠。如意珠有三等，其中最好的，夜晚的时候，发出的光能照出四十多里。中等的能照十里，下等的照一里。它们所照到的地方，没有风雨、雷电、水火、刀兵等各种毒疠。

▶ 上等如意珠

描述：在夜晚会发出明亮的光，照亮的范围可达四十多里。

功能：照亮范围内，没有风雨、雷电、水火、刀兵等各种毒疠，提供全面的保护和安宁。相当于现代最高级别的防御系统，能够提供广泛区域的全面保护。例如，先进的导弹防御系统可以拦截和中和远程及近程的威胁，确保大范围区域的安全。

▶ 中等如意珠

描述：夜间发光，能照亮十里的范围。

功能：在它的光照范围内，防护效果依旧显著，没有风雨、雷电、水火、刀兵诸毒厉，但覆盖的区域相对较小。类似于现代的中等防御系统，适用于较大但不是最大范围的保护。例如，区域防空系统能够保护特定区域免受空中导弹威胁。

▶ 下等如意珠

描述：能在夜晚照亮一里的范围。

功能：提供局部范围的防护，在其照亮的地方，依旧能够防止各种危险和侵害。相当于局部防御系统，适用于小范围的保护，例如，个人防护装置（如防弹衣）或局部区域的防御系统（如小型防空导弹系统）。

《西游记》中提到一件法宝叫"金刚琢"，它是太上老君的一个神奇兵器。太上老君说："金刚琢乃是我过函关化胡之器，自幼炼成之宝，凭你什么兵器、水火，俱不能近他。"它的主要特点是能够自动套住敌人的武器，甚至是敌人本身，同时还能防水防火，并具备强大的灵气和变化能力。当需要使用时，只需将金刚琢丢向敌人或敌人的武器，金刚琢会自动锁定并套住目标。

在《西游记》中，青牛精偷了太上老君的金刚琢，并用它抢夺了许多宝贝和武器。孙悟空知道青牛精的底细之后，去找太上老君，太上老君说："是这孽畜偷了我金刚琢去了。"孙悟空说："原来是这件宝贝，当时打着老孙的是他，如今在下界张狂，不知套了我等多少物件。"

金刚镯

金刚琢的自动锁定与捕捉功能类似于现代的导弹防御系统和智能追踪设备。例如，现代的反无人机系统可以自动检测和捕捉入侵的无人机，防止它们进入敏感区域。

《西游记》中的故事情节一

太上老君捋起袖子，从左臂上取下一个圈子，说道："这件兵器是用坚硬的钢炼制而成的，被我用丹药点化，养成了灵气，能够变化无穷，水火不侵，还能套住各种东西。它叫'金刚琢'，又叫'金刚套'！当年我渡过函谷关，化胡为佛，非常依赖它！平时防身最合适！等我把它丢下去打他一下！"话说完，太上老君从天上把金刚琢丢下去，金刚琢飞速地落到花果山的营地里，正好打中了孙悟空的头。孙悟空正忙着和七个天兵战斗，没注意到天上掉下来的兵器，被打中头顶后站不稳，跌倒在地，爬起来就跑。

《西游记》中的故事情节二

孙悟空说道："没有什么宝贝，只看到他有一个圈子，很厉害。"老君赶紧查看，发现其他东西都在，唯独金刚琢不见了。老君说道："是这孽畜偷了我的金刚琢！"孙悟空说道："原来是这件宝贝！当时打中我的就是它！如今在下界肆虐，不知道套了我们多少东西！"老君问道："这孽畜在哪里？"孙悟空回答："住在金峣山金峣洞。他抓走了我师父，用金刚琢抢了我的金箍棒。请天兵相助，他又用金刚琢抢了太子的神兵。请火德星君，他又用金刚琢抢了火具。虽然水伯不能淹死他，但倒没被抢东西。请如来佛派罗汉下砂，他又用金刚琢抢了金丹砂。像你这样纵容怪物，抢夺伤人，该当何罪？"老君说道："我的金刚琢，是我过函关化胡的宝贝，自幼炼成，任何兵器、水火都不能靠近他。如果他偷了我的芭蕉扇，连我也奈何不了他。"

孙悟空听了非常高兴，跟着老君。老君拿着芭蕉扇，驾着祥云，出了仙宫，来到南天门外，低下云头，直奔金峣山。在那里见到了十八尊罗汉、雷公、水伯、火德星君、李天王父子，并详细讲述了前情。老君说道："孙悟空，你再去诱他出来，我好收拾他。"

孙悟空跳下峰顶，高声骂道："孽畜！快出来受死！"小妖赶紧去通报老魔，老魔急忙拿起枪和宝物，迎出门来。孙悟空骂道："你这个泼魔，这次你死定了！别跑！吃我一掌！"说着跳起来，劈脸打了一巴掌，回头就跑。老魔举枪追赶，只听得高峰上传来喊声："那牛儿还不回家，等到什么时候？"老魔抬头一看，见是太上老君，吓得心惊胆战，说道："这猴子真是个地狱里的鬼！怎么就找到我的主人来了？"

老君念了个咒语，用扇子扇了一下，那怪物把圈子丢过来，被老君一把接住；又扇了一下，那怪物顿时力软筋麻，现出原形，原来是一只青牛。老君吹了一口仙气到金刚琢上，穿了那怪的鼻子，解下腰带，系在金刚琢上，牵在手中。从此留下了拴牛鼻的拘儿，又叫宾郎，就是这样来的。

金刚琢

▶ 自动锁定与捕捉

自动锁定：金刚琢能够自动锁定敌人或敌人的武器，并将其套住。类似于现代的导弹防御系统，能够自动锁定并捕捉来袭的导弹或无人机，确保精确打击。或类似于现代的反无人机系统，可以自动检测和捕捉入侵的无人机，防止其进入敏感区域。

反射与防护：具有防水、防火等多种防护功能，拿着它到有火的地方，就可以灭火。

▶ 使用方式

投掷与控制：只需将金刚琢投向敌人或其武器，金刚琢便会自动飞向目标并将其套住。

灵活多用：可以作为盾牌抵御攻击，也可以主动出击捕捉敌人。

清代小说《绿野仙踪》中也有一种神奇的防御法器——"桂实"，它的形状像小黄瓢，平时可以放在嘴里，用的时候变大，可以收对方的攻击武器和人马。

《绿野仙踪》中的故事情节

冷于冰见到了那位军师先生，他高大粗壮，头大如轮，眼大如盆，嘴巴大如锅，面色黑漆，身上绿色如荷叶，整个人看起来就像一个大球一样。军师手持一把宝剑，口中念念有词，他用剑指向地下，石块都跳动起来；再指向天空，石块随之飞起；最后，他指向妇人，石块像雨点一样落下。接着，那位妇人吐出一个寸许大小的黄瓢，十分夺目。她晃动瓢子，石块纷纷跳入其中，然后她将瓢子掷向军师和其他大汉，他们全都被装进了瓢子里。

古人"防御"的想象还有很多。如先秦《山海经》记载：中曲山山中有一种野兽，形状像马，白身黑尾，有一只角，有老虎的牙齿和爪子，发出的声音如同击鼓，它的名字叫驳，它可以吃老虎和豹子，饲养它可以辟兵器。唐代《酉阳杂俎》记载了一种叫鹳鹆的鸟，人要是拿箭射它，它就衔着箭反射人。多养点这样的鸟，也可以作为防御系统。清代小说《升仙传》说济小塘有三个灵符，相当于护身符，一个专避水火刀兵，一个能避妖魔鬼怪，一个能避虎豹狼虫。等等。

古代文献中记载的防御系统展示了古人丰富的想象力和创造力。古人对防御技术的构想和现代科技在理念上的共通之处，体现了人类在追求安全和防御方面的不懈努力。

古人想象的"防弹衣"

在古代神话和传说中，有一些类似于现代防弹衣的防护装置。

《西游记》记载：紫阳真人当初路过朱紫国，知道王后会被妖怪捉去，担心她受到妖怪的侵害，导致人伦之道受损，夫妻关系恐难以复合。因此，他把一件旧棕衣变成了一件新的霞裳，闪闪发光、五彩斑斓，送给了妖王，让王后穿上。王后一穿上，谁也不能靠近，一靠近就会有许多毒刺出现，如同针扎，这些毒刺是那件棕衣的毛发变化而来。[1]

五彩仙衣与高科技防护装甲

防御机制：五彩仙衣会在有人靠近时自动产生毒刺进行防御，类似于现代防弹衣的防护功能。

智能化：与现代一些高科技防护装甲类似，五彩仙衣具有自动响应的特性，能够在威胁出现时主动防御。

隋代《编珠》以及宋元之际的《癸辛杂识》等文献记载：有一种"圣铁"佩戴上就可以刀枪不入，此铁最大者跟豆子差不多，它在人的身体里可以游走，敌人的兵器接触到哪里的皮肤，它就游走到哪里抵挡。[2]

圣铁

▶ 外观与材质

外观：圣铁的最大尺寸如豆子般大小，体积小

1- 紫阳真人直至殿前，躬身施礼道："大圣，小仙张伯端起手。"行者答礼道："你从何来？"真人道："小仙三年前曾赴佛会，因打这里经过，见朱紫国王有拆凤之忧，我恐那妖将皇后玷辱，有坏人伦，后日难与国王复合。是我将一件旧棕衣变作一领新霞裳，光生五彩，进与妖王，教皇后穿了妆新。那皇后穿上身，即生一身毒刺。毒刺者，乃棕毛也。今知大圣成功，特来解魇。"（《西游记》）

2- 《广志》曰：蕃磧之中有圣铁焉，含之可以辟兵。（《编珠》）

有所谓圣铁者，凡人佩之，刀兵皆不能入。尝以羊试之，良验。又谓此铁佩之，刀兵所至，则铁随应之，终不可入。又云此铁大者仅如豆，破肉入之身中，或遇刀兵，则此铁随以应之，更不可入。未知孰是？闻张眼子有之。（《癸辛杂识》）

巧，可以轻松放置在体内。

材质：神秘的铁质材料，具有强大的防御能力。

▶ 防御机制

刀枪不入：佩戴者在战斗中刀枪不入，敌人的兵器无法穿透皮肤。

自动响应：圣铁能够在佩戴者体内自动游走，当敌人的兵器接触到皮肤时，圣铁立即移动到攻击部位进行防御，确保佩戴者不受伤害。

▶ 古人想象与现代科技

自动防御机制：圣铁能够在佩戴者体内自动游走，抵挡敌人的攻击，类似于现代防护装甲在遭受攻击时的自动防御机制。例如，当敌人的兵器接触到佩戴者的皮肤时，圣铁立即移动到攻击部位进行防御，这种功能类似于某国正在研制的"液体铠甲"，能够在受到冲击时迅速变硬以抵挡攻击。

灵活防护：圣铁的最大尺寸与豆子相仿，可以放置在体内，随时准备应对刀枪攻击。"液体铠甲"在正常状态下柔软舒适，受到冲击时变硬，提供保护。这种柔软与硬化的变化机制，使得佩戴者在平时行动自如，而在战斗时能获得强大的防御能力。

关于"圣铁"，清代《倘湖樵书》还记载了一些其他的说法。黄衷《海语》说：辟珠大的像指顶那么大，中等大小的像菩提子，小的像小米，质地坚硬像贝壳。辟铜铁的珠子能防止铜铁的损伤；辟竹木的珠子能防止竹木的损伤。但如果用其他东西碰它们，它们就会毁坏。这种珠子常常生长在椰子、槟榔等果壳内部，通称为"圣铁"。岛上的土著能够辨认这种珠子，并认为它们是奇珍异宝。人们猜测，这种珠子从植物中产生，却能制止锋利的武器，这是不是因为它们是精华凝结而成的呢？[1]

1-黄衷《海语》：辟珠大者如指顶，次如菩提子，次如黍粟，质理坚重如贝。辟铜铁者，铜铁不能损；辟竹木者，竹木不能损。犯以他物，即毁矣。常附胎于椰子、槟榔果壳之实内，通谓之圣铁。岛彝能辨之，以为奇宝。夫威喜辟兵，舍利拒火，而此珠出于草木，乃能制犀利之物，无亦庶类精华之所融结耶？（《倘湖樵书》）

45 / 古代传说中的预警系统

古代的一些传说和文献中，记载了各种"预警系统"。

东晋《述征记》记载了"逢山石人和石鼓"：当动乱即将发生时，石人会自动敲打石鼓，发出警报，声音传至数十里。[1]

逢山石人和石鼓的预警机制

动乱预警：当即将发生动乱或灾难时，石人会自动敲打石鼓，发出警报。类似于现代的地震预警系统、天气预报系统以及安全监控系统，在危险来临之前发出警报。

警报范围：石鼓发出的声音可以传到数十里外，类似于现代的警报系统，可以覆盖大范围区域，提醒更多人做好防范。

唐代《酉阳杂俎》中记载了一面"旃檀鼓"：如果有敌人来犯，鼓会自动敲响报警。[2]

旃檀鼓的预警机制

自动敲响：当有敌人来犯时，旃檀鼓会自动敲响，发出警报。类似于现代的自动预警系

1-逢山在广固南三十里，有祠并石人、石鼓。齐世将乱，石人辄打鼓，闻数十里。（《述征记》）

2-有大臣请行，举国送之。其臣车驾白马，入水不溺，中河而没。后白马浮出，负一旃檀鼓及书一函。发书，言大鼓悬城东南，寇至鼓当自鸣。后寇至，鼓辄自鸣。（《酉阳杂俎》）

石鼓预警

1-剑生神芝则天下晏清。成都
朱善存家，世宝一剑，每生神
芝，则天下晏清。如安史、黄
巢之乱，剑皆吐黑烟，属天下
不差毫厘。(《云仙杂记》引
《玉尘集》)

2-贵妃父杨玄琰，少时尝有一
刀，每出入于道途间，多佩此
刀。或前有恶兽、盗贼，则所
佩之刀铿然有声，似警于人也。
玄琰宝之。(《开元天宝遗事》)

统，如入侵检测系统和运动感应报警系统。

传递信息：鼓声传至全城，提醒城内居民和守军做好防御准备。

旧题唐代冯贽《云仙杂记》记载了"成都朱善存家的一把宝剑"：当天下平安无事时，宝剑会长出神芝；如果天下将有动乱，宝剑会吐出黑烟，提醒人们早做打算，安史之乱、黄巢之乱的时候，这把剑都吐过黑烟。[1]

朱善存家的宝剑的预警机制

异常检测：宝剑在动乱即将发生时吐出黑烟，类似于现代的异常检测系统，在出现异常情况时自动提醒用户。

视觉预警：通过视觉信号（吐黑烟）来提示即将到来的危险，类似于现代的预警灯或显示屏。

五代《开元天宝遗事》记载了一把"警恶刀"：杨贵妃父亲年轻时拥有一把"警恶刀"，佩戴此刀，当前方有猛兽或盗贼时，刀会提前发出声响。[2]

城门外的自动预警鼓

具有警报功能的刀

杨贵妃父亲的"警恶刀"的预警机制

自动预警：警恶刀在危险临近时发出声响，类似于现代的个人安全预警设备。

声音提示：通过声音提示潜在的危险，类似于现代的报警器和警报声。

明代《菽园杂记》记载：甘肃平凉地区一个名叫赵妥儿的参将，有一次外出，偶然得到一把刀。这把刀很神奇，每当有事将要发生，都会自动出鞘一寸多，并会把刀口处的鞘割坏。就是靠着这把刀的预警，赵妥儿多次逃过灾难。[1]

清代《阅微草堂笔记》记载了一把类似的刀：王岳芳家有一把刀，夜间有盗贼来袭时，刀会发出声音，并且刀会自动出鞘一二寸。[2]

1–庄浪参将赵妥儿，土人也。尝马蹶，视土中有物。得一刀，甚异。每地方将有事，则自出其鞘者寸余，鞘当刀口处，常自割坏。识者云："此灵物也，宜时以羊血涂其口。"妥儿赖其灵，每察见出鞘则预为之备，以是守边有年，卒无败事。太监刘马儿还朝日，求此刀，不与。以是掩其功，不得升。(《菽园杂记》)

2–王岳芳言：其家有一刀，廷尉公故物也。或夜有盗警，则格格作爆声，挺出鞘外一二寸。后雷逐妖魅穿屋过，刀堕于地，自此不复作声矣。(《阅微草堂笔记》)

宝刀"警报器"的预警机制

自动响应：刀在危险临近时自动出鞘，类似于现代的入侵检测系统，不仅发出警报，还会有具体的响应动作。

物理动作：刀口割坏鞘，类似于现代的安全装置在警报时的物理动作，如自动锁定或解锁。

这些可以带在身上的刀剑"警报器"类似于现代科技中的个人安全预警设备，如可穿戴设备（智能手表、健身追踪器）、移动应用（GPS跟踪、紧急求救信号）等，都是在危险或异常情况发生前发出警报。

古人类似的预警想象还有很多。如唐代《渚宫旧事》记载了"阿育王像"，每当南朝有什么大事与灾患发生时，阿育王像必定流几天汗。看到它流汗了，就是发出预警了。明代《耳新》记载：刘中丞偶然得到一木刻的小人，会说话，它可以发出语音预警。有一次倭寇要来了，它就告诉刘中丞某日会有倭寇，早做打算。果然到了那天，倭寇就来了。清初《香祖笔记》记载了一个古罐：天要下雨，或者有官军进山，罐子就会自动发出声音。等等。

这些古代预警系统展示了古人的智慧与丰富的想象力。这些预警系统在功能上与现代技术有不少相似之处，展示了人类在面对危险时的一致需求和智慧。

名　称	出　处	预警机制	类似现代系统
逢山石人和石鼓	《述征记》	石人自动敲打石鼓，发出警报，声音传至数十里	地震预警系统、天气预报系统、安全监控系统
旃檀鼓	《酉阳杂俎》	敌人来犯时，鼓会自动敲响报警	自动预警系统，如入侵检测系统、运动感应报警系统

名 称	出 处	预警机制	类似现代系统
宝剑	《云仙杂记》	当天下将有动乱，宝剑吐出黑烟	异常检测系统、预警灯或显示屏
警恶刀	《开元天宝遗事》	当前方有猛兽或盗贼时，刀会提前发出声响	个人安全预警设备、报警器和警报声
预警刀	《菽园杂记》《阅微草堂笔记》	每当有事将要发生时，刀会自动出鞘一寸多	入侵检测系统、安全装置的物理动作
阿育王像	《渚宫旧事》	有灾患要发生时，阿育王像会流汗	灾害预警系统
木刻小人	《耳新》	小人会说话，可以发出语音预警	语音预警系统
古罐	《香祖笔记》	天要下雨，或者有官军进山时，罐子自动发出声音	天气预报系统、入侵检测系统

46

古人想象的多功能"无人机"

1-又有三元三品大帝献上金枪一把，奏曰："臣此枪可以除魔捉鬼，能避水火二灾，撇上半空，变化无穷，呼杀即杀，呼止即止。"（《南游记》）

明代《南游记》说三元三品大帝的金枪非常厉害，这把枪受到"语音"控制，你扔到空中，说杀，它就杀，说停，它就停。[1]金枪类似现代的多功能无人机系统。

古人想象与现代科技

▶ 语音控制

古人想象：金枪受语音控制，指令简单直接，如"杀"和"停"。

现代科技：无人机语音控制技术已经相对成熟，可以识别多种复杂指令。通过语音识别和自然语言处理技术，操作员可以用语音指令控制无人机的飞行、拍摄和执行任务。

▶ 自动化攻击

古人想象：金枪可以自动执行攻击行为，除魔捉鬼。

现代科技：现代无人机配备了先进的传感器和摄像头，可以通过图像识别技术锁定目标，并使用预设的攻击模式进行打击。

▶ 多功能应用

古人想象：金枪不仅可以攻击，还能避水火二灾。

现代科技：多功能无人机可以根据任务需求进行不同的配置，实现搜救、灭火等多种功能。例如，消防无人机能够在火灾现场投放灭火弹，搜救无人机可以携带急救物资并进行人员定位。

明代《封神演义》中罗宣有一个法宝叫"万鸦壶"，可以放出万只火鸦，口内喷火冲向敌人，火可以烧人，火鸦翅膀上还都冒着烟，可以迷惑敌人。[1]"万鸦壶"如同现代的无人机集群攻击系统。

1-且说罗宣将万鸦壶开了，万只火鸦飞腾入城，口内喷火，翅上生烟。（《封神演义》）

《封神演义》中的故事情节

罗宣受申公豹之邀来助殷郊，帮助其对抗姜子牙。罗宣在战斗中现出三头六臂，使用多种法宝与姜子牙及其门人激战。哪吒、杨戬、黄天化等人共同抵抗罗宣，使用各自的法宝对战罗宣。在与姜子牙的对战中，罗宣被子牙的打神鞭击中，几乎翻下赤烟驹，最终失利回营。

罗宣与刘环商议决定夜袭西岐，使用火攻彻底摧毁西岐。罗宣夜晚借火遁乘赤烟驹，使用万里起云烟（法宝名）放火，万鸦壶释放万只火鸦，西岐城中四处火起，百姓苦不堪言。

罗宣和刘环的火攻给西岐造成巨大的损失，但最终龙吉公主使用雾露乾坤网和四海瓶，成功灭火并击退罗宣和刘环。罗宣在与姜子牙及其门人、龙吉公主的多次对战中屡屡失利。李靖前来助阵，与罗宣交战，使用三十三天黄金宝塔将罗宣击败。罗宣被李靖击败，灵魂上了封神台。

古人想象与现代科技

▶ 喷火攻击

古人想象：火鸦口中喷火，直接烧伤敌人。

现代科技：武器化无人机可以携带火焰喷射器，实现对目标的火焰攻击，造成破坏和混乱。

▶ 烟雾迷惑

古人想象：火鸦翅膀上冒烟，迷惑敌人。

现代科技：无人机可以携带和释放烟雾弹，形成烟雾屏障，干扰敌人的视线和电子设备。

万鸦壶放出火鸦攻击敌人

▶ 集群协同

古人想象：万只火鸦同时攻击，形成规模优势。

现代科技：无人机集群可以通过协同作战，实现多角度、多任务的综合攻击，从而提高作战效率和打击效果。

旧题唐代冯贽《云仙杂记·燕奴》和明代笔记小说《珍珠船》都记载了这样一个故事：有一个人的手腕可以弹出两个弹丸，说声"变"，就可以变成两只燕子飞腾侦察，相当于无人机，再说"变"，就又变成两把小剑击杀敌人，完成任务后又能自动回到手腕中。[1]

1-"有术士于腕间出弹子二丸，皆五色，叱令变，即化双燕飞腾，名燕奴。又令变，即化二小剑击。须臾复为丸入腕中。"（《珍珠船》）

古人想象的弹丸就如同我们现在的多功能微型无人机，既可以侦察，又具有攻击功能。

古人想象与现代科技

多功能性：弹丸既可以变成燕子进行侦查，又可以变成小剑进行攻击，类似于现代无人机的多功能应用。

自动化：弹丸能够在完成任务后自动返回，这与现代无人机的自主返回功能相似。

远程控制：术士通过咒语控制弹丸的变化和行动，类似于现代无人机通过遥控或编程实现远程控制。

清代神魔小说《绿野仙踪》主人公冷于冰有个法宝，叫"雷火珠"，是一个小红球，放在手掌中，会不停旋转，丢出去就会起烟火，敌人如同遭受霹雳轰击，大概跟现在的手榴弹的效果差不多。此雷火珠打完敌人，用手一招，就能回到手中。这类似一种多功能无人机，具备投放爆炸物和自动返回的能力。

《绿野仙踪》中的故事情节

真人说："这宝物名为'雷火珠'，是用雷屑研磨而成，再加上符箓法水，调和为丸。每天吸收太阳的真火，并用离地枣木贮存于丹炉之下焚烧，结合这三种火源，锻炼了十二年，才最终完成。我为此花费了大量心血。这宝物不仅能对付山海岛洞的妖魔鬼怪，甚至八部正神、普天星宿若被它击中，也必定重伤。使用时，只需手掷出去，便会发出如霹雳般的烟火声响。然后用手一招，它就会回来，是真正的仙家至宝。"

雷火珠

古人想象与现代科技

▶ **投放爆炸物**

古人想象：雷火珠爆发火光和响声，打击敌人。

现代科技：无人机可携带小型炸弹进行精确打击，使用火箭弹或其他爆炸物打击目标。

▶ **自动返回**

古人想象：雷火珠打击敌人后自动返回。

现代科技：无人机具备自主返回功能，任务完成后自动返回基地。

现代科技通过无人机技术将这些幻想变为了现实："想象力"走在技术的前头，而"技术"又是下一波"想象力"的新起点。

47 / 古人想象的小微型武器

古人有不少小型自主或微型武器的想象。

南朝梁任昉《述异记》记载了一个"自行杀人包"：敦煌有一个叫索万兴的官员，一天突然有一个人骑马进到门里，扔下一个类似黑色皮包的东西就走了。只见这个皮包似的东西自己转动着朝他过来，一直转进了书房，并且顺着床腿滚到他的膝上。接着，那黑皮包就自动从四边打开，只见里边全都是眼睛，每个眼睛都滴溜溜乱转。过了很久，黑皮包又自动合上，仍然像小车一样乱跑。索万兴叫仆人追那怪物，直追到官署东头，那家伙突然消失了。不久索万兴就得病去世了。[1]

1-敦煌索万兴，昼坐厅事东间斋中。一奴子忽见一人着帻，牵一骢马，直从门入。负一物，状如乌皮隐囊，置砌下，便牵马出门。囊自轮转，径入斋中，缘床脚而上，止于兴膝前。皮即四处卷折，见其中周匝是眼，动瞬甚可憎恶。良久，又还更舒合，仍轮转下床，落砌西去。兴令奴子逐至厅事东头灭，恶之，因得疾亡。（《太平广记》引《述异记》）

古人想象与现代科技

▶ 自动移动

古人想象：黑色皮包能自行转动，追踪目标。

现代科技：现代的遥控车辆或无人机，通过传感器和导航技术自主移动。

▶ 视觉系统

古人想象：皮包内部充满眼睛，能够监视目标。

现代科技：遥控车上可以安装摄像头，进行监视和目标识别。

▶ 致命后果

古人想象：接触目标后，导致目标死亡。

现代科技：无人机或遥控小车可以携带化学或生物武器，接触目标后造成致命伤害。

宋代《稽神录》记载了一辆"金黄色小车"：有一次饶州刺史崔彦章开宴会，突然会场出现了一辆一尺来高的金黄色小车，走来走去，好像在找人，最后停在了崔彦章面前，崔彦章瞬间晕倒，不久就去世了。[1]

这辆金黄色小车自动移动，寻找目标，并且具有致命效果，类似于现代的遥控杀伤装置或无人机。

古人想象与现代科技

▶ 自动移动

古代想象：金黄色小车能自主在宴会厅内行走，寻找特定目标。

现代科技：自动导航机器人和无人机通过传感器和导航技术，自主在环境中移动，寻找和追踪目标。

▶ 致命效果

古代想象：小车接近目标后，导致目标晕倒并最终去世。

现代科技：化学或生物武器系统通过释放有毒气体或化学物质，在接近目标后造成致命效果。

唐代《酉阳杂俎》记载了一种"胡蜂"，它接近人之后，会变成胡桃，先是如碗大，然后如盘子大，越变越大，跟脑袋差不多后，就分成两半，然后把敌人脑袋夹住，一下子就杀死了敌人，然后它又变成小蜜蜂大小，离开现场。

"胡蜂"具备变形和杀伤功能，类似于现代的微型无人机或机器人。

《酉阳杂俎》中的故事情节

柳氏日落时坐在露台上享受凉风，突然有一只胡蜂围绕着她的头部飞舞。柳氏用扇子打击胡蜂，结果它掉落在地上，原来是一个胡桃。柳氏迅速地拾起这个胡桃在手中玩耍，结果它变得越来越大。起初像一个拳头大小，然后变成了碗的大小，又如盘子那么大，柳氏感到非常惊讶。就在她惊讶的时候，胡桃突然分成了两半，空中旋转。然后它突然又合并成一个整体，把柳氏的头夹碎了。这个奇怪的东西随后飞走了。

唐代《法苑珠林》记载：有一对夫妻，想害死一位僧人，结果没有得逞，僧人用咒语，招来一只苍蝇，飞到男子的鼻子里，整死了男子，后来又飞到他妻子的鼻子里，他妻子也得了病，一年多又死了。[1]

这只苍蝇通过进入人体内部造成伤害，类似于现代微型无人机或微型机器人。

1-唐齐州高苑人杜通达，贞观年中，县承命令送一僧向北。通达见僧经箱，谓意其中是丝绢，乃与妻共计，击僧杀之。僧未死，闻诵咒三两句，遂有一蝇飞入其鼻，久闷不出。通达眼鼻遽咽，眉鬓即落，迷惑失道，精神沮丧。未几之间，便遇恶疾，不经一年而死。临终之际，蝇遂飞出，还入妻鼻，其妻复病，岁余复卒。（《太平广记》引《法苑珠林》）

微型无人机攻击：胡蜂变形杀人的描述，与现代的微型无人机武器类似，可以精准地对目标进行攻击。

远程杀伤：咒语召唤的苍蝇，通过进入人体内部造成伤害，类似可以"语音控制"的微型无人机或微型机器人。

这些古代设想展示了人类早期对自主移动和微型武器的独特想象。在现代科技背景下，这些古代想象已经变得更加具体和可实现了。

48 / 古人想象的"烟雾弹"

1-老人以杖画地，遂成一水，阔丈余。生叩头衰求，老人曰："吾去日语汝，勿入权贵家。故违我命，患自掇也。然亦不可不救尔。"从人惊视之次，老人取水一口噀之，黑雾数里，白昼自暝，人不相见。食顷而散，已失陆生所在，而枷锁委地，山上小径与水，皆不见矣。（《太平广记》引《原化记》）

晚唐《原化记》记载：有一位老人，他有一竹杖，只要拿着这杖在地上一画，地上就会形成一条宽丈余的河流，敌人就过不来了。他还能含一口水喷出几里地的黑雾，使得白天瞬间变成了"黑夜"，即便敌人近在咫尺，也无法找到他。[1]

▶ 竹杖化河

古人想象：老人用竹杖在地上一画，就能形成一条宽丈余的河流，阻挡敌人。

现代科技：类似于快速生成的防护屏障或隔离带，如充气防护墙。

▶ 口喷黑雾

古人想象：老人能喷出几里地的黑雾，使得白天瞬间变成黑夜，敌人无法找到他们。

现代科技：烟雾弹通过化学反应生成浓密的烟雾，遮蔽视线并干扰敌人的视觉和行动。

清代《子不语》记载了一个利用"烟雾弹"退敌的故事：利用"咒土"可以把家"隐藏"起来。

古人的高能武器系统

《子不语》中的故事情节

江州有个医生叫万君谟，医术很高明，远近来求医的人络绎不绝。万君谟德行也好，无论富贵贫贱，都予以精心治疗。他以治病救人为使命，从不考虑挣多少钱，一些来自偏远之地的贫困者，甚至被他收留在家"住院"，等好了，再各自回家，人们对万君谟非常感激。

有一次有一个道士登门求医，万君谟给他看完病，道士说自己从很远的地方来的，不方便回去，于是万君谟就让他留在家中治疗。一个多月后，道士的病果然好了。

这是崇祯末年的事了。当时流寇猖獗，大家都怕匪兵突然杀到，万君谟也很担忧。道人说：您有可以避免灾祸的方法吗？万君谟说：这个我无能为力。道人准备离开，临走的时候，让万君谟取一斗土，然后给土下了咒，让万君谟把下过咒的土藏在功德堂中，早晚焚香。如果匪兵杀来，取一升土撒在前后门，闭门藏在家里，只吃炒米，不生烟火，估算匪兵走了再出来。

后来贼寇入城几次，官兵又来过几次，都没进入万君谟的家。万君谟用这个方法，果然一点损失都没有。当时有邻居说："只看见你家那个地方处在一片云雾里。"等万君谟把道士给的土用完，天下已太平了。

▶ 古代"咒土"

描述：道士赐予万君谟经过咒语加持的土，用于在危急时刻生成保护性的烟雾。

触发方式：万君谟在流寇来袭时，将一升咒土撒在前后门，产生云雾，使敌人看不见他的家。

效果：生成的云雾不仅遮蔽视线，还能产生一种迷惑效果，使得敌人误以为该处是一片空地。

技术原理：依赖道士的法术和咒语，带有神秘和玄幻色彩。

▶ 现代烟雾弹

描述：一种用于军事或防卫目的的装置，释放出浓密的烟雾遮蔽视线。

触发方式：手动或遥控启动，通过化学反应快速生成烟雾。

效果：烟雾遮蔽视线，干扰敌人的视觉和行动，使得对方无法准确判断目标位置。

技术原理：利用化学反应生成大量烟雾，例如硝酸钾和糖的混合物。

清代小说《绣云阁》中提到一种"毒草窝"，它可以通过释放黑烟，并制造深坑幻象，使敌人迷失方向，无法有效反击。

《绣云阁》中的故事情节

鼠精偷偷地把一个毒草窝扔向云牙。云牙看到鼠精扔过来的宝物顿时冒出无数黑烟，令人窒息。云牙赶紧召唤阴风，举叉刺去。没想到黑烟像栏杆一样挡住去路，无法靠近。

云牙大怒，把阴风吹向高处，但风吹得越高，黑烟也随之上升，而且在地面上出现了一个深坑，看起来像无边无际的大海。云牙继续用阴风催动，但无论向哪个方向，坑洞都跟着移动。云牙被黑烟困住，十分难受。金光道人见状，赶来帮忙，不料也被困住，掉进了深坑里。

《绣云阁》中还提到了两件法宝：一件是"赤巾"，用时展开赤巾，天地立即变为一片赤红，敌人会迷失方向，不辨东西南北，在赤巾覆盖范围内转折行走，难以找到出路，长时间被困于其中；一件是"天地赤镜"，是一面能够破除迷雾和幻象的镜子。"毒草窝""赤巾"的功能也相当于烟雾弹。

《绣云阁》中的故事情节

毒龙从容不迫地展开了一块红色布巾，瞬间天地变成一片红色，看不到边界。龙女和瑞光在其中迷路了，分不清东南西北，在布巾里转了两天也找不到出路。忽然，她们在北方看到两条平坦的道路，便高兴地说："有路了，我们可以从这里走。"她们走了半天，累得不行，在路边休息，已经快到北极了。

紫霞仙人知道了这件事，驾着祥云化成一个穿黑袍的大将，站在北极。二女刚到，大将喊道："你们是什么人，敢来这里！"瑞光和龙女详细解释了情况。大将说："你们找不到路，我赐给你们一面天地赤镜，用它一照，自然就能找到出路。"二女拜谢，拿着镜子四处照射，红色布巾立刻消失了。她们看到毒龙和赤鲤还站在对面，于是举起金枪，刺伤二妖，二妖带着伤痛逃回了老巢。

清代《走马春秋》中有一法宝"象鼻葫芦"，葫芦内装有四把神砂。使用时念动真言咒语，将葫芦盖揭开，就能释放神砂。神砂一旦被释放，敌人无法睁开双眼，从而制敌将于马下，且百发百中。清代《草木春秋演义》中天雄元帅有一法宝"蓬砂筒"，通过咒诀引来一朵祥云，祥云放出狂风吹起砂石，白茫茫一片如同下雪一样，这些飞沙走石可以遮蔽视线和干扰敌军。[1]这些也都类似烟雾弹的功能。

> 1-（天雄）急出蓬砂筒，口念咒诀，忽然一朵祥云之中狂风大作，那蓬砂吹入来白漫漫如下雪的一般。（《草木春秋演义》）

清代《锋剑春秋》中提到"五彩神石"，由海潮圣人炼成，传给金子陵。这五块神石分为青、黄、赤、白、黑五色，对应五行，各具奇特能力。

青石（烟雾石）：能够释放烟雾，迷惑敌人，使其难以辨别方向和敌我，类似现代军队使用的烟雾弹。

黄石（土石）：善于播土扬尘，制造沙尘暴，以扰乱敌军视线和行动，类似于科幻电影中的沙尘暴模拟技术。

赤石（火石）：可以生烈焰，用于攻击敌人，制造火焰伤害，类似现代火焰喷射器。

黑石（风石）：能够发狂风，形成强劲的风力攻击，吹散敌人阵形，类似现代的风力发电或气流制造设备。

白石（杀人石）：最为厉害，能够直接打死人，且百发百中，无论目标多么坚固，皆能击破，类似于高能激光武器或精确制导导弹。

这些古代设想中的奇异物品和法术，以现代科技的视角来看，实际上可以找到相对应的现代技术和设备。

49 / 古人想象的隐形设备

1-朱起，家居阳翟，年逾弱冠，姿韵爽逸。伯氏虞部有女妓宠，宠艳秀明慧，起甚留意，宠尤系心。缘馆院各别，种种碍隔，起一志不移，精神恍惚。有密友诣都辇，起送至郊外，独回之次，逢青巾短袍担筇杖药篮者，熟视起曰："郎君幸值贫道，否则危矣。"起因骇异，下马揖之。青巾曰："君有急，直言，吾能济。"起再拜，以宠事诉。青巾笑曰："世人阴阳之契，有缱绻司总统，其长官号氤氲大使，诸凡缘冥数当合者，须鸳鸯牒下乃成。虽伉俪之正，婢妾之微，买笑之略，偷期之秘，仙凡交会，华戎配接，率由一道焉。我即为子嘱之。"临去，篮中取一扇授起，曰："是坤灵扇子。凡访宠，以扇自蔽，人皆不见。自此七日外可合，合十五年而绝。"起如戒，往来无阻。后十五年，宠疫病而殂。青巾，盖仙也。（《清异录》）

2-润州处士，失其姓名，高尚有道术，人皆敬信之。安仁义之叛也，郡人惶骇，咸欲奔溃。或曰："处士恬然居此，必无恙也。"于是人稍安堵。处士有所亲，挈家出郡境以避难。有女已适人，不克同往，托于处士。处士许之。既而围急，处士谓女曰："可持汝家一物来，吾令汝免难。"女乃取家中一刀以往。处士于刀边以手抑按之，复与之，曰："汝但持此，若端简然，伺城中出兵，随之以出，可以无患。"如言，在万众中无有见之者。至城外数十里村店中，见其兄亦在焉。女至兄前，兄不之见也。乃弃刀于水中，复往，兄乃见之。惊曰："安得至此？"女具以告。兄复令取刀持之，则不能蔽形矣。后城陷，处士不知所之。（《江淮异人录》）

古人有很多关于隐形器物的想象。

坤灵扇子。宋代《清异录》和明代《情史》都记载了这样一个故事：朱起爱上了一个女孩，那个女孩也喜欢他，可是围墙阻隔，无法约会。他在郊外遇到了主管婚姻的氤氲大使，氤氲大使给了他一把坤灵扇子，朱起用扇子遮住自己，就可以隐身躲过门禁，去找女孩约会了。[1]

隐形刀。宋代《江淮异人录》记载：有一位有道术的润州处士，战乱的时候，敌人围城，有一家人仓皇出逃，临行前将已出嫁的女儿托他照顾。当叛军围城越来越紧急的时候，处士让女子找一件家里的旧物拿来，女子拿来一把刀，道士作法，女子持刀就可以隐形。靠着隐形术，女子逃出了城，找到了兄长。兄长只闻其声，却看不见她，她把刀扔到水里面，兄长才看见她。[2]

隐身衣。蒲松龄《聊斋志异·金陵乙》记载：金陵地区一个卖酒的人某乙，经常在酒中加一些东西，即便很能喝的人，也喝不了几碗就会醉。有一天早起，他看到一只狐狸醉在酒槽边上，于是就把狐狸五花大绑，准备杀掉，结果狐狸醒了，求饶，打算用一件隐形衣换取自己的性命。某乙跟着狐狸去一个洞里取了衣服，穿上回到家后，家人真的就看不见他，他换了衣服，家人才看到他。

隐身金丹。清代《小豆棚》还记载了狐狸有隐身金丹的故事：诸城人刘某，从狐狸那得到一枚金丹，他吞下后，顿觉神清气爽。这颗金丹有瞬间移动功能，想去哪里，都可以瞬间到达。他刚想回家，就瞬间到了家。他还能凭借金丹隐身，任意穿梭于高墙大院之间。

隐身伞。清代《益智录》记载：有一种伞，可以用于隐身，如果遇到强盗贼人，在空旷处打开伞躲进去就可以不被发现。当一群人逃难时，只要大家围着伞团坐，就都可以隐身。伞内还有若干纸卷，要想救被强盗抓住的人，只要烧一卷纸，就可以救一个人进伞。[1]

隐身符。东晋《抱朴子》中记载了一种"大隐符"，吃十天后，要隐形就左转，要现身就右转。（吃了这个不能军训，教官一发令，"向左转"，结果人都没了。）清代神魔小说《女仙外史》中说，鲍师有灵符，放在发内，她看得见别人，别人看不见她。但要是两个人同时用了"隐身符"，别人看不见他们，他们彼此是看得见的。清代小说《升仙传》中也提到了"隐身符"，而且厉害的是，济小塘的隐身符不仅可以隐人之身，还可以隐藏物品。

古人想象的可以隐形的器物还有很多，如宋代《绀珠集》提到了一种木杖叫"风狸杖"，可以用于隐形，并且指向禽兽，禽兽就都动不了；《江淮异人录》提到一个姓潘的方士有一条方巾，把方

1-生有孝行，南匪到时，急欲回家，女慨然曰："家有父母，不得不去，君固宜归也。"遂撑所供伞示之，曰："如遇贼，择路旁闲地，撑举此伞，无论人数多寡，令围伞团坐，贼自不能见。伞内所系纸卷若干，如见贼所掳掠之人欲救之，救一人可焚一卷。"乃闭伞授生。生归，遇父母偕乡人奔逃，急以女言语父母，谓乡人曰："从我来，可避劫。"生如女言安置，戒勿哗。未几，贼至，果如无所见者而过之。被掳子女哭泣可怜，生乃焚纸一卷，而一人自来，遂连焚之，约救百余人。后见一贼拥一女同乘，视之，车氏也，急焚纸卷，其贼释女自乘去。（《益智录》）

巾盖在脸上就能隐形；明代《西洋记》中提到一种"隐身草"，拿着它，就可以隐身；清代小说《升仙传》中也提到了"隐身草"，是济小塘给苗庆的一个宝贝，将此草插在脖颈上，别人就看不见；清代长篇鼓词《小八义》提到一种"避法冠"，把它戴在头上，站在别人眼前，也看不见，等等。

现代科技如隐形飞机和隐形战舰的"隐形"功能，主要依靠吸收或偏转雷达波的材料，以及减少红外和声波信号。古代隐形器物的故事和现代隐形技术不仅反映了人类对隐形这一概念的长期兴趣，也展示了从神话到科学的进步历程。

名　称	出　处	隐　形　机　制
坤灵扇子	《清异录》	使用扇子遮住自己，可以隐身
隐形刀	《江淮异人录》	拿着刀可以隐形，扔掉后现形
隐身衣	《聊斋志异》	穿上隐身衣后隐形，脱掉后现形
隐身金丹	《小豆棚》	吞下金丹，可以隐身，任意穿梭于高墙大院
隐身伞	《益智录》	打开伞可以隐身，围伞团坐的人无论多少都可隐身
隐身符	《抱朴子》	服用符咒后隐形，左转隐形，右转现形
方巾	《江淮异人录》	方巾盖在脸上就能隐形
隐身草	《西洋记》《升仙传》	拿着隐身草，插在脖颈上，可以隐身
避法冠	《小八义》	戴上避法冠后可以隐形

50 / 古代黑科技之武器装备

火枪。大约明代嘉靖年间修缮的《火龙经》记载了一种"火枪"：用精铜制造成三尺长的铜管，里面可以放箭和火药。发射时，点燃火药，如同火蛇，箭飞出去可以打二三百步，穿透数人。[1]

1-用精铜镕铸，筒长三尺，容矢一枝，用法药三钱，药发箭飞，势若火蛇。攻打二三百步，人马遇之，穿心透腹，可贯数人。《火龙经》

材质：精铜，精铜材质确保了枪管的坚固和耐用。

长度：三尺。

装填物：箭和火药。

射程：二三百步。

效果：火药点燃产生的巨大推力使得箭矢能够高速飞行并穿透多个人体。

特 点	古代火枪	现代火器
材质选择	精铜制造，坚固耐用	高强度钢和合金材料，确保枪管坚固耐用
火药推动	利用火药爆炸推力推动箭矢飞行	使用无烟火药和推进剂，推动子弹高速飞行
射程远	射程达二三百步（约300—450米）	现代枪械射程远，通过瞄准镜实现精准打击
多重伤害	箭矢穿透多个人体，杀伤力强	多种子弹（如穿甲弹、爆破弹），注重多重伤害效果

1-每筒藏短火箭十支，长九寸，亦以毒药涂镞，重不过二斤，每兵可负四五筒。敌不知为何物，候至百步之外，忽然火箭齐发，箭短且速，敌安能避。则一兵可兼数十人之技，凡将领、随从、旗健、杂流俱可负带。试其力，能贯薄板，发时举竹筒稍昂，可至二百步，勿谓箭小而忽之也。（《武备志》）

火箭筒。明代《武备志》记载了"火箭筒"：每筒装有十支短火箭，长九寸，箭头涂有毒药，重量不超过两斤，一名士兵可以背负四到五筒。当敌人距离百步左右时，突然发射火箭，箭短而速度快，敌人便难以躲避。一名士兵可以发挥出几十人的作用，将领、随从、旗手和其他士兵都可以携带这种武器。测试威力，这种火箭可以穿透薄板，如果发射时稍微抬高一点竹筒，射程可达二百步。[1]

► 构造

火箭筒：每个火箭筒可以装有十支短火箭，长九寸。

箭头：箭头涂有毒药，以增加杀伤力。

重量：每个火箭筒的重量不超过两斤（约 1.2 千克），士兵可以轻松携带。

携带：每名士兵可以携带四到五个火箭筒。

► 使用方法

隐蔽性：由于敌人不知道火箭筒的具体形状和功能，所以具有很好的隐蔽性。

发射距离：当敌人距离百步（约 150 米）时，士兵突然发射火箭。若稍微抬高竹筒，射程可以达到二百步（约 300 米）。

杀伤力：火箭短而速度快，敌人难以躲避，火箭可以穿透薄板。

应用场景：将领、随从、旗手以及其他士兵都可以携带和使用，一名士兵可以发挥几十人的作用，显著提高战斗力。

特　点	古 代 火 箭 筒	现 代 火 箭 筒
多发设计	每筒装有十支短火箭	可装多发火箭弹或导弹
毒药涂抹	箭头涂有毒药，增加杀伤力	现代火箭弹头部可装填各种战斗部

特　点	古　代　火　箭　筒	现　代　火　箭　筒
轻便携带	重量不超过两斤，士兵可携带四到五筒	设计轻便，单兵便携使用
隐蔽性	敌人不知火箭筒的具体功能	可携带隐藏在背包或车辆中
射程远	射程可达二百步（约300米）	射程远，可达数百米至数公里
杀伤力强	火箭短而速度快，难以躲避	强大爆炸力和穿透力

火箭推进器。宋代《齐东野语》记载了一种"地老鼠"，很可能是一种装了火药点燃后可以乱蹿的竹筒。其原理类似"火箭推进器"的原理。

《齐东野语》中的故事情节

宋理宗在位初年的一个上元日，皇家举行宴会，在庭院里放烟火，点燃了一只"地老鼠"。"地老鼠"直接蹿到太后圣座下面，太后吓了一跳，生气地离开了，宴会被迫中断。

宋理宗非常担心，感到不安，于是立即将负责排办的太监全部监禁，听候处置。第二天清晨，宋理宗前去陈述谢罪，表示这是内臣疏忽导致的。太后笑说："他们不是特地来吓唬我的，应该是误会，可以原谅他们的过失。"[1]

1-穆陵初年，尝于上元日清燕殿排当，恭请恭圣太后。既而烧烟火于庭，有所谓"地老鼠"者，径至大母圣座下。大母为之惊惶，拂衣径起，意颇疑怒，为之罢宴。穆陵恐甚，不自安，遂将排办巨珰陈询尽监系听命。黎明，穆陵至，陈朝谢罪，且言内臣排办不谨，取自行遣。恭圣笑曰："终不成他特地来惊我，想是误耳，可以赦罪。"（《齐东野语》）

▶ 构造

材料：可能由竹筒制成，内部填充火药。

点火装置：通过引线点燃火药。

移动机制：竹筒在火药燃烧产生的反作用力推动下，在地面上不规则地移动。

▶ 原理

火药燃烧：点燃竹筒内的火药，产生高温气体和巨大压力。

反作用力：燃烧产生的高温气体从竹筒一端喷出，产生反作用力推动竹筒向前移动。

不规则运动：由于设计和制造上的特性，竹筒会在地面上随机变化方向，呈"之"字形移动。

火箭。明朝人发明了一种多级推动的火箭。《火龙经》记载：用一个竹筒可以制成远程攻船的武器，通过火药多级助推，这个武器可以飞二三里远，火药用完了，筒内的火箭就会飞出来，人船俱焚。[1]

▶ 构造

竹筒：使用五尺长的竹筒，去除竹节，使其内部中空。

龙头龙尾：前端雕刻成龙头，后端雕刻成龙尾，增加其威慑效果和美观性。

神机箭：竹筒内部装有多枝火箭。

火药：竹筒内填充多级火药，用于提供连续的推力。

▶ 工作原理

点燃火药：点燃竹筒内的火药，产生第一阶段的推力。

多级助推：火药燃烧提供推力，将竹筒推向空中，每一级火药燃烧完毕后，会点燃下一级火药，形成多级助推效果。

火箭飞出：当所有火药燃烧完毕，筒内的火箭会被点燃并飞出。

目标打击：火箭飞出后，会在空中飞行一段距离，然后落到敌方目标（如人或船）上，造成燃烧和破坏。

水雷（两种）。明代《武备志》记载了一种"水底龙王炮"：用熟铁做雷壳，内装黑火药，以香作引线。这种"水雷"可以用一条绳子串起木板，让它们悬浮水中，如果敌船来了，碰上，可以人为引爆，也可以定时引爆。[2]

1-用竹五尺，去节、刮薄，前用木雕成龙头，后雕龙尾。其龙腹内装神机箭数枝……水战可离水三四尺。燃火即飞水面二三里去远，如水龙出于水面。筒药将完，腹内火箭飞出，人船俱焚。（《火龙经》）

2-水底龙王炮：炮用熟铁打造，以木牌载之，其机巧在于藏火炮上缚香为限，香到信发……上以鹅雁翎为浮，随波浪上下……乃量贼船泊处，入水浅深，将重石坠之，黑夜顺流放下，香到火发，炮从水底击起，船底粉碎，水入贼沉，可坐而擒也。（《武备志》）

▶ 构造

雷壳：熟铁做雷壳，具有坚固性。

填充物：内装黑火药，作为主要爆炸物。

触发机制：设定香的长度和燃烧时间，可以精准控制引爆时间。

附加装置：

鹅雁翎：用于悬浮，利用水的浮力使装置可以随波浪上下浮动，从而保持稳定性。

重石：用于增加重量，使其能够在水中潜伏一定深度。等敌船停泊在上面时，可以打击其船底。

水底龙王炮

▶ 工作原理

悬浮水中：通过绳子将多个水底龙王炮串联起来，让它们悬浮在水中，形成一个防御或进攻的水雷区。

引爆机制：

人为引爆：当敌船靠近时，可以通过点燃香来人为引爆水底龙王炮。

定时引爆：利用香的燃烧时间，预设引爆时间，可以实现定时引爆。

爆炸效果：当引线燃烧到黑火药时，火药爆炸，产生强大的爆炸力，导致靠近的敌船被毁。

明代《天工开物》记载的另一种水雷叫"混江龙"。用皮囊包裹着炮弹沉入水底，用绳索把引线牵引到岸上。皮囊中有火石、火镰，等敌船到了炮弹上方，在岸上一拉绳子，皮囊中的炮弹引线就被点燃了，可以炸翻敌船。[1]

1-混江龙。漆固皮囊裹炮沉于水底，岸上带索引机。囊中悬吊火石、火镰，索机一动，其中自发。敌舟行过，遇之则败。然此终痴物也。（《天工开物》）

▶ 构造

外壳：用皮囊包裹炮弹，确保其防水和有浮力。

炮弹：内部装填火药作为主要爆炸物。

引线系统：皮囊中悬吊火石和火镰，通过绳索与岸上连接。

引爆装置：利用绳索拉动引线点燃火石和火镰，引爆火药。

▶ 工作原理

布置水雷：将包裹着炮弹的皮囊沉入水底，通过绳索将引线连接到岸上。

等待敌船：当敌船进入预定区域时，通过岸上的绳索控制装置拉动引线。

点燃火药：拉动引线触发皮囊内的火石和火镰，点燃火药，引发爆炸。

破坏敌船：爆炸产生的冲击力和破坏力足以击沉敌船，造成敌方重大损失。

地雷。《武备志》记载了地雷的制造方法：制造一个圆形的铁球，把火药装进去，埋在敌人必经之处，敌人来了，就引爆，可以炸飞敌人。[1]

1-炮用生铁镕铸，以极圆为妙，容药一斗，或五升，或三升，量炮大小。以坚木为法马，分引三信，合通火窍。料贼必到之地，先埋于地中，赚贼入套，则举号为令，火发炮响，奋击如飞，势如轰雷，不及掩耳。(《武备志》)

▶ 构造

铁球外壳：使用生铁镕铸成圆形铁球，铁球的圆度非常关键，极圆为妙，以确保爆炸时的威力和方向性。

火药填充：铁球内装填火药，容量根据铁球的大小而定，可以容纳一斗、五升或三升火药。

引信系统：使用坚木制成引信装置，分三个引信以确保引爆的可靠性，防止闭塞。

火窍设计：在铁球上设置火窍，用于引火进入。

▶ 工作原理

埋设地雷：在敌人必经之地提前埋设地雷，掩盖其表面以防被发现。

引爆装置：通过引信系统控制引爆。可以根据敌人到达的位置和时间，通过设定的引信装置引爆。

爆炸效果：当引信点燃火药后，铁球内的火药爆炸，产生巨大的爆炸力和破片效果，杀伤周围的敌人。

听地器。《墨子》记载：如果敌人挖隧道攻城，怎么判断敌人挖隧道的方位呢？靠近城墙墙基，每隔五步挖一井。地势高的地方掘深五尺，地势低的地方一般三尺深就够了。然后命令陶匠烧制肚大口小的坛子，大小能容纳四十斗以上，用薄皮革蒙紧坛口放入井内。派听觉灵敏的人伏在坛口上静听传自地下的声音，就能弄清敌方隧道的方位，然后就可以在城内挖隧道与之相抗衡了。[1]

1-备穴者，城内为高楼，以谨候望适人。适人为变，筑垣聚土非常者，若彭有水浊非常者，此穴土也。急堑城内，穴其土直之。穿井城内，五步一井，傅城足。高地，丈五尺，下地，得泉三尺而止。令陶者为罂，容四十斗以上，固顺之以薄鞈革，置井中。使聪耳者伏罂而听之，审知穴之所在，凿内迎之。（《墨子》）

▶ 构造

井：在城内靠近城墙的地方，每隔五步挖一口井。地势高的地方挖深五尺，地势低的地方挖到出水三尺深即可。

陶器：命令陶匠烧制肚大口小的坛子，容量在四十斗以上。

封口：用薄皮革蒙紧坛口，确保声音可以传导而不泄露。

监听人：选择听觉灵敏的人伏在坛口上，静听传自地下的声音。

▶ 工作原理

声波传导：当敌人在地下挖掘隧道时，会产生振动和声音，这些声波会通过地面传导到井内的陶器中。

放大声音：陶器的特殊形状和密封设计可以放大地下传来的声音，使监听人能够听到。

定位敌人：通过多个井的位置和声音的强弱变化，监听人可以判断敌人挖掘隧道的具体方位。

▶ 设计巧妙之处

声学原理：利用声音在地下的传播特性，通过陶器的形状和密封性放大声音，增强探测效果。

布置合理：在城内挖井并布置陶器，形成一个"探测网络"，可以全面覆盖城墙周围的地下区域。

简单实用：装置结构简单，制造材料易得，操作方法简便，适用于古代防御工事。

再来看另一种"听地器"。明末《物理小识》记载：姚广孝制造了一个空瓦枕，在地上枕着，如果几十里外有军马声，就可以听到。[1]

▶ **构造**

材料：使用陶土烧制成空心瓦枕。

形状：瓦枕的形状设计成适合枕于地面，具有良好的声音传导和放大效果。

▶ **工作原理**

声波传导：当军马在几十里外行进时，会产生声波，并通过地面传导。

放大声音：枕于地面的空瓦枕能够捕捉到这些声波，并通过其空心结构放大声音，使人可以听到远处的声音。

声音接收：人的耳朵贴近瓦枕，可以通过瓦枕放大的声波，听到远处的动静。

机关枪。清代《阅微草堂笔记》记载了一种"连珠铳"，又称"连珠火铳"，一次装填之后能贮存弹丸二十八发，此铳可以连发。类似现代的机关枪，有人称之为"世界上第一种机关枪"。

《阅微草堂笔记》中的故事情节

戴遂堂先生据说他年轻时看到过先人制造的一种鸟铳，形状像琵琶，火药和铅丸装在铳的背部，用机轮来开合。鸟铳有两个机械装置，扳动其中一个机械装置就能让火药铅丸自动掉入铳筒中，第二个机械装置也随之跟着动，触碰到火石会激起火花，火药就被点燃了，铅丸就发射出去了。一次可以发射二十八发，用完了火药铅丸，就需要重新装填。[1]

► 构造

铳身：形状类似琵琶，内部中空用于装填火药和铅丸。

贮弹装置：火药和铅丸都装在铳脊（背部）的贮弹仓中。

机轮系统：用于控制火药和铅丸的自动装填和点火装置。

► 工作原理

装填火药和铅丸：一次装填二十八发火药和铅丸到铳脊中的贮弹仓中。

机轮操作：有两个相互衔接的机械装置。

第一个机械装置：扳动后，火药和铅丸会自动落入铳筒中。

第二个机械装置：随第一个机械装置动作，激发火花引燃火药，发射铅丸。

► 设计巧妙之处

自动装填：利用机轮系统实现火药和铅丸的自动装填，提高了射速和作战效率。

连续发射：一次装填二十八发火药和铅丸，能够连续发射，类似于现代机关枪的功能。

机械联动：两个机械装置相互衔接，确保每次发射的自动装填和点火，设计精巧。

"坦克车"。《三国典略》《梁书》均记载：侯景制作了尖顶木驴作为攻城器具，石头不能将其砸破。[2]

► 构造

外形设计：尖顶结构，可以有效分散和抵挡来自上方的投石攻击。

1- 戴遂堂先生讳亭，姚安公癸巳同年也。罢齐河令归，尝馆余家。言其先德本浙江人，心思巧密，好与西洋人争胜。在钦天监与南怀仁忤（怀仁西洋人，官钦天监正），遂徙铁岭，故先生为铁岭人。言少时见先人造一鸟铳，形若琵琶，凡火药铅丸皆贮于铳脊，以轮开闭。其机有二，相衔如牝牡，扳一机则火药铅丸自落筒中，第二机随之并动，石激火出而铳发矣。计二十八发，火药铅丸乃尽，始需重贮。（《阅微草堂笔记》）

2- 侯景作尖顶木驴攻城，石不能破也。羊侃作雉尾炬，灌以膏蜡，取掷焚之，乃退。（《太平御览》引《三国典略》）

侯景为曲项木驴攻城，矢石所不能制。羊侃作短尾炬施铁镞以油灌之，掷驴上焚之，俄尽。（《梁书》）

材料：主要由坚固的木材制成，表面可能覆盖有铁皮或其他防护材料，以增加其防御能力。

内部结构：内部可能有空间容纳士兵和攻城器具。

▶ 工作原理

防护功能：尖顶设计和坚固材料使得木驴能够抵挡敌方的矢石攻击，保护内部的士兵和设备。

移动功能：木驴可以由士兵推动或用动物牵引，靠近城墙进行攻城作战。

攻城功能：内部可能配备攻城锤等设备，用于破坏城墙。

▶ 设计巧妙之处

防护设计：尖顶结构有效分散攻击力，坚固材料增加防御能力，使其在攻城战中发挥重要作用。

多功能性：既有防护功能，又能携带攻城设备，实现攻城作战的多功能性。

51

古人想象的侦察视听功能

我们现在有无人侦察机，可以侦察敌情，古人也有这方面的需求和尝试。《汉书·王莽传》记载：王莽曾招募飞行员，想窥测匈奴的情况。有一人应召，他取大鸟的羽毛制作成两翼，并在头和身上都装上羽毛，用环纽连接起来，结果却只能飞行数百步。[1] 清代《续子不语》说那人实际只飞了数十步，王莽觉得不可用，就放弃了。[2]

古人常用风筝作为窥测敌情或者传递消息的方式。《独异志》记载：侯景之乱的时候，简文帝就是用风筝传递消息，向外求救。[3]《酉阳杂俎》记载：为了攻打宋国，鲁班制造了一只木鸢，窥探城内的情况。[4] 相当于现在的无人侦察机。《诚斋杂记》记载：韩信放风筝丈量未央宫的距离，想着挖地道进入宫中。[5]

古人在侦察视听方面的想象力十分丰富，如：旧题唐代冯贽《云仙杂记》和宋明《增修埤雅广要》都记载了一面"六鼻镜"。它是王氏家族祖传的一面宝镜，镜子边缘有六个孔洞，会生出云烟，因此得名六鼻镜。人看镜子一面的时候，竟可以看到左右前三面的情况。它还可以用于查看远方，黄巢作乱，要占领京城了，王氏想看看什么情况，对着黄巢的方向，只见镜子中很清晰地展现了黄巢军

1-或言能飞，一日千里，可窥匈奴。莽辄试之。取大鸟翮为两翼，头与身皆着毛，通引环纽。飞数百步坠。莽知其不可用，苟欲获其名，皆拜为理军，赐以车马，待发。（《汉书·王莽传》）

2-余按王莽用兵，募能飞者。有人应召，缚鸟羽为翅，飞数十步乃坠，莽知不可用。即此类也。（《续子不语》）

3-梁武帝太清三年，侯景反，围台城，远近不通。简文与太子大器为计，缚鸢飞空，告急于外。侯景谋臣谓景曰："此必厌胜术，不然，即事达外。"令左右射之。及堕，皆化为禽鸟飞去，不知所在。（《独异志》）

4-六国时，公输班亦为木鸢，以窥宋城。（《酉阳杂俎》）

5-韩信约陈豨从中起，乃作纸鸢放之，以量未央宫远近，欲穿地入宫中。（《诚斋杂记》）

队的各种情况，如在目前。[1]

特　点	六 鼻 镜	现代监控系统
材质	铜镜，有六处喷烟的地方	金属、塑料外壳，内置摄像头
视角	左右前三方视角	全景摄像头、多角度摄像头
功能	查看远方景象，实时反映远处的情况	实时视频监控、远程查看
应用场景	监视敌军动向，军事用途	安防监控、公共安全监控
观察范围	多角度视角，远程监控	多角度视角，全景视角，远程监控
附加功能	喷烟效果，增强神秘感	红外夜视、运动检测、云存储

明代《涌幢小品·照世杯》记载：撒马儿罕有"照世杯"，可以通过它，知道世界各地发生的事情。[2]

1–黄巢陷京城南，唐王氏有镜六鼻，常生云烟。照之，则左右前三方事皆见。王氏向京城照之，巢寇兵甲，如在目前。上平都邑，以映日纱囊，取入禁中。（《云仙杂记》引《纂异记》）

黄巢陷京城南，唐王氏有镜六鼻，生云烟。照之，左右前三方事皆见。王照京城，巢寇恍在目前。（《增修埤雅广要》）

2–撒马儿罕在西边，其国有照世杯，光明洞达，照之可知世事。（《涌幢小品·照世杯》）

照世杯

特点	照 世 杯	现代卫星监控	网络直播
材质	未知	人造卫星，配备摄像头和传感器	摄像头，网络设备
形状	杯子形状，光明洞达	各种形状和大小的卫星	各种类型的摄像头
功能	全球监视，实时查看	实时查看全球各地的情况	实时观看全球各地的直播景象
信息获取方式	照世杯的特性使其能够查看世界各地的情况	卫星图像和数据传输	网络传输视频和音频
应用场景	信息获取，安全监控	全球监控，天气预报，军事侦察	新闻直播，社交媒体，娱乐

清代小说《绣云阁》提到一面"照云宝镜"，这是一面可以照亮云间的镜子，用它能够追踪并发现隐身的敌人。这类似于现在可以发现隐形轰炸机的雷达了。

我们熟悉的"侦察"神话人物大概就是"千里眼"和"顺风耳"了。在《西游记》有所提及，神猴出世，惊动了玉帝，玉帝就派了二人去南天门外查看，他们展现了超凡的视听能力。[1]

1-惊动高天上圣大慈仁者玉皇大天尊玄穹高上帝，驾座金阙云宫灵霄宝殿，聚集仙卿，见有金光焰焰，即命千里眼、顺风耳开南天门观看。二将果奉旨出门外，看的真，听的明。（《西游记》）

《西游记》中的故事情节

玉皇大帝坐在灵霄宝殿，召集仙人们开会。突然看到一道金光冲上云霄，于是就命令千里眼和顺风耳打开南天门看看情况。二将领命出门，看的真，听的明。很快回来报告说："我们奉命查看金光的来源，发现是在东胜神洲海东傲来小国的花果山上，有一块仙石，石头里生了一个蛋，见风变成了一只石猴，正在拜四方，眼睛放出金光，直冲天宫。现在石猴已经开始吃食物，金光慢慢消失了。"玉帝说："下界的东西，不过是天地精华所生，不用大惊小怪。"

照云宝镜

古人想象与现代科技

远程监控：现代的远程监控设备，如高倍望远镜、卫星监控系统，可以实现类似千里眼的功能。

远程监听：现代的监听设备，如定向麦克风和声音传感器，可以实现类似顺风耳的功能。

明代《南游记》也提到了千里眼、顺风耳，说千里眼可见千里外之事，顺风耳可耳听千里之外的声音。[1] 明代《封神演义》则给千里眼、顺风耳一个距离的限定，说他们只能视听千里以内，出了一千里，"信号"就不好了，就看不清，听不清了。[2] 清代小说《锋剑春秋》中两拨神仙打架，南极子这边请了天聋、地哑、蒙头三位神圣施展法术，对方阵营的海潮圣人虽然有千里眼、顺风耳的本事，但却无法窥探到南极子这边的情况。

古人的这些想象，体现了人们侦察与反侦察的需要，也反映了古人对于情报收集和安全保障的重视。

1-此山上大王，一个叫做千里眼，能看一千路外，无所不见；那一个叫做顺风耳，听得千里路外言语，无所不知。又名叫做离娄，师旷，叫做聪明二大王。（《南游记》）

2-今棋盘山有轩辕庙，庙内有泥塑鬼使，名曰千里眼、顺风耳。二怪托其灵气，目能观看千里，耳能详听千里。千里之外，不能视听也。（《封神演义》）

52

古人想象的"激光武器"

古人对于光束武器和远程攻击的想象与现代科幻电影中的激光武器有许多相似之处。

斩仙飞刀。《封神演义》中陆压的法宝。陆压有一红葫芦，葫芦可以放出三丈多高的光，上边有一物，长有七寸，有眉毛眼睛，它的目光照下来，钉住敌人，敌人就会昏迷，不能动。再对它说一声"请宝贝转身"，它就直接在敌人的头上一转，对方的脑袋就落地了。

《封神演义》中的故事情节

白天君发现陆压手里拿着一个葫芦，葫芦里有一根细细的光线，高达三丈以上。光线的顶端有一件物品，大约七寸长，有眉有眼，眼里发出两道白光，朝下方投射，将白天君的泥丸宫钉住了，导致他昏迷不醒，完全失去了知觉。陆压在火中鞠躬道："请宝贝转身。"那宝贝转了一下，白天君的头颅早已落到地上，他的灵魂则飞往了封神台。陆压随后收起了葫芦，破解了白天君的强大阵法。[1]

1-白天君听得此言，着心看火内，见陆压精神百倍，手中托着一个葫芦。葫芦内有一线毫光，高三丈有余，上边现出一物，长有七寸，有眉有目，眼中两道白光，反罩将下来，钉住了白天君泥丸宫。白天君不觉昏迷，莫知左右。陆压在火内一躬："请宝贝转身。"那宝物在白礼头上一转，白礼首级早已落下尘埃，一道灵魂往封神台上去了。陆压收了葫芦，破了烈焰阵。（《封神演义》）

弹丸。《新平妖传》中的法宝。玄女给袁公两个弹丸，外表看似普通的铅弹，但对着它们吹一口气，叫声"疾"，就能放出光芒且左右跳跃，如金蛇盘旋缠绕，指挥它们，就能够在百万军中横行直撞，来如箭，去如风，百发百中。

《新平妖传》中的故事情节

玄女从袖中取出两个弹丸儿递给袁公。袁公双手接过，将它们放在掌中仔细查看。这两个弹丸儿像是生铁铸成的，外表不太光亮。袁公虽然嘴上没有说话，但心里却很疑惑，心想：如果是两个粉做的团子，那还可以用来充饥；如果是银子做的，也不过二两多重，没什么大用处；如果只是两个铅弹，我又不学打弹弓，要它们干什么呢？玄女早已看出他的疑虑，于是对着那弹丸儿吹了一口气，叫了一声"疾"。只见弹丸儿顿时放出光芒，须臾之间左跳右跃，如同两条金蛇盘旋缠绕，只在头上颈下往来飞舞，迸射出万道寒光，凛冽难当。耳中似乎听到千刀万刃交击的声音，吓得袁公紧闭双眼，口中喊道："师父！弟子已知师父神威！"

原来这两个弹丸儿是仙家炼成的雌雄二剑，能伸能缩，变化无穷。如果收起光芒时，只像两个铅弹一样；但如果跃动起来，就能在百万军中横行直撞，来如箭，去如风。只要发出铅弹，就会百发百中。

特性	斩仙飞刀	弹 丸	勇度的雅卡箭	相似性
控制方式	语音指令（"请宝贝转身"）	口令（"疾"）	口哨音阶控制	远程控制：都通过声音进行远程控制
自动攻击	飞刀自动斩首	自动飞行并攻击目标	自动飞行并攻击目标	自动攻击：都能在指令触发后自动攻击目标
精准性	目光定身，确保命中	百发百中，精准打击	高度灵活，精确打击	精准打击：都能确保精准命中目标
视觉效果	光线，顶端有眉毛眼睛的物体	放出光芒，左右跳跃，寒光四射	箭飞行时发光，轨迹明显	视觉冲击：都具有强烈的视觉效果，增强威慑力
多目标攻击	无	能在百万军中横行直撞	可以同时攻击多个敌人	多目标攻击：除斩仙飞刀，具备同时攻击多个目标的能力
历史背景	古代神话（《封神演义》）	古代传说（《新平妖传》）	现代科幻（《银河护卫队》）	幻想创意：都来源于幻想和创意，体现了人类对强大武器的想象和追求

早休剑。清代《草木春秋演义》中女贞仙的兵器。它可以飞到空中，发出万道光芒，让敌人睁不开眼睛，然后取人首级，又可以一把变作万把，迷惑敌人。[1]

特 性	早 休 剑	等离子肩炮 (Shoulder Cannon)	相 似 性
控制方式	女贞仙远程控制，语音或意念指令	头部动作或目视控制，计算机系统	远程控制：都通过远程指令进行控制
自动攻击	飞到空中，自动取人首级	自动瞄准并发射等离子炮	自动攻击：都能在指令触发后自动攻击目标
精准性	光芒定身，确保命中	高精度瞄准系统，确保命中	精准打击：都能确保精准命中目标
视觉效果	发出万道光芒，迷惑敌人	离子炮弹发光，流星状	视觉冲击：都具有强烈的视觉效果，增强威慑力
多目标攻击	一把变作万把，迷惑并攻击多个敌人	可以360°旋转，自动追踪多个目标	多目标攻击：都具备同时攻击多个目标的能力
历史背景	古代神话（《草木春秋演义》）	现代科幻（《异形大战铁血战士》）	幻想创意：都来源于幻想和创意，体现了人类对强大武器的想象和追求

赤乌镜。清代《女仙外史》中鲍师的法宝。镜子飞上空，发出光芒，相当于人造太阳，而且能从镜子里飞出千万赤乌攻击敌人。[2]

1-且言那琥珀山水萍洞有一位女贞子娘娘，修道千年，法术变化精通，炼成宝剑一口，名曰早休剑，能飞起半空，毫光万道，取人的首级。……女贞仙也把那口早休剑飞在空中，化作几万宝剑在空中赌斗。忽听天崩地塌霹雳一声，仍复合为一口，皆收入手中。（《草木春秋演义》）

2-但见鲍师的赤乌镜，翼翼飞腾，光芒四射，无异太阳当天；山鬼骇遁，种种变幻伎俩，倏然尽灭。（《女仙外史》）

赤乌镜

特性	赤 乌 镜	Edith 无人机武器系统	相 似 性
控制方式	鲍师远程控制，法术或意念指令	佩戴 Edith 眼镜的用户远程控制	远程控制：都通过远程指令进行控制
自动攻击	镜子飞上空，自动发光和攻击	从太空发射出无人机，无人机可以自动瞄准并发射激光武器	自动攻击：都能在指令触发后自动攻击目标
精准性	发出光芒，如同人造太阳，确保命中	高精度瞄准系统，确保命中	精准打击：都能确保精准命中目标
视觉效果	光芒四射，无异太阳	无人机发射武器时光芒四射	视觉冲击：都具有强烈的视觉效果，增强威慑力
多目标攻击	从镜子里飞出千万赤乌攻击敌人	无人机群可以同时攻击多个目标	多目标攻击：都具备同时攻击多个目标的能力
历史背景	古代神话（《女仙外史》）	现代科幻（《蜘蛛侠：英雄远征》）	幻想创意：都来源于幻想和创意，体现了人类对强大武器的想象和追求

古人的高能武器系统

53 古人想象的"气象武器"

在古代小说中，有不少气象战争的描述，如《封神演义》中姜子牙曾经就作法在夏天雪冻西岐。除了直接依靠法术改变气候，古人还设想出了诸多的气象武器。

明代《新平妖传》中记载了三种神奇的法宝：风囊、云盖和雾幪。它们分别掌控风、云和雾的力量。

风囊是由风伯飞廉掌管，能够放出各种风：东方滔风、南方薰风、西方飙风、北方寒风、东南方长风、东北方融风、西南方巨风和西北方厉风。每种风都有其独特的特性和用途。

风囊图

类型	特性描述	用途描述
东方滔风	强劲且连续不断，具有巨大的冲击力	常用于破坏敌人的防御或者驱散障碍物
南方薰风	温暖柔和，带有怡人的气息	适用于疗伤和安抚心神，能够使人精神放松
西方飙风	迅猛而难以控制，速度极快	用于攻击敌人，使其措手不及
北方寒风	寒冷刺骨，能冻结一切	用于遏制敌人的行动或者保护自己免受火焰的伤害

类 型	特 性 描 述	用 途 描 述
东南方长风	持续时间长，平稳而有力	适用于长时间的航行或者推动大型物体
东北方融风	温暖而湿润，能够融化冰雪	用于解除寒冷环境的影响，适合在寒冷区域作战
西南方巨风	巨大且强劲，具有摧毁性的力量	用于摧毁敌人的建筑或者防御工事
西北方厉风	凛冽且猛烈，具有极强的穿透力	用于穿透敌人的防御，给予敌人致命一击

　　云盖是由云师屏翳掌管，云盖的云色根据不同的情况会发生变化：如果年景丰收，云的颜色是黄色；如果有战争发生，云的颜色是青色；如果有人去世，云的颜色是白色。黑云预示水灾，赤云预示旱灾。如果出现五色葱青的云，则是吉祥的征兆。

类型	特 性 描 述	用 途 描 述
黄云	黄云预示着丰稔年景	预示丰收之年，是一种好的兆头，预示农作物的丰收和富足
青云	青云预示着兵寇之祸	预警战争和动乱，提醒人们做好防御准备
白云	白云预示着死亡和丧事	预示有人去世或发生丧事，提醒人们注意哀悼和处理相关事宜
黑云	黑云预示着水灾	预示即将发生洪水或暴雨，提醒人们做好防洪措施
赤云	赤云预示着旱灾	预示即将发生干旱，提醒人们注意节约用水和防旱措施
五色葱青云	五色葱青云预示着祥瑞	预示吉祥和幸福，是一种好的兆头，预示未来的平安和顺利

雾幪是天庭的一件宝物，能够放出浓雾。据说黄帝与蚩尤大战时，蚩尤利用雾幪制造了大雾，迷惑了黄帝的军队。最终黄帝通过九天玄女的帮助，借助指南车战胜了蚩尤。雾幪后来被九天玄女收回，献给了玉帝。

雾幪

▶ 形态与尺寸

形态：雾幪状如一幅布帘，长八九尺。

特性：展开时，雾气如初启蒸笼般喷涌而出，能弥漫百里，使天地昏暗不明。

▶ 使用方法

部分展开：若只展开尺余，便有十里雾气，可用于短时间内的战术迷惑。

完全展开：若全展开，雾气弥漫百里，用于大规模迷惑敌军或保护要地。

收回雾气：雾幪可卷起，如水中吸桶一般，迅速将雾气收回，恢复清明。

此外，《新平妖传》还记载：张鸾有一把"鳌壳扇"，扇动后能够引发阵阵冷风，甚至可以召唤出冰雹和黑云。在战场上，这把扇子可以给敌军带来巨大的伤害。这也是一件强大的气象武器。

《新平妖传》中的故事情节

张鸾嘴里念念有词，一挥鳌壳扇，大喊："疾！"顿时一阵冷风平地而起，吹得人像进入冬天一样冷得发抖。空中一朵黑云正好笼罩在官军阵营上，冰雹乱打下来，打得人头破血流。马群也吓得四处乱跑，结果把刘彦威的大军冲散了，弄得七零八落，刘彦威只好赶紧鸣金收兵。

在《西游记》中也有不少"气象武器"，如铁扇公主的芭蕉扇可以扇出强风，赛太岁的紫金铃可以放黄沙，真武大帝的皂雕旗可以遮住日月星辰，等等。

54

古人想象的"智能捕获装置"

1-好猴王，把他那幌金绳搜出来，笼在袖里，欢喜道："那泼魔纵有手段，已此三件儿宝贝姓孙了！"……原来那魔头有个"紧绳咒"，有个"松绳咒"。若扣住别人，就念"紧绳咒"，莫能得脱；若扣住自家人，就念"松绳咒"，不得伤身。他认得是自家的宝贝，即念"松绳咒"，把绳松动，便脱出来，返望行者抛将去，却早扣住了大圣。（《西游记》）

古人想象了很多"智能捕获装置"。

幌金绳。《西游记》中的法宝，凭语音控制：念"紧绳咒"，可以捆住敌人；念"松绳咒"，就可以把绳子松开。[1]《封神演义》中惧留孙有"捆仙绳"，《西洋记》中提到"捆妖绳"，都是类似的绳类捕获法宝。

《西游记》中的故事情节

行者暗自高兴道："这泼怪倒也架得住老孙的铁棒！我已经得到了他的三件宝贝，干嘛还这样费力和他厮杀呢，岂不是浪费时间！不如用葫芦或者净瓶装他进去，这样多好。"接着又想道："不好，不好！常言道：物随主便。如果我叫他名字，他不回应，那不是又耽误事了？还是用幌金绳把他捆住吧。"好个大圣，一只手用棒子挡住他的宝剑，另一只手把绳子抛起，一下子就扣住了魔头。

原来那魔头有"紧绳咒"和"松绳咒"。如果他捆住别人，就念"紧绳咒"，让对方无法脱身；如果他自己被捆，就念"松绳咒"，让绳子松开。他认得是自己的宝贝，立即念"松绳咒"，把绳子松开，便脱身出来，反而把行者捆住了。

大圣正想用"瘦身法"脱身，却被那魔念动"紧绳咒"，紧紧扣住，无法脱身。绳子套到脖子下，变成了一个金圈子。那怪一拉绳子，拉下来，宝剑对着行者的光头砍了七八下，行者的头皮儿一点都没红。

锦缠头。明代《西洋记》中黄凤仙的法宝，是一根扎头绳儿，只要拿起来照前一晃，就把对手缠绕住，不得脱身。[1] 这类似一种高科技的绳索或装置，能够自动识别和捆绑目标，同时具有麻痹或致命的效果。

《西洋记》中的故事情节

黄凤仙面对金丝犬时，不慌不忙地取出锦缠头，轻轻一晃，就把金丝犬的四只蹄爪儿缠住，使其跌倒。

黄凤仙看到仇人金角大仙，迅速使用锦缠头，将其黏住，使其失去行动能力。

坐拿草。清代《草木春秋演义》中威灵仙的宝贝，扔出去就能让对手束手就擒。[2] 这类似现在的麻醉剂或非致命性武器（如电击枪），能够迅速制服对手。

《草木春秋演义》中的故事情节

在与诃黎勒的战斗中，威灵仙取出坐拿草，念咒并抛出。诃黎勒立即坠下坐骑，两手如被绳索捆住，无法继续战斗，最终倒于地下。

红花套索。清代《草木春秋演义》中密蒙花的宝物，撒出去像是十朵红花，实际其中隐藏着绳索，趁不注意就把敌人捆绑起来了。[3] 这类似智能束缚设备，具备隐蔽性和自动化的功能。

《草木春秋演义》中的故事情节

密蒙花抛出红花套索，像十朵红花在半空中飞舞。众兵士看得呆住了，金银花趁机逃走。密蒙花要用收套索套住山慈姑，却不知山慈姑会土遁，早已不见踪影。

1－黄凤仙不慌不忙，取出一根扎头绳儿，名字叫做锦缠头。拿起来照前一晃，即时把个金丝犬缠住了四只蹄爪儿，扑的一声响，跌一个毂碌。那畜生跌一跌不至紧，却早已把个金角大仙跌将下来，卖了个破绽。……黄凤仙手里取出一个锦缠头来，照着它一掼。那锦缠头原是个黏惹不得的，黏着他就要剥番皮，惹着他就要烂块肉。饶你是甚么摇天撼地的好汉，不得个干净脱身。……黄凤仙看见金角大仙，正是仇人相见，分外眼红，照头就还他一下锦缠头。那金角大仙一时躲闪不及，一黏黏着锦缠头上，一毂碌跌下金丝犬来。（《西洋记》）

2－天仙子也不回答，甩动宝剑冲开天牛。诃黎勒跨金毛狗脊，晃着槟榔锤，二人大战三十余合，胜负未分。威灵仙坐在紫金牛上，取出一根草来，名坐拿草。当下口念咒语，把坐拿草向诃黎勒撒去。那诃黎勒忽然坠下金毛狗脊，撒了槟榔锤，两手如绳索缚的一般，倒于地下。（《草木春秋演义》）

3－密蒙花又有红花套索，撒开时但见红花十朵，其中隐收套索捉将。（《草木春秋演义》）

名　称	描　述	功　能	现代类比
幌金绳	出现在《西游记》，通过念"紧绳咒"控制捆绑，念"松绳咒"控制松绑	语音控制，捆绑和松绑敌人	智能捆绑设备，如智能锁和束缚装置
锦缠头	明代《西洋记》中黄凤仙的法宝，轻轻一晃就能捆住敌人，且具有麻痹效果	自动识别和捆绑目标，并具有麻痹或致命效果	高科技绳索或装置，类似自动识别和捆绑系统
坐拿草	清代《草木春秋演义》中威灵仙的宝贝，扔出去能让对手束手就擒	迅速制服对手，类似麻醉剂或非致命性武器	非致命性武器，如电击枪或麻醉剂
红花套索	清代《草木春秋演义》中密蒙花的宝物，撒出去像红花，实际隐藏绳索，捆绑敌人	隐蔽性强，自动捆绑敌人	智能束缚设备，具备隐蔽性和自动化功能

1-这菩萨皈依拜领，如来又取出三个箍儿，递与菩萨道："此宝唤做'紧箍儿'，虽是一样三个，但只用各不同。我有'金紧禁'的咒语三篇。假若路上撞见神通广大的妖魔，你须是劝他学好，跟那取经人做个徒弟。他若不伏使唤，可将此箍儿与他戴在头上，自然见肉生根。各依所用的咒语念一念，眼胀头痛，脑门皆裂，管教他入我门来。"(《西游记》)

除此之外，具有捕获控制功能的法宝还有《绣云阁》中提到的"肠绑子"，那是一种金光闪烁的绳索，在空中投掷，捆绑并束缚敌人。还有《西游记》中提到"金紧禁"三个箍儿：如来给了菩萨一样三个"紧箍儿"，此宝戴在头上，见肉生根，一念咒，对方就会头疼难忍。1 有三种不同的咒语控制三个箍儿，相当于不同的语音密码。孙悟空戴上的是紧箍儿，黑熊精戴上的是禁箍儿，红孩儿戴上的是金箍儿，等等。

古人的高能武器系统

55 古人想象的"抗干扰设备"

现代战争有抗干扰设备，用于对抗电磁干扰、信号干扰或能量干扰。古人也有这方面的想象。

《封神演义》中萧升的法宝"落宝金钱"，造型是一个有翅膀的金钱，可以克制一切法宝，敌人的法宝见到它就会落下来，失去作用。

《封神演义》中的故事情节

赵公明与萧升对战，赵公明先是抛出缚龙索，此绳索可以自动寻找目标捆绑敌人。萧升一看绳索飞来，轻蔑一笑，从豹皮囊中取出落宝金钱，也抛到空中。只见缚龙索跟金钱同时落在了地上，萧升的好友曹宝忙将索收了。

赵公明发现自己的宝贝被人收走，很生气，就又把定海珠抛到空中。这珠子也是非比寻常的宝物，它发出的光芒让神仙也睁不开眼睛，珠子趁着敌人看不清的时候，就会偷袭打将下来。结果萧升又发金钱，定海珠也随钱而下，曹宝急忙又抢走了定海珠。

赵公明连失两件宝物，气坏了，急祭起神鞭。萧升又发金钱，但他不知道鞭是兵器不是宝，金钱对付不了兵器。赵公明一鞭正中萧升顶门，打得脑浆迸出。

这时候，曹宝见道兄已死，想为萧升报仇。燃灯怕他也吃亏，就暗中偷袭赵公明。燃灯将乾坤尺祭起来，抛到空中，远程打人。赵公明没有防备，被一尺打得差点从坐骑上掉下来。他疼得哎呀大呼一声，然后骑着老虎往南逃走了。[1]

"落宝金钱"的功能类似于电磁脉冲（EMP）武器和电子战。

特　性	落宝金钱	电磁脉冲（EMP）武器	电子战（EW）
描述	有翅膀的金钱，能克制一切法宝	通过电磁脉冲破坏或干扰电子设备	利用电磁频谱干扰敌方通信、雷达和电子系统
功能	使敌方法宝失效，无法继续使用	使范围内的电子设备失效	干扰和破坏敌方电子系统，削弱敌方作战能力
典型应用	对抗缚龙索和定海珠，使其失效并落地	干扰和破坏敌方通信设备、雷达等关键电子系统，使其失去功能	干扰敌方通信、雷达等电子系统，使其无法正常工作
作用方式	法宝在飞行过程中释放特殊能量，使接触到的敌方法宝失效	释放强大的电磁脉冲，影响范围内所有电子设备的正常运行	利用电磁频谱进行干扰和破坏，通过技术手段使敌方系统无法正常工作
现代技术对比	通过特殊能量克制法宝	通过电磁脉冲破坏电子设备	通过电磁频谱干扰和破坏电子系统

1-吾乃五夷山散人萧升、曹宝是也。俺弟兄闲对一局，以遣日月。今见燃灯老师被你欺逼太甚，强逆天道，扶假灭真，自不知己罪，反恃强追袭，吾故问你端的。"赵公明大怒："你好大本领，焉敢如此？"发鞭来打。二道人急以宝剑来迎。鞭来剑去，宛转抽身，未及数合，公明把缚龙索祭起，来拿两个道人。萧升一见索笑曰："来得好！"急忙向豹皮囊取出一个金钱，有翅，名曰"落宝金钱"，也祭起空中。只见缚龙索跟着金钱落在地上，曹宝忙将索收了。赵公明见收了此宝，大呼一声："好妖孽，敢收吾宝？"又取定海珠祭起于空中，只见瑞彩千团打将下来。萧升又发金钱，定海珠随钱而下。曹宝忙忙抢了定海珠。公明见失了定海珠，气得三尸神暴跳，急祭起神鞭。萧升又发金钱，不知鞭是兵器不是宝，如何落得？正中萧升顶门，打得脑浆迸出，做一场散淡闲人，只落得封神台上去了。曹宝见道兄已死，欲为萧升报仇。燃灯在高阜处观之，叹曰："二人棋局欢笑，岂知为我遭此之苦？待我暗助他一臂之力。"忙将乾坤尺祭起去。公明不曾提防，被一尺打得公明几乎坠虎，大呼一声，拨虎往南去了。（《封神演义》）

明代《西洋记》中提到一个"聚宝筒儿"，大小如笔筒，实际内部空间很大，斗法的时候，拿出来晃一晃，就可以把敌人的宝贝收过来。[1]

《西洋记》中还说帖木儿有个宝贝叫"宝母儿"，是一把扇子，它可以控制所有宝贝，凡是宝贝见了它，一招就来。[2]

《西洋记》中的故事情节一

国师金碧峰长老（燃灯佛转世）与元始天尊私自下凡的大徒弟紫气真人（羊角仙人）斗法。羊角仙人偷了很多宝贝下凡，金碧峰长老找元始天尊借来了"聚宝筒儿"。

羊角仙人非常生气，他拔出剑来，挥向空中，嘴里念念有词，手里捻着法诀，想着这一剑一定能解决掉这个和尚。哪知道今天的和尚和昨天的不一样，只见和尚轻轻晃了晃袖子，那剑竟然飞进了他的袖子里。

羊角仙人看到这一幕，非常惊讶，心里想："这是什么法术？我的剑是师父的斩妖剑，百发百中，怎么会自己飞进别人的袖子里？"他高喊道："好和尚，你怎么把我的剑袖进去的？"长老说："善哉，善哉！不是我要袖它，而是它自己飞进来的。"羊角仙人连忙拿出轩辕镜，念念有词，再次挥向空中，那镜子也朝着长老飞去。长老又轻轻晃了晃袖子，那镜子也飞进了他的袖子里。

羊角仙人看见自己的斩妖剑和轩辕镜都不见了，心里慌了，暗自想着："没有这些宝贝，我怎么回东天门？怎么朝元？怎么成道？"他敲了敲坐骑鹿的角，神鹿上下飞跃，他这是要跑。

金碧峰长老明白他的意图，故意对他说："大仙，你的水火花篮里还有宝贝吗？"羊角大仙被激怒了，高声骂道："好秃贼，你欺负我没有宝贝吗？今天我和你决一胜负，不是你死就是我亡。"长老说："善哉，善哉！我一个出家人有什么好争的！"羊角大仙骑着鹿靠近长老，拿起小令旗朝长老的头上挥去。长老轻轻晃了晃袖子，

1-佛爷道："是个甚么宝贝？"天尊即时吩咐一位尊者，取出一件宝贝，拿在手里，说道："这个宝贝虽则是五寸来高，二寸来围，就像一个笔筒儿的模样，其实好大的肚皮，不拘甚么宝贝，但见了他晃一晃，却都要归到他处来。你明日与他交战之时，收尽了他的宝贝，他自然归本还原。这是个不战而屈人兵的阵势。"佛爷道："叫做甚么名字？"天尊道："叫做个聚宝筒儿。"天尊交与佛爷爷。(《西洋记》)

2-夫人道："你今日又是个甚么宝贝招他回来？"帖木儿道："是个宝母儿。"夫人道："怎叫做个宝母儿？"帖木儿道："凡是宝贝见了他，一招就来，故此叫做个宝母儿。"夫人道："是个甚么样子？"帖木儿道："就是一把扇儿。"(《西洋记》)

那旗子又飞进了他的袖子里。

羊角大仙吓得魂不附体,心里想:"这个和尚来头这么大!这些宝贝,只有我师父元始天尊能用能收。这样的话,这和尚不是和我师父平起平坐了吗?真是太可怕了!"

《西洋记》中的故事情节二

王明偷了帖木儿的宝贝,改天两军对垒,阵前帖木儿见到王明,怒气冲天,对着王明高喊道:"你这个贼!怎么杀了我五十名士兵,还偷了我的宝贝,你敢跟我比试比试吗?"王明也不开口,从衣袖里拿出一个吸魂钟,敲了一下。可还未等敲响,帖木儿摇了摇手中的扇子,王明的宝贝就被招了过去。王明很生气,但不知为何。

帖木儿得了宝贝,连敲吸魂钟三下,将王明打落马下,喊道:"绑了他!"但王明突然消失了,原来王明隐身了。帖木儿虽未擒到王明,但拿回了宝贝,于是打算回营。王明心想:"番官没擒到,宝贝也没了,怎么向元帅交代?也罢,一不做二不休,跟他进城,看他怎么用宝贝,然后趁机解决他!"于是拿了隐身草隐着身,提了一口刀,跟着番官。番官到府门,下马,卸甲,敲三下云板,进了内房。

王明早已跟到内房。只见四个丫头、一个夫人迎接,问道:"连日厮杀,胜负如何?"帖木儿道:"夫人,不好说。"夫人道:"胜败兵家常事,怎么不好说?"帖木儿道:"南朝出了个王明,是个贼,有点厉害。"夫人道:"王明有多厉害?"帖木儿道:"他的本领不算大,只是一掉下马,就找不到他。"夫人道:"既然找不到他,得放手时须放手。"帖木儿道:"他却不放我。"夫人道:"怎么不放?"帖木儿道:"他前夜进我宝库,杀了五十名士兵,偷了我的宝贝,居然没人看见。若不是我的宝贝多,我早死在他手里。"夫人道:"偷了什么宝贝?"帖木儿道:"吸魂钟、追魂磬。"夫人道:"你用什么招回宝贝?"帖木儿道:"宝母儿。"夫人道:"什么是宝母儿?"帖木儿道:"宝贝见了它,一招就回,故叫宝母儿。"夫人道:"什么样子?"帖木儿道:"就是一把扇子。"

王明心想:"原来是一把扇子,不打紧,也好偷。"夫人道:"我常看你这把扇子,只以为是普通扇子,不知有这么多妙用。还有件什么宝贝？这些宝贝不可轻易交人，万一有失，后悔莫及。"帖木儿道："我不惧他，还有一卷天书，念动真言，宣动密咒，宝贝在哪里都招来。莫说只是我西牛贺洲，假如东胜神洲、南赡部洲、北俱芦洲，瞬间都归我。"王明心想："这个番官好厉害，还有天书。不知他天书放哪？"

聚宝筒儿的功能类似于高级空间压缩和磁力吸引技术。

空间压缩技术：科幻设想中的空间压缩技术，可以在一个小容器内存储大量物品，类似于"次元袋"或"空间折叠"技术。

磁力吸引技术：现代科技中的磁力吸引设备，通过强磁力场吸引和捕获目标物品，如电磁起重机在工业中广泛应用。

宝母儿的功能类似于高级信号干扰和控制系统。

信号干扰系统：可以干扰并中断敌方的通信设备或武器系统，使其无法正常运作。

无人机控制系统：可以控制并接管敌方的无人机，使其变为己用。这类似于通过信号劫持技术接管敌方的无人机，改变其指令和行为。

清代小说《锋剑春秋》中，云磨真人的"扫云旗"、镇土真人的"破土幡"、移星真人的"摘星竿"、换斗真人的"转斗扇"，都相当于干扰武器。

古人想象

扫云旗：可以扫断敌人的云脚，使其无法腾云驾雾，阻断高空作战。类似于现代的空中干扰设备，如雷达干扰器和反无人机系统，阻止敌方在空中的行动和作战能力。

破土幡：可以将土镇住，使敌人不能借土遁逃脱，阻止地下通道的形成。类似于地面干扰设备，如地震波干扰器或地下探测系统，阻止敌人在地下进行隐蔽行动或逃脱。

摘星竿：可以让满天星斗无光，制造黑暗环境，干扰敌人的视线。类似于现代的光学干扰设备，如烟幕弹或激光干扰器，制造视觉障碍，干扰敌人的观察和瞄准。

转斗扇：古人常用星斗导航，从名字来看，这件宝贝应该不仅能遮挡星斗，似乎还可以让星斗变换位置，从而干扰敌人的导航系统。类似于现代的导航干扰设备，如 GPS 干扰器，改变或干扰敌人的导航信号，使其无法准确定位和行动。

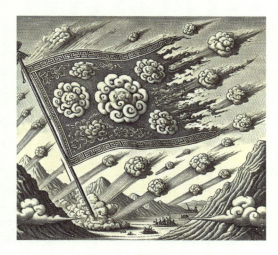

扫云旗

摘星竿

　　　　　古人的高能武器系统

现代技术

雷达干扰器和反无人机系统：用于干扰和阻止敌方空中设备的正常运作，类似于扫云旗的功能。

地震波干扰器和地下探测系统：用于探测和干扰地下活动，类似于破土幡的功能。

光学干扰设备：如烟幕弹和激光干扰器，用于制造视觉障碍，类似于摘星竿的功能。

GPS干扰器：用于干扰敌方的导航系统，使其无法准确定位，类似于转斗扇的功能。

清代小说《锋剑春秋》中，孙膑用"杏黄旗"可以控制敌人的法宝，让其停止进攻或者转而攻击敌人自己。这也类似"信息战"或"电子战"武器。

《锋剑春秋》中的故事情节

王翦控制着飞剑袭击孙膑，孙膑抬头望去，只见天上云霞旋绕，瑞气千条，一团车轮大小的红光托着一把闪亮的剑，直冲他的头顶而来。他急忙把拐杖换到左手，右手拔出杏黄旗，托在手中，念动咒语。就在红光和剑快要逼近的时候，他用旗一展，大喝一声："宝物还不回去，等什么呢？"奇怪的是，那把剑立刻掉头，飞向了王翦。

《锋剑春秋》中还有"无极图"，此宝贝一拿出来，任何法宝的伤害都无效，而且还能收别人的法宝。这也类似一种"电子战"的法宝。

《锋剑春秋》中的故事情节

无当老祖从怀中取出一件宝贝，名为"无极图"。这宝贝在天地未开之前就已存在。任凭各种兵器和仙珍见到此图，都不能伤害它，反而会被收纳。这是无当老祖的珍奇宝物，比杏黄旗强十倍。

老祖将无极图拿在手中，刷的一声抖开，千条瑞气和万道金光涌出，立刻将孙膑的杏黄旗、雌雄剑和沉香拐都收走了。（"无极图"的能量要比"杏黄旗"强十倍，所以"无极图"能在"电子对抗"中胜出。）

"太极图"和"无极图"的斗争情节

南极老祖从怀里取出一件宝贝，祭起来在空中。海潮老祖抬头一看，看到一团红云滚滚，里面托着一根通天神针，直奔自己头顶打来。海潮老祖急忙展开八卦混天绫，挡住通天针，使它在空中盘旋无法下来。

南极老祖大怒说："你敢破坏我的法宝。"于是他又把金刚圈扔了过来。海潮老祖反应灵敏，立刻用无极图抵挡，金刚圈掉在地上。海潮这边其他真人看到这一幕，也纷纷动手，各自祭起法宝打击南极老祖。南极老祖见状，拿出一把龙须扇一扇，他们的法宝纷纷烟灭，众真人被打得站立不稳，星星点点地飞了出去。

南极老祖用龙须扇开辟了一条道路，准备离开。海潮老祖大声喝道："休想走，看我的法宝！"他伸手抖开无极图，准备卷起南极老祖。南极老祖则祭出了太极图，二宝斗在一起，各显神通，不分胜负。

古人想象与现代科技

信号干扰和劫持系统：能够干扰和控制敌方设备，类似于杏黄旗的功能。

强力电子战系统：具备屏蔽和劫持能力，使敌方设备失效并被接管，类似于无极图的功能。

防御性电子战系统：能够抵挡并反击电子攻击，类似于太极图的功能。

此外，清代《草木春秋演义》中说女萎仙娘有"石胆净瓶"，可以把敌人的法宝装进瓶子里；威灵仙有"天昆布袋"，可以收取任何兵器、法宝；女贞仙有"当归扇"，用扇子一扇，可以把对方的法宝扇过来；木兰有"婆婆针袋"，如金子打成的，明晃晃的亮，又似绢帛制成的，轻松松的软，又能大能小，可以收天下兵器；都念子借给金铃子的"白前圈"也可以收天下宝物，但斗不过萎蕤道人的"锦地罗"，锦地罗是一个网，可以收兵器，比"白前圈"的"信号"要强。清代小说《锋剑春秋》中南极子有法宝"拂尘"，用他的拂尘一扫，甭管你是什么法宝，力气大点，会被扫得无影无踪，力气小点，可以让敌人的攻击法宝反弹回去。清代神魔小说《女仙外史》中毗邪那有"钵盂"，可以收对手的兵器，甚至连风也可以收进去。《说唐全传》中白龙公主有"乾坤伞"，可以收人，也可以收法宝，但善才童子的"灵仙太极圈"可破此伞，抗干扰能力更强，可把"乾坤伞"给打坏，等等。

法宝名称	描　述	功　能	使用者
石胆净瓶	一尺多长、四寸宽的瓶子	可以收取敌人的法宝，如石燕和金砂等	女娄仙娘
天昆布袋	长尺二寸、广八寸的布袋	能收取任何兵器、法宝、仙家器用及五行器件	威灵仙
当归扇	扇子初始如艾叶般小，迎风变大如荷叶	能将对方的法宝扇过来	女贞仙
白前圈	白光闪亮的圈子	能收天下宝物，但斗不过锦地罗	金铃子
锦地罗	一个网	能收兵器等物	萎蕤道人
婆婆针袋	长尺二寸、广八寸的袋子	能收上千兵器，藏得巨万宝贝	木兰
拂尘	形同拂尘的宝贝	可扫除敌人法宝或让其反弹回去	南极子
钵盂	钵盂	可收对手的兵器和风	毗邪那
乾坤伞	宝伞	能收人的法宝	白龙公主

　　这些"法宝"展示了古人对抗干扰技术的理解和应用，尽管是基于神话和幻想，但在现代科技中，我们可以看到类似原理的实际应用，如电子战系统、电磁干扰设备等。那些看似荒诞不经的"想象"，终有一天可能真的会被"实现"。

56 / 古人想象的"火焰喷射枪"

1- 一名水精珠，珠中有一红窍，窍中蕴着烈火，射将出来，浑如一条火蛇，其焰直飞百步之外，着人肌骨，便成灰烬。若使神仙沾了此火，即不能腾挪变化。体是水精，而其用返在于火。(《女仙外史》)

清代《女仙外史》中太孛夫人的法宝"水精珠"是一种类似于现代火焰喷射枪的神器。这个法宝通过一个小孔发射出烈火，形成如同火蛇般的火焰，射程达到百步之外。任何接触到火焰的人或物都会被瞬间烧成灰烬。[1]

《女仙外史》中的故事情节

太孛夫人有两件法宝：一件是水精珠，珠中有一个红窍，里面蕴藏着烈火，射出来像一条火蛇，其焰可以飞到百步之外，碰到人就会成灰。即使是神仙，沾上这种火，就无法施展变化。虽然水精珠本质是水，但其用途却在火上。另一件是赤瑛管，是由朱砂制成的，其颜色鲜红，管端也有一个红窍，里面含着水银，朱砂是水银的母体，水银是朱砂的子体，母子相生，是开天辟地的奇物。水银射出来就像瀑布一样，沾上一点，人就会骨软筋酥，身体化掉。即使是大罗天仙，沾上也会顶上三花、胸中五气都消散。虽然赤瑛管本质是火，但其用途却在水上。一是水中有火，阴中有阳；一是火中有水，阳中有阴。两件法宝互相制约又互相辅助，只有水精珠中的阳可以济赤瑛管中的阴，赤瑛管中的水可以制水精珠中的火，其他东西无法降服这两件宝物。

水精珠

太乙夫人随即叫来左右的弟子们，吩咐道："现在我用上我的至宝，对方必然逃走，你们到时候化作仙鹤去擒拿他们，不要让他们跑了！"她从怀里取出水精珠，托在掌中，说了句"如意吐火"（相当于语音控制）。只见珠心跃动，喷出一道火光，像电线一样直射过去，化作百道焰光，瞬间烧散了月君烟霞所化的台。曼师急忙向坎宫吹口气，化为骤雨泼下，但不仅没有熄灭火焰，反而使火势更大。

鲍师急忙呼唤兑宫少女用风来扑火，不料火竟扑到自己身上。空中的四只白鹤趁机伸爪来抓，鲍师见势不妙，化作金光逃走。月君和曼师被火困住，无法脱身，只好化作清风，直上霄汉，追上鲍师，一直飞到涿州清凉台才现出原形。回头望去，太乙夫人正在那边收回火焰，招回仙鹤。

特　性	水　精　珠	现代火焰喷射枪
描述	珠中有小孔发射烈火，形成火蛇般的火焰	燃料喷射系统和点火装置形成高温火焰流
射程	百步之外（约 150 米）	数十米范围
火焰形态	火蛇般的火焰	高温火焰流
破坏力	瞬间烧成灰烬，甚至神仙也无法腾挪变化	能够迅速焚烧目标区域
用途	攻击敌人和防御，具备极强的破坏力	军事作战、工业用途、应急救援等
威慑效果	烈火发射，威力强大，具有强大的威慑和破坏力	高温火焰喷射，迅速烧毁目标，具有强大的破坏力

明清时期，火器在战场上常常出现，古人也就因此想象出诸多强大的与火有关的武器。如《西游记》中火神放火的法器有火枪、火刀、火弓、火箭、火龙、火马、火鸦、火鼠等；清代章回小说《乾隆下江南》第十九回写一个道士从葫芦内放出无数火龙、火虎、火枪来作战；《薛刚反唐》第八十三回中，何昌的葫芦发出红光，飞出一条金鱼，变为一条放火的火龙，等等。

57 古人想象的"激光剑"

在科幻电影中，我们经常看到激光剑，古人也有类似的想象。

清代《子不语》记载了一位姚剑仙：在一场宴会上，他口吐一铅丸，然后变作一把宝剑，剑端发出火光，如同蛇吐信子。当时有很多宾客在，大家都很紧张，不敢出声，主人也担心惊吓到来客，就请姚剑仙收起剑。姚剑仙却对主人说：此剑一出，必须斩杀一生物才能收回。主人说：除了杀人，你杀什么都可以。

姚剑仙看到台阶下有棵桃树，用手一指，白光就飞到树下，环绕一圈，树就无声地倒下了。此时，姚还没玩够，他口中又吐出一丸，又变成一把剑，与桃树下的白光互相撞击，双龙相斗，直上青天，满堂灯烛都灭了。最后姚用手招两道光奔回掌内，仍然变成双丸吞回口中。他端起酒菜，大喝大嚼，嘴里没有什么妨碍。[1]

清朝中期成书的《绿野仙踪》（又名《金不换》《百鬼图》），开近代小说剑仙一脉，其中记载了很多神奇的剑。如主人公冷于冰的

1-姚剑仙。边桂岩为山盱通判，构屋洪泽堤畔，集宾客觞咏其中。一夕，觞筹正开，有客闯然入，冠履垢敝，辫发髼髼然披拂于耳，又手捐坐诸客上，饮啖无忤。诸客问名姓，曰："姓姚，号穆云，浙之萧山人。"问何能，笑曰："能戏剑。"口吐铅子一丸，滚掌中成剑，长寸许，火光自剑端出，熠熠如蛇吐舌。诸客悚息，莫敢声。主人虑惊骇，再三请收。客谓主人曰："剑不出则已，既出，则杀气甚盛，必斩一生物而后能敛。"通判曰："除人外皆可。"姚顾阶下桃树，手指之。白光飞树下，环绕一匝，树仆地无声。口中复吐一丸如前状，与桃树下白光相击，双虬攫拿，直上青天，满堂灯烛尽灭。姚且弄丸且视诸客，客愈惊惧，有长跪者。姚微笑起曰："毕矣。"以手招两光奔掌内，仍作双丸，吞口中，了无他物，引满大嚼。群客请受业为弟子，姚曰："太平之世，用此何为？吾有剑术，无点金术，故来。"通判赠以百金。居三日去。(《子不语》)

"木剑"，长不过八九寸，但迎着风一晃，就可长三尺四五，可变大变小。这把剑非常厉害，当秦尼为阻挡追兵用剑在地上一划出现沟壑时，冷于冰就用剑向沟上一画，沟壑就变成了平地。当秦尼败走，取一块黄绢儿一丢就变为数丈铜墙时，冷于冰将剑向铜墙一指，口中念念有词，只见剑尖上飞去一缕青烟，烟到处，将铜墙烧为灰烬。[1]

1-木剑一口，长不过八九寸，若迎风一晃，可长三尺四五。此剑乃吾用符咒喷噀，能大能小，非干将莫邪之类所能比其神化也。……于冰听罢，便再不问。睡到三鼓时候，暗暗的开了房门，抬头见一轮好月。将木剑取在手中，迎风一晃，倏变有三尺余长，寒光冷气，直射斗牛。(《绿野仙踪》)

特征	姚剑仙的宝剑 (《子不语》)	冷于冰的木剑 (《绿野仙踪》)	科幻电影中的 激光剑
外观	铅丸变成宝剑，剑端发出火光，如同蛇吐信子	长不过八九寸，迎风可长至三尺四五，寒光冷气直射斗牛	能量束形态，通常有一个剑柄，光束剑刃
能量与光效	剑光环绕树一圈后砍倒树，剑光互相撞击后熄灭灯烛	剑尖发出青烟，能量强大，能烧毁铜墙	剑刃发光且有能量，能够切割、灼烧物体
攻击范围	近距离攻击，需指向目标	远近皆可，远程攻击时能用青烟烧毁目标	主要用于近战和中距离战斗
操作	需用手指向目标，并口中吐出铅丸变剑	需念咒或用手指向目标，剑能变大变小，操控灵活	通过剑柄操作，轻易控制方向并攻击
技术含量	神秘的剑术与火光效果	结合符咒与剑术，具备变形能力	高科技能量武器，光束通过高能电池或其他能源供电
使用条件	需杀生后才能收回	需念咒或使用特定符咒	任何时候都可使用，使用时需携带能量源
相似性	发光，能量集中攻击，近距离破坏力强	发光，能量集中攻击，灵活多变	发光、能量武器、灵活使用

58 / 古人想象的"闪光弹"

明代小说《封神演义》中，高兰英有一红葫芦，战斗时从红葫芦放出四十九根太阳神针，专门攻击人的眼睛，使其暂时失明。这很像现在的闪光弹。

明代小说《北游记》中的法宝照魔镜，只要一照人，光亮闪烁，对方就会头目昏花。这也类似闪光弹的作用。

另外，《绣云阁》中提到醒心玉镜，是一面能发出金光的玉镜，可以照耀天际，震慑敌人。

《北游记》中的故事情节

一个名为副应的妖精，拥有一面法宝叫做照魔镜。这面镜子一旦抛起，就能照得人头昏眼花，失去清晰的头脑。

祖师（真武大帝）带着众人路过太保山，本来打算从龙门洞前往紫清洞，却被副应拦住了去路。众人试图捉拿副应，但他一抛起照魔镜，众人都陷入了头昏眼花的状态，无法动手。祖师亲自出手，指向南方，用丙丁火炼副应手中的照魔镜（古代的镜子基本是铜镜，可以被火炼化），使之失去了作用。

随后，祖师制服了副应，迫使他投降，并且给他服下火丹，写表奏请皇帝赐官封职。最后，皇帝下旨，封副应为纠察副元帅，随祖师一同降伏邪恶，成了正义的力量之一。

名称	描述及功能	外形	工作原理和效果
太阳神针（《封神演义》）	高兰英的法宝，红葫芦放出四十九根神针，使敌人双眼看不清楚，暂时失明	红葫芦	通过红葫芦放出神针，射向敌人眼睛，使其暂时失明。干扰敌人的视力，造成短暂失能，便于己方进行攻击或防御
照魔镜（《北游记》）	副应的法宝，抛起时发出强光，使人头昏眼花，暂时失去清晰的头脑，无法行动	镜子	通过抛起镜子，发出强光，使敌人头昏眼花，造成短暂失能，便于己方进行攻击或防御
现代闪光弹	通过爆炸产生强烈的闪光和声音，干扰敌人的视听感官，导致短暂失明和听力损伤	手榴弹形状	通过爆炸产生强烈的闪光和声音，使敌人短暂失去视觉和听觉能力，通常用于军事和执法行动，便于进行突击或撤退

59 古人对武器"权限"的想象

清代《济公全传》中提到了很多法宝，如打仙砖、子母阴魂绦、六合珠、混元如意石、乾坤子午混元钵、如意珠、冲天矢、乾坤颠倒迷路旗、避风珠、绢帕、聚妖幡，等等。在小说中，法宝的使用需要特定的咒语或"密码"，类似于现代科技中的授权和权限管理。这些法宝如果攻击济公，其"密码"都会被济公更高级的语音"密码"破解，展现了古人对武器控制和权限管理的奇妙想象。

1-马道玄一见，气往上撞，说："好颠僧，气死我也！"立刻又掏出一宗宝贝，名曰"避光神火罩"。其形似罩蟋蟀的罩子，要罩上人，内有三才真火，能把人烧个皮焦肉烂。今天把罩子一抖，老道口中念念有词，刷啦啦一道金光，照和尚罩下。济公哈哈一笑，用手一指，这个罩子奔老道去了。马道玄口中一念咒，用手一指，又奔了和尚去。和尚用手一指，口念六字真言："唵嘛呢叭咪吽！唵，敕令赫。"这罩子回来，就把老道罩上。金风和尚一看，气往上撞，见老道拿宝贝罩人，没罩了，反把自己罩上。金风和尚立刻把避光神火罩拿起来，见老道衣裳着了，要不是念护身咒，连人都烧了。老道臊得面红耳赤。（《济公全传》）

《济公全传》中的故事情节一

马道玄掏出一件宝贝，叫"避光神火罩"，这个罩子像罩蟋蟀的罩子一样，但如果把它罩在人身上，里面的三才真火会把人烧得皮焦肉烂。马道玄念着咒语，把罩子一抖，一道金光闪过，罩子就向济公飞去。济公哈哈一笑，用手一指，罩子立刻飞回马道玄那里。马道玄念咒，用手一指，罩子又飞向济公。济公再次用手一指，并口念六字真言："唵嘛呢叭咪吽！唵，敕令赫。"罩子马上飞回，罩住了马道玄自己。

金风和尚看到这一幕，气得不行，见马道玄想用宝贝罩人，结果反而把自己罩住了。金风和尚急忙把避光神火罩拿起来，发现马道玄的衣裳已经烧着了。如果不是因为他念了护身咒，整个人都要被烧了。马道玄羞得脸红耳赤。[1]

古人的高能武器系统

《济公全传》中的故事情节二

李妙清伸手从兜囊里掏出一件法宝，叫"打仙砖"。他口中念着咒语，把砖祭起来。这砖可以变大变小，悬在半空中，朝着和尚的头顶压下来，就像泰山压顶一样。和尚哈哈一笑，口念六字真言："唵嘛呢叭咪吽！唵，赦令赫！"打仙砖立刻发出一道黄光，掉在了地上。和尚说："这就是你的宝贝？不行啊，我这个和尚老爷可不怕。你还有别的法宝吗？"

李妙清一听，更加生气，说："好个疯和尚！竟敢破我的法术！看我再来拿你！"他又伸手从兜囊里掏出捆仙索，祭在空中，口中念着咒语，捆仙索随风而长，朝着和尚锁去。和尚用手一指，口念六字真言，捆仙索也掉在了地上。[1]

咒语或"密码"：每个法宝都有特定的咒语，类似于现代系统的授权管理。

破解：济公的六字真言作为更高级的权限，可以破解和反制其他法宝的"密码"，展现了高权限控制低权限的概念。

清代《八仙得道传》中说铁拐李有个大葫芦，装有各种法宝，这些法宝好似和葫芦有母子的关系，子离了母，即使暂时有效，日久终归无用。这种对法宝权限的想象与现代的云计算和边缘计算，以及无线充电技术和能量传输技术有许多相似之处。

特性	法宝葫芦	云计算和边缘计算	无线充电和能量传输
核心概念	母子关系，离开母体法宝失效	设备和服务依赖于云资源和中心服务器	设备依赖无线充电器和能量传输设备
功能依赖	需要葫芦持续维持法宝效用	需要云资源和边缘计算设备保持功能	需要无线充电或能量传输维持工作
效用时间	离开葫芦后，法宝暂时有效，日久失效	离开云资源和边缘计算，功能受限或无法使用	离开无线充电或能量传输，电池有限，使用时间短

1-李妙清一听，气往上冲，伸手由兜囊掏出一宗法宝，名曰"打仙砖"，祭起来口中念念有词。这砖能大能小，起在半悬空，照和尚头顶压下来，如同泰山一般。和尚哈哈一笑，口念六字真言："唵嘛呢叭咪吽！唵，赦令赫！"立刻打仙砖现了一道黄光，坠落于地。和尚说："这就是你的宝贝呀？这不行，我和尚老爷不怕。你还有好的没有了？"李妙清一听，气往上冲，说："好颠僧！竟敢破我的法术！待我再来拿你！"一伸手由兜囊掏出捆仙索，祭在空中，口中念念有词，随风而长，照和尚锁来。和尚用手一指，口念六字真言，捆仙索也坠落于地。（《济公全传》）

装有各种宝物的大葫芦

《八仙得道传》提到一个法宝叫"混元诛仙盒"：用金精炼制的小盒子，里面藏有十六把诛仙飞剑。只要打开盒子，对着敌人一招手，十六把飞剑就会同时飞出。不过这盒子用过一次后，需要念一段咒语才能重新合上并再次启用。[1] 也就是每次使用之后，得重新输入"密码"。

混元诛仙盒

外形：用金精炼制的小盒子。

功能：盒子内藏有十六把诛仙飞剑，打开盒子并对着敌人一招手，飞剑会同时飞出攻击敌人。

使用机制：每次使用之后，需要重新念一段咒语才能合上盒子并再次启用。

混元诛仙盒的功能和安全机制类似现代的一些高科技武器和安全系统，如核武器在使用前需要输入特定的发射密码（如总统核密码），以确保武器不会被未经授权的人使用。再有，现代一些高安全级别的武器系统，如导弹和无人机，也需要特定的认证和密码才能启用。

特　性	古　代　法　宝	现　代　科　技
核心概念	特定咒语或"密码"控制法宝	授权管理和权限控制
功能依赖	需要特定的咒语或高权限控制	需要认证、密码或授权
效用时间	离开母体或受制于高权限后失效	离开云资源或认证后功能受限
破坏力	强大的法力和攻击效果	高级武器系统和攻击技术
破解	高权限咒语破解低权限法宝	高级用户破解普通权限
使用机制	每次使用后需重新设置咒语启用	每次使用后需重新认证或输入密码

古人在想象法宝的使用和权限管理时展现了极大的智慧和创意，这些概念在现代科技中得到了不同程度的实现与应用。古人的"想象"并非全是不着边际的，那些看似天马行空的想象，其中又常常蕴含着某种现实中的"逻辑"。

古人的智慧家居系统

在本章中，我们将走进由香、光、风、温、时所织就的"古代智慧家居系统"，探索那些看似属于未来，却早已在古籍中现身的奇妙家居的设想与发明。从自动降温凉殿、可调节温度的紫绡帐，到会生春风的凤首木、能自行加热的暖玉鞍，从带有自动灌溉功能的花瓶，到带有天气预报功能的插花瓶……这些设想既有幻想的成分，也不乏现实中的技术实践。在这些技术幻想与工艺尝试之间，我们看到了古人对舒适生活、节能环保、自动调节与环境感应的深刻理解。他们所构想的，不仅是一个温度宜人、光影协调的空间，更是一种能够回应人的需求、与环境互动的生活理想。

60

古代黑科技之避暑凉殿

1-玄宗起凉殿，拾遗陈知节上疏极谏，上令力士召对。时暑毒方甚，上在凉殿，座后水激扇车，风猎衣襟。知节至，赐坐石榻。阴霤沉吟，仰不见日。四隅积水，成帘飞洒，座内含冻。复赐冰屑麻节饮。陈体生寒栗，腹中雷鸣。再三请起，方许。上犹拭汗不已。陈才及门，遗泄狼籍，逾日复故。谓曰："卿论事宜审，勿以己方万乘也。"（《唐语林》）

古人有不少给建筑降温的黑科技。

宋代《唐语林》记载：唐玄宗建造了一座凉殿避暑。[1] 凉殿四周都是水，宝座后边有一个扇车，有一股水从高处流下来，带动扇车旋转可以送凉风，同时这个扇车转动形成的动能又把凉殿周围的水可以送到凉殿的屋顶上，然后水从屋顶的四面再流下来，形成水帘，类似瀑布的效果。这样，水流下来，空气降温，又生成了风，古人称这种方法叫"激水成风"。

《唐语林》还记载：御史大夫王某有一个"雨亭"，是引水到亭子上，屋檐上流水四处飞溅，即使是在夏天，也感觉像秋天一样凉爽，"凛若高秋"。

唐玄宗凉殿

水激扇车：利用水力驱动扇车，送出凉风。水从高处流下来，带动扇车旋转，扇车送出凉风，既提供了自然风，又增加了水的动能。

屋顶水帘：通过将水引到屋顶，然后让水从屋顶流下来，形成类似瀑布的效果。水流下来后，空气被降温，形成的水帘不仅能有效降温，还能通过水的流动增加湿度，进一步降低温度。

四隅积水：在凉殿的四周设置水池，通过水的蒸发作用带走热量。

　　　　　　　　古人的智慧家居系统

视觉和听觉享受：水帘和流水声不仅降温，还给人带来视觉和听觉的享受，使人在炎热的夏天感到更加舒适。

清代《夜雨秋灯录》记载：在一个公馆的后面及左右墙外摆放了许多水桶。这家主人雇了数百人用竹制的喷筒吸水，然后朝着公馆上方细细地喷洒水汽。这样做的目的是让屋顶上方保持湿润，既不会干燥也不会过湿。这种方法是通过将水汽喷洒到空气中，利用水的蒸发来吸收热量，从而降低周围环境的温度。这类似于现代的蒸发冷却技术，在一些干燥炎热的地区仍然广泛使用。[1]

1-公馆后，及左右墙外，三面环列水桶，以竹截作喷筒，伏民夫数百人，各持一筒吸水，向上细细喷之，俾屋上棚间，不干不湿，润泽而已。西瓜为汁，以绢沥之，稍加冰糖薄荷水相和，其凉沁腹。(《夜雨秋灯录》)

61

古人想象的自动降温扇

1-元宝家有一皮扇子，制作甚质。每暑月宴客，即以此扇子置于坐前，使新水洒之，则飒然生风，巡酒之间，客有寒色，遂命彻去。明皇亦曾差中使去取看，爱而不受，帝曰："此龙皮扇子也。"（《开元天宝遗事》）

2-沈休文雨夜斋中独坐，风开竹扉，有一女子携络丝具，入门便坐。风飘细雨如丝，女随风引络，络绎不断，断时亦就口续之，若真丝焉。烛未及跋，得数两，起赠沈曰："此谓冰丝，赠君造以为冰纨。"忽不见。沈后织成纨，鲜洁明净，不异于冰。制扇，当夏日，甫携在手，不摇而自凉。（《琅嬛记》引《贾氏说林》）

古人有不少关于神奇扇子的想象。

龙皮扇。五代《开元天宝遗事》记载：唐明皇时期，元宝家有一种龙皮扇，夏天的时候，把扇子放在座位前面，洒上水，自然就会生风，它还会制冷，过不了多久，客人们就感觉寒冷了。[1]

▶ 使用方法

放置座前：在宴客时，将龙皮扇放置在客人的座位前面。

洒水：在扇子上洒水，龙皮扇的设计使其能够利用洒上的水产生降温效果。

冰丝扇。元代《琅嬛记》引《贾氏说林》记载：沈休文在一个雨夜独自坐在书斋中，风吹开了竹门。一个女子拿着纺织工具走进来，坐下开始纺织。当时细雨随风飘落，女子就把雨丝拿过来纺织，断了的时候就用嘴接续，像在纺织真的丝线一样。灯还没烧完，她已经织好了几两丝，起身送给沈休文说："这叫冰丝，赠给你用来制作冰纨。"说完就忽然不见了。

沈休文后来用这些丝织成了绢，鲜亮洁白，像冰一样。当他用这些绢制作扇子时，在夏天，只要手持扇子，不摇就能感到凉爽。[2]这种功能类似于现代的空调扇，体现了古人对降温工具的美好想象。

这里提到"冰丝"的降温，古人还记载了一种"冰蚕丝"，更是具有降温的功能。这是冰蚕吐出的一种丝，冰蚕长约七寸，黑色，有鳞角，生活在寒冷的雪霜环境中。蚕的茧长约一尺，五彩斑斓，冰蚕丝非常坚韧，具有独特的物理特性。用冰蚕丝织成的布具有防水和防火的特性，放在水中不会湿，放在火中不会烧坏。用冰蚕丝制成的衣物或锦褥，放在座位上能够使整个房间变得清凉，这种降温效果类似于现代的制冷设备。唐代《乐府杂录》记载了一件由冰蚕丝织成的锦褥，放在座位上能够使整个房间凉爽。

冰　丝

62

自动调节温度的紫绡帐

1 - 紫绡帐得于南海溪洞之酋帅，即鲛绡之类也。轻疏而薄，如无所碍。虽属凝冬，而风不能入，盛夏则清凉自至。（《杜阳杂编》）

唐代《杜阳杂编》提到了一种紫绡帐：传说是鲛人织成的薄纱，轻薄透明，冬天挂上，风进不来，可以保暖，夏天挂上，则会产生清凉之风。[1]

关于鲛人，唐代《记事珠》还记载：鲛人流下的眼泪，圆形的就是珍珠，长形的就是玉质的筷子。

紫绡帐

流传过程：紫绡帐是从南海溪洞的酋长那里得到的。

轻薄透明：紫绡帐传说是由鲛人织成，材质极其轻薄透明，似

紫绡帐

乎没有任何阻碍，这使得它在使用时不会给人带来压迫感或笨重感。

冬季保暖：在寒冷的冬季，挂上紫绡帐后，可以阻挡寒风的侵入，保持室内的温暖。这种特性使得紫绡帐在冬季成为理想的保暖选择。

夏季清凉：在炎热的夏季，紫绡帐能够自然产生清凉的效果。挂上后，可以使空气变得凉爽舒适，提供一个避暑的环境。

结合科技，我们或许在未来可以研发出与古代的紫绡帐相同的纺织品——"智能织物"。

智能织物中嵌入了传感器和调节器，能够根据外部温度和湿度的变化自动调节织物的透气性和保暖性。这些织物可以实时响应环境变化，为穿戴者提供最佳的舒适度。例如，在炎热的环境下，智能织物可以增加透气性，散发热量；在寒冷的环境下，智能织物则可以减少热量损失，保持温暖，等等。

未来科技：智能服饰

63

自动生凉的澄水帛

1-堂中设连珠之帐，却寒之帘，犀簟牙席，龙罽凤褥。连珠帐，续真珠为之也。却寒帘，类玳瑁，班有紫色，云却寒之鸟骨所为也，未知出自何国。又有鹧鸪枕、翡翠匣、神丝绣被。其枕以七宝合成，为鹧鸪之状。翡翠匣，积毛羽饰之。神丝绣被，绣三千鸳鸯，仍间以奇花异叶，其精巧华丽绝比。其上缀以灵粟之珠，珠如粟粒，五色辉焕。又带蠲忿犀、如意玉。其犀圆如弹丸，入土不朽烂，带之令人蠲忿怒。如意玉类桃实，上有七孔，云通明之象也。又有瑟瑟幕、纹布巾、火蚕绵、九玉钗。其幕色如瑟瑟，阔三丈，长一百尺，轻明虚薄，无以为比。向空张之，则疏朗之纹，如碧丝之贯真珠，虽大雨暴降，不能湿溺，云以鲛人瑞香膏傅之故也。纹布巾，即手巾也，洁白如雪，光软特异，拭水不濡，用之弥年，不生垢腻。二物称得之鬼谷国。火蚕绵，云出炎洲，絮衣一袭用一两，稍过度，则燠蒸之气不可近也。……暑气将甚，公主命取澄水帛，以水蘸之，挂于南轩，良久满座皆思挟纩。澄水帛长八九尺，似布而细，明薄可鉴，云其中有龙涎，故能消暑毒也。（《杜阳杂编》）

《旧唐书》《杜阳杂编》记载：唐懿宗时期，同昌公主出嫁，皇帝为其堂中设连珠帐、却寒帘、犀簟牙席、龙罽凤褥、鹧鸪枕、翡翠匣、神丝绣被。除了这些宝物，同昌公主的嫁妆还有蠲忿犀、如意玉、瑟瑟幕、纹布巾、火蚕绵、九玉钗，等等。其中蠲忿犀，圆形如弹球，入土不朽烂，随身携带可以让人消除怒火。瑟瑟幕，可以防水。纹布巾，可以防尘垢，永远不会脏。火蚕绵，据说和火浣布一样，也是炎洲产的，保暖效果极佳，做衣服，用一两绵就够了，多了就太热了，没法穿。

公主还有澄水帛。在炎热的夏天，公主命人取出澄水帛，用水蘸湿后挂在南边的窗前，整个房间的人都感觉寒冷。澄水帛长八九尺，像布一样细，透明可鉴，据说其中有龙涎，所以能消除暑毒。[1]

澄水帛

▶ 材质和外观

似布而细：澄水帛看起来像布，但比普通布料更细腻和透明。

明薄可鉴：澄水帛非常轻薄透明，能够反射光线，看起来晶莹剔透。

澄水帛

龙涎涂布：据说澄水帛上涂有传说中的龙涎（龙的唾液），这使得它具有特殊的降温功效。

▶ **使用方法**

夏季使用：在夏天，将澄水帛浸水后挂在朝阳的房间里。

降温原理：水的蒸发加上澄水帛的特殊材料，能够显著降低房间的温度。

结合澄水帛的概念和现代科技，我们未来或许可以设计出这样几种降温纺织品。

智能窗帘：设计出一种类似于澄水帛的智能窗帘，在夏季自动降温，在冬季保持温暖。

智能衣物：设计出智能降温衣物，能够根据外部环境自动调节温度，为穿戴者提供舒适的体验。

多功能家居：设计出多功能家居纺织品，如智能床单、智能沙发套等，利用降温材料和智能技术，提供全方位的舒适体验。

64

带来清凉的消凉珠

东晋《拾遗记》记载：燕昭王时得到一颗黑色珠子，夏天把它放在怀中，身体自然就会变凉爽，这个珠子被称为"消凉珠"。明代《封神演义》中，魔礼红的法宝叫"混元伞"，此伞上边就有这样一颗消凉珠。清代《八仙得道传》中提到了祛暑珠、辟寒珠。这些珠子的功能大概类似现代的环境调节技术，可以调节环境温度，提供舒适的生活环境。

1- 有黑蚌飞翔，来去于五岳之上。昔黄帝时，务成子游寒山之岭，得黑蚌在高崖之上，故知黑蚌能飞矣。至燕昭王时，有国献于昭王。王取瑶漳之水，洗其沙泥，乃嗟叹曰："自悬日月以来，见黑蚌生珠已八九十遇，此蚌千岁一生珠也。"珠渐轻细。昭王常怀此珠，当隆暑之月，体自轻凉，号曰"销暑招凉之珠"也。（《拾遗记》）

《拾遗记》中的故事情节

有一种黑蚌能够飞翔，在五岳之上来回飞行。在黄帝时代，务成子在寒山岭上发现了黑蚌，因此知道黑蚌有飞翔能力。到了燕昭王时，有一个国家把黑蚌献给了昭王。昭王用瑶漳的水洗净珠子上的沙泥，得到珍珠，感叹"此蚌千年一生珠"。昭王常常怀揣着这颗珍珠，特别是在炎热的夏天，身体会感到凉爽，因此称它"销暑招凉之珠"。[1]

消凉珠

黑色珠子：消凉珠为黑色，且极其珍贵，被认为是千年一生的奇宝。

夏季凉爽：将消凉珠放在怀中，特别是在炎热的夏季，能够自然地感到凉爽。

源于黑蚌：消凉珠来自一种能够飞翔的黑蚌，这种蚌在五岳之上来回飞行。

消凉珠的神奇效果让人联想到现代的冷却技术。结合消凉珠的概念和现代科技，我们未来或许可以设计这样一款降温穿戴饰品。

智能珠宝：设计出一款集成相变材料和微型冷却设备的智能珠宝，不仅具备美观的外形，还能在高温时提供凉爽效果。

多功能配饰：除了降温功能，还可以集成其他智能功能，如心率监测、运动记录等，为用户提供全方位的健康管理。

消凉珠

65 / 古代科幻小说中的顷刻制冷珊瑚

　　晚清"科幻"小说家吴趼人《新石头记》中，描写了一种可以自动制冷的珊瑚。这种珊瑚在炎热的夏季放置于室内能够散发寒气，显著降低环境温度。

《新石头记》中的故事情节

　　在一个炎热的夏天，老少年提议从船下层取出储存的珊瑚来降温。水手取来后，众人立即感到一阵清凉。老少年解释了下层的寒冷情况，并决定不开冷气管，依靠珊瑚来降温。果然，舱内很快变得清凉。为了验证珊瑚的降温效果，众人下到寒冷的下层，发现储存珊瑚的地方异常寒冷，需要穿上冬衣才敢下去。他们还发现一块放出寒气的石头，并将其命名为"寒翠石"。[1]

1-老少年忽然想起，放在下层的珊瑚，会放出寒气的。何妨取一枝上来，看在这大热地上，是怎么个情形。想罢，便叫水手下去取一枝珊瑚上来。水手去了一会，取了上来，道："好奇怪，这上层是六月，到了下层去便是腊月了。"说罢，放下珊瑚，众人顿觉一阵清凉，十分爽快，同称奇异。宝玉问道："你怎样知道他有这用处呢？"老少年把那天到下层的情形详细告诉了。宝玉道："原来如此。这东西倒是夏天的宝贝呢。"又眺望了多时，方才下去，盖了顶盖。此时舱里面早灌满了热气，海导要开冷气管，老少年道："且不要开，验验这珊瑚看。"果然不一会，便清凉起来。老少年便叫仍把珊瑚送下去，宝玉也要下去看看。水手道："先生们要下去，先要穿了冬衣，底下冷得很呢！"
　　众人听说，都带了冬衣下去，果然异常寒冷。宝玉道："怎么就这种冷法？"老少年道："你想烈日之下，只一枝珊瑚，便清凉起来。这里聚了百十来枝，又没有透出去的地方，如何不冷！"众人围着那珊瑚看了一会，便都手脚僵冷起来。宝玉顾见一堆死貂鼠，便问怎么死了？老少年把看守的话，述了一遍。宝玉便拿起一个死貂鼠观看，见他毛色光润滑泽，十分可爱，便不住手的摩挲。一时之间，觉得两手和暖。顿时想起这东西生长在极冷的地方，自然具了极热的皮毛，方能御得了寒。这死的一定是进舱之后热死的了。再看着蓄水池，已经结了二三尺厚的冰，那貂鼠、鰠鱼都在冰底下游泳。又想道："幸得取了珊瑚进来，（转下页）

　　　　　　　　　　　　　古人的智慧家居系统

制冷珊瑚的特性

▶ 制冷效果

制冷珊瑚

自动制冷：珊瑚能够自动放出寒气，使得周围环境迅速变得凉爽。即使在酷热的夏天，这种制冷效果也是立竿见影的。

持续降温：珊瑚不仅能够立即降低周围的温度，还能长时间保持这种凉爽的状态。

▶ 储藏条件

极寒环境：珊瑚在下层的储藏室中非常寒冷，必须在穿上冬衣后才能进入。这表明储藏大量珊瑚时，环境会变得异常冷冽，甚至会形成厚厚的冰层。

（接上页）放出了这些寒气，才把他养活了。"想罢，便把这意思告诉了老少年。老少年取过死貂鼠摩弄一会，果然双手就暖和了，点头道："果然不错！"大众看了一会，都回到上层，仍旧盖好了舱板。此时上层又灌满了寒气，海导把暖气管开了好一会，方才复元。……

老少年又叫取了一枝小珊瑚、一块石，都送到客座里，便赠与述起。又每样取一件留着赠与绳武，说道："照例取了这些东西来，不应该私赠与人，是要都送到博物院去的，这个是聊以报借船之德。"述起道谢受了，同回到客座。设了这两件东西，就觉得满座清凉。

老少年叫把珊瑚移到别室，单留下那石头，试验如何。验得也是放出清凉的，不胜之喜。述起道："这是不知几万年的寒气，凝结而成的，自然应该如此，真算得稀世之宝了。"老少年道："这东西向来未曾发现过，不知叫什么名字，只好就叫他宝石。"述起道："本来东西那里有名字，都是任凭人叫出来的。他能发出寒气来，这寒字要加的，叫他寒宝石罢。"宝玉道："这是我们自己取得的，岂可以自夸为是宝，他葱翠的十分可爱，不如叫他'寒翠石'罢。"述起道："好个'寒翠石'，这'寒翠'两字典雅得很呢。"（《新石头记》）

66 / 夏天不化的常坚冰

宋代《宫沼纳凉图》果盘中的冰块

早在先秦时期，人们就懂得在冬天藏冰了。《诗经》中有一首《七月》，说到了冬天，人们就把河里的冰凿出来，藏在地窖里储存起来。

古人冬天储存的这些冰，到了夏天，可以怎么用呢？主要有三种用途：

第一是直接拿出冰块，放在屋子里降温用。宋代《岁时广记》记载：唐代天宝年间，杨氏子弟夏天在室内雕刻了一座冰山，他们请了很多宾客来家里避暑喝酒，大夏天的，有的人居然冻得找外套穿，类似于现在有人开着空调盖被子。明代《北京岁华记》记载：明代的时候，有钱人家招待宾客，往往在座位的右边放一两方的巨冰，屋内的人"凛然寒色"，大白话就是冷得都打哆嗦了。

第二个用途就是冰镇水果。宋代的《宫沼纳凉图》，画中桌子上的冰盘里面用冰镇着酒和水果。《北京岁华记》记载：明代的时候，卖水果的会在夏天将一部分水果寄送到冰场冷藏起来，等到了冬天拿出来卖。可见，古人也是能吃上反季节水果的。

第三个用途就是做冷饮。宋代《东京梦华录》记载：到了六月的时候，在京城的街头巷尾和大小市场，有卖水饭的（水饭就是把煮米饭放冷水里面冰凉，然后捞起来，颗颗粒粒都是冰凉的），还有专门卖"冰雪凉水"的，取的名字也都很好听，如"砂糖冰雪冷元子""砂糖绿豆甘草冰雪凉水"等。我们现在喜欢喝的酸梅汤、西瓜汁等冷饮，古人也有了。清代《燕京岁时记》记载：酸梅汤加上玫瑰、冰等，"其凉振齿"。冰镇西瓜榨汁，然后用绢布过滤，加入冰糖和薄荷水，就可以制成一种爽口的饮品。清代也有不加工，直接用冰和冰水作为饮品的。在天气特别热的时候，朝廷会搭建凉棚，免费提供给路人冰水，并且还给穷苦人提供工作岗位，让他们从冰窖选几块冰，担着担子沿街去卖碎冰。

以上是古人日常用到的"正常冰"。唐代《杜阳杂编》中则记载了一种消暑用的奇冰：唐顺宗即位那一年，得到了消暑的"常坚冰"，据说来源于拘弭国一个叫大凝山的地方，那里有千年都没有融化的冰。这些冰运到京师，一路都不会化，即便是夏天天气特别热，冰也不会融化，放在口中尝一尝，跟中国的冰又没有什么两样。[1]

1-顺宗皇帝即位岁，拘弭国贡却火雀一雄一雌、履水珠、常坚冰、变昼草。……常坚冰，云其国有大凝山，中有冰，千年不释。及赍至京师，洁冷如故，虽盛暑赫日，终不消，嚼之即与中国者无异。（《杜阳杂编》）

常坚冰

▶ 千年不化

来源：常坚冰据说来源于拘弭国一个名叫大凝山的地方，这里的冰已经千年没有融化。这个描述给人一种冰块具有极高稳定性的印象。

传输稳定性：即便是从大凝山长途跋涉运到京师，这些冰块在途中依然保持不化，显示出其神奇的抗热性。

▶ 夏天不融

高温稳定：常坚冰在盛夏时节，面对酷热的天气依然不会融化，这种特性使得它成为夏季的消暑珍品。

消暑效果：在口中咀嚼，常坚冰的冷感与普通冰块没有区别，但它具有更长久的冷却效果。

常坚冰

古人的智慧家居系统

67 / 可以取暖的珠子

清代《女仙外史》记载：暹罗国进贡的珍奇物品是：一颗大火珠，挂在屋内，可以让整个屋子都暖和起来；一函翠羽和一对火鸟，火鸟每天吞食一斗火炭；十匹吉贝布和一百斤罗斛香，把罗斛香放在炉中焚烧，香味可以传递百里。另外，还有火浣绒和蔷薇水，蔷薇水洒在衣物上，过一年也还能闻到香味，不会散去。[1]

1-暹罗国贡的是：火珠一大颗，悬之室中，满屋皆暖。翠羽一函，火鸟一对，日吞火炭一斗。吉贝布十匹，罗斛香百斤，炉中焚之，可闻百里。火浣绒一匹，蔷薇水百斤。洒于衣上，经岁香犹不散。(《女仙外史》)

火珠

▶ 外观与材质

大火珠：火珠是一颗巨大的珠子，可能闪耀着红色或橙色的光芒，象征着火焰和温暖。内部可能有火焰在跳动，让人感觉到热量的传递。

▶ 功能与效果

提供温暖：火珠被悬挂在室内时，能够迅速提高整个屋子的温度，使之变得温暖舒适。这种效果类似于现代通过辐射热能来加热空间的电暖器或红外加热器。

与火珠一起进贡来的其他物品

▶ 翠羽和火鸟

翠羽：一函翠羽，可能是一种非常珍贵的羽毛，具有装饰和象征性的意义。

火鸟：火鸟可能是一种象征火焰和能量的神鸟，其吞食火炭的特性让它充满了神秘色彩。

▶ 吉贝布和罗斛香

吉贝布：吉贝布是一种高级的织物，可能用于制作精美的衣物和装饰品。

罗斛香：罗斛香是一种极其芳香的物质，将其放在炉中焚烧，香味可以传递百里之远，说明它有强大的香味扩散能力和持久性。

▶ 火浣绒和蔷薇水

火浣绒：火浣绒是一种特殊的纺织品，大概类似火浣布，具有极好的保暖和耐火性能，可能用于制作御寒或防火服饰。

蔷薇水：蔷薇水是一种芳香液体，将其洒在衣物上，过一年香味仍不会散去，说明它有持久的香味保持能力。

火　珠

68 / 自动生春风的凤首木

唐代《杜阳杂编》记载：李辅国家有凤首木，高一尺，雕刻成鸾凤的模样，冬天的时候，放在高堂大厦之中，就会有和煦之气充满房间，如同农历二三月的春风，所以又叫常春木。即使被烈火焚烧，它也不会变黑。[1] 这种木头据说是出自《十洲记》中提到的"火林国"。

凤首木

▶ 外观与材质

形态：凤首木高一尺（按唐小尺，约 24.7 厘米），被雕刻成鸾凤的形状，虽然看起来有些枯槁，毛羽脱落不尽，但仍然象征着

凤首木

高贵和神秘。

不怕火烧：即使被烈火焚烧，凤首木也不会变黑，这显示了它具有非常特别的耐火性能。

▶ 功能与效果

散发暖气：在寒冷的冬季，将凤首木放置在室内，它能散发出如同农历二三月的春风般的温暖气息，使室内变得温暖如春。

长效保温：凤首木能够持续提供温暖的热能，这种长效保温功能类似于现代的加热设备。

▶ 传说中的起源

火林国：凤首木据说出自《十洲记》中提到的"火林国"，这是一个充满神秘色彩的地方，以出产奇特的草木、矿石而闻名。

物品名称	描述	功能与特性	来源
迎凉草	颜色类似碧玉，干似苦竹，叶子细长如杉，盛夏束之窗户间凉风自至	自动降温，即使在盛夏也能带来凉爽	火林国
凤首木 / 常春木	高度一尺，雕刻成鸾凤形状，木质枯槁，但在寒冬放置屋内也能使室内温暖如春，不会被烈火烧黑	自发热，提供持续温暖	火林国
火精剑	由神铁制成，剑身发光，能切金玉如泥，磨剑时产生烟火，唐德宗携带火精剑切割铁猰㺄	高能切割，光效惊人	火林国

古人的智慧家居系统

69 / 暖玉鞍：自动加热的座垫

"岐王宅里寻常见"。五代《开元天宝遗事·暖玉鞍》记载：岐王有一个"暖玉鞍"，冬天骑马，把它放在马背上，可以自动加热。[1] 这类似于现代的汽车座椅加热器或电热毯。

1-岐王有玉鞍一面，每至冬月则用之，虽天气严寒，则此鞍在坐上，如温火之气。(《开元天宝遗事·暖玉鞍》)

▶ 材质与外观

玉材质：暖玉鞍由玉制成，在古人的信仰中，玉有降温、升温、出水、避火等多种功能。

设计与装饰：作为一件用于冬季骑行的装备，暖玉鞍可能被精美地雕刻和装饰，既具实用性，又具观赏性。

暖玉鞍

▶ 自动加热功能

加热效果：在寒冷的冬季，当使用暖玉鞍时，它能够自动提供热量，使骑马者感到舒适和温暖。

热量保持：暖玉鞍的加热效果可以持续长时间，即使在寒冷的环境下，也能有效保持温度，为骑行提供极大的便利和舒适。

▶ 可能的使用场景

冬季骑行：在寒冷的冬季，骑马者通常面临极低的温度和刺骨的寒风，暖玉鞍通过其加热功能，显著提升了骑行的舒适度。

贵族和高端场合：作为岐王的珍贵物品，暖玉鞍不仅是实用的工具，也是身份和地位的象征，适合用于贵族和高端场合。

70

自动散热的暖金盒

唐代裴铏《传奇》记载：唐穆宗长庆年间，进士张无颇在准备赶考之前，曾到广东番禺县去找一位认识的府帅求助，结果到了那才发现府帅已换成了不认识的人。在这个陌生的地方，他无依无靠，在旅店病倒了。有一天他突然从袁大娘处得到一个暖金盒，据说里面装着玉龙膏，天冷的时候，只要把盒子打开，屋子就会变热，就可以不用生炉子。[1]这类似于现代的智能加热器或电暖器。

清代《坚瓠余集》也提到了这个"暖金盒"的故事：张无颇遇到了袁天罡的女儿袁大娘，得到了一份特殊的药，这药装在暖金盒子里，大娘说："冬天只要打开这个盒子，整个室内就会变得温暖，不需要用炉子烧炭。"这暖金盒子曾是广利王（南海龙王）宫里的宝物。[2]

暖金盒

▶ 外观与材质

金制盒子：暖金盒是一个由金制成的盒子，金属材质不仅象征着高贵和珍贵，也可能在传导热量方面具有独特的效果。

装饰与细节：作为广利王宫中的宝物，暖金盒

1 - 长庆中，进士张无颇，居南康。将赴举，游丐番禺。值府帅改移，投诣无所。愁疾卧于逆旅，仆从皆逃。忽遇善《易》者袁大娘，来主人舍，瞪视无颇曰："子岂久穷悴耶？"遂脱衣买酒而饮之，曰："君窘厄如是，能取某一计，不旬朔，自当富赡，兼获延龄。"无颇曰："某困饿如是，敢不受教。"大娘曰："某有玉龙膏一盒子。不惟还魂起死，因此亦遇名姝。但立一表白，曰能治业疾。若常人求医，但言不可治；若遇异人请之，必须持此药而一往，自能富贵耳。"无颇拜谢受药，以暖金盒盛之。曰："寒时但出此盒，则一室暗热，不假炉炭矣。"……遂出龙膏，以酒吞之，立愈。贵主遂抽翠玉双鸳篦而遗无颇，目成者久之。无颇不敢受，贵主曰："此不足酬君子。但表其情耳。然王当有献遗。"无颇愧谢。阿监遂引之见王。王出骇鸡犀、翡翠碗、丽玉明瑰，而赠无颇。无颇拜谢。（《传奇》）

2 - 进士张无颇，遇袁天罡女大娘授药，以暖金盒盛之，曰："寒时但出此盒，则一室暗热，不假炉炭矣。金盒，乃广利王宫中之宝。"（《坚瓠余集》）

可能有精美的装饰和工艺。

▶ **功能与效果**

自动散热：在寒冷的天气中，只要打开暖金盒，整个室内就会
变得温暖如春，不需要生火或使用炭炉。这种自动散热功能类
似于现代带有加热元件的电暖器。

便捷与高效：它可以随时随地提供热量，无需复杂的操作或
维护。

暖金盒

71 / 古人的暖气片

清代《坚瓠余集》记载：茅山道士陈某有一次住旅店，正值雨雪天气。有一个人穿着单衣，跟他住在同一个房间。陈某说：天气这么冷，可怎么过夜啊？那人说：你睡你的，不用担心，我自有办法。

陈某躺在床上之后，只见那人从怀里拿出了数片三角碎瓦，用布条串起来，然后在灯烛上烧了一下，瞬间火炽，满屋子都变暖了。陈某热得把衣服被子去掉，才睡着了。[1]

1-茅山道士陈某，游海陵，宿于逆旅。雨雪方甚，有同宿者，身衣单葛，欲与同寝，而嫌其垢弊，乃曰："寒雪如此，何以过夜？"答曰："君但卧，无以见忧。"既就寝，陈窃视之，见怀中出三角碎瓦数片，练条贯之，烧于灯上，俄而火炽，一室皆暖。陈去衣被，乃得寝。天未明而行，则寒冷如故矣。(《坚瓠余集》)

三角碎瓦取暖法推测

▶ 材料与工具

三角碎瓦：几片三角形的碎瓦是旅客使用的主要取暖工具。瓦片在古代建筑中常见，具有良好的热传导和保持能力。

绳子：这些瓦片被用布条（可能是火浣布之类制成的绳子，防火，不会烧断）串联在一起，方便加热和使用。

灯烛：旅客利用房间中的灯烛作为热源，将瓦片加热。

▶ 取暖过程

加热瓦片：旅客将串联起来的瓦片在灯烛上加热，瓦片迅速吸收并储存热量。

散热取暖：当瓦片被充分加热后，它们被放置在房间中，瓦片散发出的热量使整个房间迅速变暖。这种快速加热和散热的方法类似于现代的暖气片。

取暖瓦片

　　　　　　　　古人的智慧家居系统

东晋《拾遗记》提到了汉宣帝时期背明之国所进献的"通明麻"和"宵明草"：通明麻是一种神奇的植物，人们吃了它以后，在黑夜中可以看清，不需要蜡烛照明。而"宵明草"也是一种植物，晚上会发出光亮，能像蜡烛一样照亮环境，而到了白天，光亮会自动消失。[1]

1-宣帝地节元年，乐浪之东，有背明之国，来贡其方物。言其乡在扶桑之东，见日出于西方。……有通明麻，食者夜行不持烛。……有宵明草，夜视如列烛，昼则无光，自消灭也。(《拾遗记》)

通明麻特性

夜视功能：食用通明麻后，人在黑夜中可以看清，不需要蜡烛照明，类似现代的夜视功能。

宵明草特性

夜间发光：宵明草在夜晚会自动发出光亮，像蜡烛一样照亮环境。这种特性使得在没有其他光源的情况下，也能提供充足的照明。

自动调节：白天，宵明草的光亮会自动消失，不会浪费能源。这种机制类似于现代的感光灯，现代感光灯能根据环境光的变化自动调整亮度，从而实现节能效果。

宵明草

1-视其室，无器皿，亦无床榻。壁间悬灯，非膏非火。老人曰："此万年脂也。昼则无光，夜则自燃。"（《耳食录》）

清代《耳食录》也记载了一种自动调节亮度的灯：一个姓贾的人出海到了岛上，遇到仙人和自己的十九世祖。仙人使用的灯，其灯油非常特别，白天没有光，到了夜晚则会自动点燃，不需要人为点火。文中写道："看他的房间，没有任何器具和床榻。墙上挂着灯，不用油也不用火。老人说：'这是万年脂。白天不亮，夜里自己燃烧发光。'"[1]

万年脂灯特性

自动点燃：到了夜晚，这种灯具会自动点燃，不需要人为点火。这类似于现代的感光灯，能够在光线不足时自动亮起。

自动熄灭：白天光亮充足时，灯具会自动熄灭，不消耗能源，从而达到节能的效果。

古人想象的"防内卷灯"

唐代《酉阳杂俎》记载了一种"防内卷灯"：灯油是用一种特殊鱼膏制成的。晚上用它照明的话，要是读书、纺绩，它就昏暗不明；要是吃喝玩乐，它就分外光明。[1] 五代《开元天宝遗事》把这种灯称为"谗鱼灯"。

谗鱼灯

材料：灯油来自一种特殊的鱼膏。这种鱼被称为"奔𩽜"，大如船，长二三丈，杀死一头奔𩽜可以得到三四斛的油脂。

传说：奔𩽜被认为是懒妇所化，顶上有孔，气出咻咻作声，预示大风，行人们常以此为天气预兆。

▶ **灯光调节**

读书纺绩时：灯光昏暗不明，难以照明。

吃喝玩乐时：灯光明亮，为娱乐活动提供良好照明。

清代《坚瓠集》提到了用"懒妇鱼"的鱼脂做的灯：你要是弹琴下棋，灯就会明光铮亮；你要是纺绩，灯就会变暗。植物中有"懒妇箴"，桂林有一种睡草，看到它会让人昏昏欲睡，又称醉草。还有一种兽特别懒，喜欢吃禾苗，你要是在田边放上织布用的工具，它就不会靠近田了。[2] 太懒了，一

1-奔𩽜一名澜，非鱼非蛟，大如船，长二三丈，色如鲇，有两乳在腹下，雌雄阴阳类人。取其子着岸上，声如婴儿啼。顶上有孔通头，气出咻咻作声，必大风，行者以为候。相传懒妇所化。杀一头，得膏三四斛，取之烧灯，照读书、纺绩辄暗，照欢乐之处则明。（《酉阳杂俎》）

2-水族有懒妇鱼，相传杨家妇为姑所溺，死化为鱼。脂可燃灯，照鸣琴博弈则有光，照纺绩则暗。草类有懒妇箴，桂林有睡草，见之则令人睡，一名醉草。兽亦有名懒妇者，如山猪而小，喜食禾，田夫以机轴织纴之器置田所，则不复近，安平七源等州有之。物犹如此，宜乎懒妇之多也。（《坚瓠集》）

看到干活的工具就吓跑了。

懒妇鱼灯

懒妇鱼的传说：懒妇鱼的传说源自杨家妇被婆婆溺死后化为鱼。这种鱼被称为懒妇鱼。

鱼脂做灯：懒妇鱼的脂肪可以用来做灯油。与《酉阳杂俎》中记载的奔䱕类似，这种灯油也具有情境感应的特性。

懒妇鱼灯的特性：当用于照明弹琴下棋等娱乐活动时，灯光明亮；当用于照明纺绩等劳作时，灯光变暗。

1-妖烛。宁王好声色，有人献烛百炬，似蜡而腻，似脂而硬，不知何物所造也。每至夜筵，宾妓间坐，酒酣作狂，其烛则昏昏然，如物所掩，罢则复明矣，莫测其怪也。（《开元天宝遗事》）

五代《开元天宝遗事》记载了一种灯叫"妖烛"：这种烛灯似蜡而腻，似脂而硬，不知是什么材质的。开宴会，如果纵酒过度，灯就会变昏暗；这时候停止宴会，灯就会再次变得明亮。[1] 这又是一个防止太过于放纵的灯。

妖烛

材质特殊：妖烛的材质非常特别，看起来像蜡但又很腻，像脂肪但又很硬。其具体成分不明，是一种神秘的材料。

妖烛在宴会中具有情境感应功能：当宴会进行得太过放纵，宾客饮酒作乐到狂欢的程度时，妖烛的灯光会变得昏暗，好像被什么东西遮掩了一样。当宴会停止或适度时，妖烛的灯光会重新变得明亮。

我们结合现代科技与古代智慧，或许可以开发出一系列智能家居照明系统，根据用户的活动和需求自动调整光线的亮度和颜色，为人们提供更舒适的生活环境。

智能防内卷灯

功能：利用传感器检测用户活动类型（如工作、学习、娱乐等），自动调整灯光亮度和颜色。

应用：工作或学习时，灯光柔和不刺眼；娱乐活动时，灯光明亮且富有色彩。

防过度放纵灯

功能：检测周围环境变化（如酒精浓度或娱乐音量），灯光自动变暗，提醒用户适度娱乐。

应用：家庭聚会或娱乐场合，帮助用户保持健康生活习惯。

健康监测灯具

功能：利用现代生物传感技术监测用户健康状态（如心率、血压等），根据健康状况自动调整灯光。

应用：用户过于劳累时，灯光柔和，提醒注意休息。

74

古人想象的"手势感应灯"

1-宋玄白……为道士……又指
灯即灭，指人若隙风所吹，飕
飕然。指庭间草木，飒飒而动。
（《续仙传》）

　　南唐《续仙传》记载：道士宋玄白会一种法术，手指一指灯，灯就会灭。[1]如果有这样的灯，那我们在卧室中安装，晚上睡觉时只需挥手或指点，灯光就会自动熄灭了。

宋玄白的手指法术

手指一指灯：灯光会自动熄灭，类似灯具遥控器。

手指一指人：感觉像有风吹过，飕飕然，类似空调遥控器。

手指庭院的草木：草木会随风摆动，刮刮作响，类似智能景观遥控器。

现代科技可以通过以下技术实现类似的手势感应灯。

红外线传感器：红外线传感器可以检测到手势的动作。当用户在红外线传感器前做出特定手势（如挥手、指点等），传感器会捕捉到手势的变化并将信号传输给控制系统，从而实现灯光的开关控制。

超声波传感器：超声波传感器通过发射和接收超声波来检测物体的位置和动作。当用户在超声波传感器前做出手势时，传感器会检测到手势的变化并进行响应，从而控制灯光的开关。

光学传感器：光学传感器通过捕捉手势的影像进行识别。当用户在传感器前做出特定手势时，系统通过图像处理算法识别手势并执行相应的控制命令。

手势控制系统：现代手势控制系统利用机器学习和计算机视觉技术，通过摄像头捕捉用户的手势动作并进行实时分析。当系统识别到特定手势时，可以触发相应的灯光控制指令。

现代科技：手势感应灯

古人还有不少关于"手指"控制的想象。如南唐《续仙传》记载：殷七七用手指一指船，船就能停住。[1]《续仙传》还记载：有个叫马自然的人，也可以用手指输出"指令"，借助手指，让溪水倒流，让柳树随着溪水移动，让桥断开又合上。[2] 在古人的想象中，"手指"不仅是身体的一部分，更是信息发射器、能量焦点、意志体现的"控制接口"。"手指"上的魔法，是古人想象中最小巧、最优雅的控制系统。

1-殷七七，……指船即驻。（《续仙传》）

2-又指溪水令逆流，良久，指柳树令随溪水走来去。指桥令断复续。（《续仙传》）

75 古人想象的可以随身携带的房子

要是有可以随身携带的房子就好了，古人有不少这方面的想象。

“壶里乾坤大”，我们熟悉的故事是葫芦里的“房子”。《后汉书·费长房传》和东晋《神仙传》记载：费长房有一次在街市上看到一个卖药的老头，老头悬挂一个葫芦，每天做完生意就跳进葫芦里。费长房感觉此人不一般，就想拜老头为师，老头带他一起进入葫芦。原来里面别有洞天，阁楼大厦，侍女仆人，好酒美食，日用之物应有尽有。后来费长房得其真传，为了表达对老人的感激，就随身携带一个葫芦。因为这样一个故事，就有了常带一葫芦行医的“壶公”的传说，就有了“悬壶济世”之说，也使得后世人们将葫芦作为了药铺的幌子。

▶ 葫芦的神奇空间

无限空间：葫芦内拥有巨大空间，包含各种生活设施。

便捷携带：外形小巧，可以随身携带，实用且神秘。

除了葫芦里有房子，古人还想象出一种可以放在篮子里的“折叠房”。

《聊斋志异·仙人岛》记载：王勉偶然到了一个叫仙人岛的地方，在那里遇到了仙女芳云，二人结为了夫妻，在岛上待了一段时间后，王勉想家了，要回去。绿云得知姐姐芳云要和姐夫回老家，路途遥远，就送给他们一个篮子。篮子里面是用细草制成的楼阁，大的像橙子，小的像橘子，有二十多座，每座都有精细的梁柱结构，里面摆放着床铺，仿佛芝麻粒一般细致。王勉以为这些都是小孩子的玩具。然而到了半路，他们要休息的时候，芳云就把篮子里的这些模型拿了出来，找了一空地摆放好，瞬间就变成了真的高楼大院，里面的家具一应之物都很全备。

▶ 神奇的篮子

折叠房：小巧精致的模型，展开后变成真实的房屋。

便捷携带：楼阁可以放在篮子里，便于携带。

完整设施：展开后，房屋内部的家具和设施齐备。

我们现在虽然没有葫芦或者篮子里的房子，但现代技术中的便携式房屋搭建技术、充气房屋以及房车等，与古人的住宿便携的需求是相同的。未来人们或许还能发明出更有趣的智能化便携折叠房。

放在篮子里的折叠房

未来智能便携房的设想

▶ 外观设计

材料：外壳采用轻质、高强度的碳纤维或纳米材料，能够抵抗各种恶劣天气条件，同时保证重量轻便。

形态：可折叠和展开设计，类似于一个大的行李箱，展开后变成一个小型房屋。

颜色和装饰：外部颜色可以根据用户的喜好进行定制，外壳上可以有现代和传统结合的图案设计，如中国传统的祥云纹、龙凤图案等。

▶ 内部结构

空间布局：展开后有卧室、客厅、厨房和卫生间等基础功能区，各功能区通过模块化设计可以自由组合和拆卸。

材料选择：内饰采用环保、抗菌、防火的材料，保证居住环境的健康和安全。

家具配置：内置可折叠家具，如折叠床、可伸缩餐桌、多功能储物柜等，节省空间的同时保证功能齐全。

▶ 智能系统

环境控制：内置智能恒温系统，自动调节室内温度和湿度，保证四季如春的居住环境。

能源管理：配备太阳能板和可充电电池，提供可持续的能源供应，同时有智能电力管理系统优化能源使用。

安防系统：内置智能安防系统，包括监控摄像头、门窗传感器、智能锁等，保证居住安全。

智能家居：支持语音控制和手机 App 远程控制，灯光、家电、窗帘等都可以通过智能系统控制。

▶ 功能特点

自净功能：配备空气净化和自洁系统，保证室内空气清新和环境干净。

水资源管理：内置水净化和循环系统，可以从自然环境中提取和净化水源，保证饮用和生活用水的供应。

多用途空间：可以根据需求变换空间功能，如办公、休息、娱乐等，满足不同场景的使用需求。

便携性：通过轻质材料和折叠设计，保证整个房屋的便携性，用户可以随时随地展开和收起。

古人的智慧家居系统

76 / 古人想象的密码隐形门

一些现代科幻电影中常有隐藏的基地和入口，古人也有不少对隐藏空间和隐形门的想象。

五代王仁裕《玉堂闲话》记载：晋朝天福年间，有个僧人在襄州禅院遇到一位叫法本的僧人，两个人很投机，于是成为了好朋友。法本告诉他说："我在相州西山中住持竹林寺，寺前有一根石柱。他日有空，请一定来相访。"这位僧人后来就真的到相州去找法本，结果到了相州西山下的村庄，那里的人说此地确实有个叫竹林寺的地方，相传是古代圣贤所居之地，但现在只有名字，没有寺院房舍了，大概早就毁坏掉了。

这位僧人顺着乡人的指点，来到了叫竹林寺的地方，果然并没有庙宇。他正奇怪，忽然想起法本说的石柱，他找到了石柱，用小杖敲击了几下，顿时风雨四起，眼前一片漆黑。紧接着又天光大亮，眼前豁然开朗，只见楼台双双耸立，自己就站在一座寺庙的山门前。片刻后，法本出来迎接他，两个人很开心地在寺庙里叙旧，后来法本又将其送出来。一回首，庙宇就消失了，只剩下一根石柱立在那里。[1]

1-相似的"门"在86版的央视《西游记》电视剧中也有所展现。悟空大战南极仙翁的鹿精，寻找它的洞府，土地告诉他要围绕一棵大树左转三圈，右转三圈，用两手齐扑树上，连叫三声开门，就出现了一个牌坊式的建筑，穿过去就进入了妖精的清华洞府。

► "石柱"隐藏门的功能特点

密码触发：通过敲击石柱，触发隐形门，展现出隐藏的寺庙。

隐形机制：寺庙在特定条件下显现，平时隐形不见。

1-太玄女者，姓颛名和。少丧夫
主，有术人相其母子曰："皆不寿
也。"乃行学道，治玉子之术，遂能
入水不濡，盛寒之时，单衣行水上，
而颜色不变，身体温暖，可至积日。
能徙官府、宫殿、城市及世人屋舍
于他处，视之无异，指之则失其所
在。门户椟柜有关钥者，指之即开。
指山山摧，指树树死，更指之，皆
复如故。将弟子行所到山间，日暮，
以杖叩山石，皆有门户开，入其中，
有屋室床几帷帐，厨廪酒食如常。
虽行万里，所在常尔。能令小物忽
大如屋，大物忽小于毫芒。野火涨
天，嘘之即灭。又能生灾火之中，
衣裳不燃。须臾之间，化老翁小儿
车马，无所不为。行三十六术，甚
有神效，起死无数。不知其何所服
食，颜色益少，鬓发如鸦，忽白日
升天而去。(《神仙传》)

动态场景：风雨骤起，漆黑一片后天光大亮，动态环境变化，增加神秘感。

东晋《神仙传·太玄女》和宋代《孔氏谈苑》记载：太玄女叫颛和，会法术，能将官府、宫殿、城市及世人所居住的房屋迁移到别处。（如果未来这样一种技术实现了，那搬家就省事了，去另一个城市工作，可以把房屋都迁移过去。）更神奇的是，她在山间行走的时候，要是赶上天晚了，就用竹杖叩击山石，山石就会出现一个门，进去后里面有屋子，屋子里有床榻、围帐、被褥以及各种饮食，应有尽有。无论到哪，只要想休息了，身边有山石，敲一下石头，就出现大门，可以进入这样一个空间休息。[1]这大概是古人对快捷酒店的想象。

▶ 颛和的能力

空间迁移：能将房屋迁移到别处。

便捷休息：在山间随时找到休息场所，用竹杖敲击山石即可进入。

清代《女仙外史》有这样一个情节：鲍母牵着赛儿，施展缩地法，不一会儿就到了一个陡峭的山崖下。山崖上有四个红色的大字：无门洞天。鲍母说用左手大拇指在峭壁中间直划下去，那峭壁随着指痕"咔嚓"一声分开（这相当于手指解锁了），正好把那四个字劈成两半。鲍母带着赛儿进去后，峭壁又合上了。洞内两边都是石壁，中间是一条天然生成的冰纹白石街，有一丈多宽。街道两旁绿意盎然，有盘曲的槐树、丝状的柳树、剔牙松、璎珞柏和湘妃竹等，风吹过时发出清脆的声音，令人心旷神怡。还有百尺长的藤萝垂挂在峰顶，层层薜荔缠绕在岩脚。

古人对隐形门的想象还有很多。如：

清代《坚瓠余集》也记载了一个
石门：据说衡州府有一大羊角山石，
有人从蜀地的青城山来衡州府找这块
羊角山石。当地人告诉他，石头在鼓
楼大街前，这个人找到这块大石头，
敲了敲说：青城山寄来的书信到了。
石头就打开了，书信投进去之后，石
头就又合上了。送信的人也不知道去
了哪里。

隐形门

清代《耳食录》中同样记载了一
个石门，有一个道人拿着杖在一个石
壁上敲了几下（相当于我们输入了密码），石壁就开了一扇门，里
面有几间石屋子，屋子里有各种日用器具。

古人这些"隐形门"的想象，颇类似于现代的密码门或安全传
输系统。

古代隐形门的想象	现代技术的相似之处	说　明
触发机制	密码输入、指纹识别、语音控制	古代隐形门需要特定的触发机制，如敲击石柱或语音命令，现代技术中使用密码输入、指纹识别、语音控制等方式触发
安全性	安全传输系统和加密技术	隐形门与秘密地点、隐蔽空间相关，强调安全性和隐私保护，现代技术同样重视安全性，使用加密技术保护信息
智能化和自动化	智能家居设备	古代想象赋予普通石头自动化特性，如自动开启和关闭门，现代技术实现了智能家居设备的自动控制功能

77 / 古人的任意门想象

　　任意门的概念在中国古代文学和传说中已有所体现，反映了古人对于突破空间限制、自由穿越的向往和想象。

　　明代《高坡异纂》《夜航船》记载：明初有一位叫冷谦的术士有一个穷朋友，为了帮朋友，他在一面墙上画了一面门，朋友通过门直接进入到了国库。本来冷谦嘱咐他拿两锭银子就行了，那两锭银子没有登记在册，少了也没有人知道。结果朋友见钱眼开，贪得无厌，拿多了，还一马虎把"身份证"丢里面了。后来东窗事发，朋友被抓，供出了冷谦，冷谦就躲进了一个瓶子里。皇帝让人打碎瓶子，瓶子的每个碎片上都有冷谦的声音。最后不知道冷谦去了哪里。

　　画门术：冷谦在墙上画了一扇门，通过这扇门可以进入另一个空间（国库）。

　　传送功能：朋友进入门后，直接出现在国库里，但因贪心拿了过多银子而暴露。

　　惩罚与逃亡：朋友被抓后供出冷谦，冷谦被捕，但他通过躲进瓶子中消失了踪影。

1-单（道士）于壁上画一城，以手推挝，城门顿辟。因将囊衣箧物，悉掷门内，乃拱别曰："我去矣！"跃身入城，城门遂合，道士顿杳。（《聊斋志异》）

　　清代《聊斋志异》记载了一个任意门：有一位道士，在一面墙壁上画了一座城，然后用手一推，城门就开了，他带着行李走进了城门，城门关上，人不知道去了哪里。[1]

《聊斋志异》中的故事情节

韩公子出身于名门望族，有位单道士会变戏法，韩公子很喜欢单道士的戏法，把他奉为座上宾。单道士有一种隐身术，可以在人们面前突然消失。韩公子想学，可单道士不愿意教，怕他用道术去做坏事："你要是发现谁家姑娘漂亮，用隐身术去偷窥，这不就成了我的过错了吗？"韩公子心有不甘，怀恨在心，暗地里和仆人们商量要教训一下道士。他们用细灰撒在麦场上，防止道士隐身跑了。布置停当，韩公子就把单道士骗到这里，让手下人围攻道士。单道士隐身忽然不见了，但灰上果然有鞋子走过的痕迹。手下人就追着地上的足迹一顿乱打，顷刻间脚印乱了，然后就再也找不到道士的踪影了。

韩公子回到家后，过了一会，单道士也回来了。单道士对伺候自己的仆人们说："我不能再在这里住了，今天就要离开了，但临走前，我要请你们喝酒。"他的袖子就像是一个压缩的行李箱，要什么有什么。他从袖子中掏出一壶美酒，又拿出一盘又一盘佳肴，共十多道菜，桌上摆满了山珍海味。大家吃喝完，道士把酒壶、菜盘又一一放回了袖子里。

韩公子听说后，非常惊讶，让单道士再表演一次"戏法"。单道士在墙上画了一座城，用手一推，城门打开了。他把所有行李扔进去，告别众人后，跳进了城门，城门随即关闭，道士也不见了踪影。

画门术：道士在墙上画了一座城，然后推开城门，带着行李走进了城门，消失在众人眼前。

传送功能：进入城门后，道士便消失不见，展示了打破物理空间限制的能力。

清代《耳食录》记载：有一位徐姓富人，豢养了很多有专业技能的人才，其中有一位画师。有一天众人聚会，画师拿出一幅画挂在了墙上，画中有亭台楼阁，有门，有走廊，重叠缦回，立体透视，像西洋画。他说自己能走进画里。徐姓富人不信，说这就是一张纸，你怎么能进去呢？

画师念动咒语，只见画上有一扇旁门打开了，他纵身进入画中，门也随即关闭。大家用手去摸，就是一幅画，到处找画师却找不到，都非常惊讶。一会儿，画上的门又被打开，画师从里面跳出来，站在了地上。人们问：画里面是什么情况？画师说：跟着我，我带你们去看看。

任意门

画中有一扇大门，画师先进入大门，然后伸手一一将众人拉了上去。众人走进去，但见宫室华丽，如同王侯豪宅一般。里面有好多门，每过一道门，景象各不相同：或粉壁森然，楼宇并立；或画栋巍然，再开叠阁；或从窗间下视，别有亭池；或从假山石缝穿过，另开园圃。所有堂室的形式，除了方形之外，有的像弯月，有的上圆下方如圭玉，有弓形，有扇形，有的形似芭蕉叶，有的形似香炉，有的像钟，有的像环形的玉玦，还有的像壶、瓮等各类器皿，等等，奇形异状，各不相同。

最后一道偏门开启，众人都走了进去，居然是徐姓富人老婆的卧室。当时夏日炎热，他老婆"裸卧白绡帐中，皓体毕呈"。众人都不好意思，赶紧离开，返回画所，看到画仍然在墙上。徐姓富人觉得自己受到了侮辱，要杀画师，画师就又跳进了画中，然后，画和人都不见了。

画门术：画师能通过画门术进入自己所画的画中，展现了突破空间限制的神奇能力。

立体空间：画中有立体透视的亭台楼阁、宫室花园等，景象各异，如同真实世界。

多样景观：每一道门后都有不同的景象，包含各种奇形异状的房屋和景观，展示了丰富的想象力。

任意门象征着人类对于突破空间束缚、自由穿越的终极梦想。这种想象力，直到现在依然传承着，类似的概念在不断被探索着，如量子传输、虫洞，等等。

量子传输：通过量子纠缠实现信息瞬间传递的技术，有望在未来实现物质的瞬间传输。

虫洞理论：广义相对论预言的时空隧道，可以连接宇宙中遥远的两点，提供穿越时空的捷径。

量子传输

虫　洞

78 / 古代黑科技之自动门帘

我们现在商场、图书馆或其他场所有人体感应门，人到了门口，大门会自动开关，这是 20 世纪的产物。但元初《文献通考》记载隋代的时候就有图书馆安装了"自动门"：隋炀帝建造了有着十四个房间的图书馆，有数个门，门口垂着锦幔（帘子），上有两位飞仙装饰，门外地上安装了机关。当隋炀帝要进图书馆的时候，前面引导的宫人就踩动门外的机关，门上有两个飞仙自动降下来，升起锦幔。这个图书馆的窗户和书柜门也都可以自动开启。等隋炀帝离开这里，一切又都自动关闭，恢复原样。[1]

1-于观文殿前为书室十四间，窗户、床褥、厨幔咸极珍丽。每三间开方户，垂锦幔，上有二飞仙，户外地中施机发。帝幸书室，有宫人执香炉前行，践机则飞仙下，收幔而上，户扉及厨扉皆自启，帝出则复闭如故。(《文献通考》)

自动门机制

▶ 锦幔飞仙

设计特点：门口垂着锦幔，上有两个飞仙装饰。

工作原理：当隋炀帝到达门口，宫人踩动机关，飞仙就会降下，升起锦幔，露出大门。

艺术表现：结合机械设计与艺术表现，飞仙的动作增加了视觉效果和美感。

自动窗户和书柜门

设计特点：图书馆内的窗户和书柜门可以自动开启。

工作原理：当隋炀帝进入书室时，这些窗户和书柜门会自动打开，提供光线和方便取书；当隋炀帝离开时，一切自动关闭，确保书籍安全和环境整洁。

唐代《记事珠》记载：徐福曾为秦始皇做了个自动门帘悬挂于宫门，当秦始皇把文珠放在膝盖上，门帘就自动下来，当拿走文珠，门帘就自动上卷起来，不用钩子。[1] 连玉帝都需要卷帘大将专门负责卷帘子，而秦始皇的门帘却是自动的。

1-徐福为始皇作自然之帘，悬于宫门。始皇抱文珠置膝上，其帘便下，去之则帘自卷。不事钩，故又名不钩。(《记事珠》)

自动门帘机制

文珠触发：当秦始皇将文珠放在膝盖上时，门帘自动降下来，遮住宫门。这一过程无需任何钩子或手动操作，完全依靠文珠的重量或存在感来触发。

自动收卷：当文珠被拿走时，门帘又会自动卷起来，恢复到原来的位置。

这些古代自动门帘的记载展示了古人对自动化的初步探索和实现，体现了古人的智慧和对便利生活的追求。虽然古代没有现代的电子感应装置，但通过巧妙的机械设计和机关，古人应该确实是能够实现文献中所描述的自动化效果的。

特 性	古代自动门帘	现代自动门
触发机制	机械机关（踩动机关、文珠触发）	电子感应（红外线传感器、压力感应）
自动化效果	依靠机械原理和物理特性	依靠电子元件和传感技术
美学设计	结合艺术表现（如飞仙、锦幔）	主要注重功能性和现代简约设计
应用场景	宫殿、图书馆	商场、图书馆、办公楼等
技术复杂度	机械设计复杂，需精密计算和制作	电子设计复杂，需先进的传感器和控制系统

79

古人想象的"智能"开锁

　　日常生活中，有人经常丢钥匙或者需要佩戴很多钥匙，非常不便。古人想象有一个轻便小口袋，要什么钥匙，往里面一摸，就能变出来，这简直就是"万能钥匙"了。

　　清代《咫闻录》记载：有一人梦到了一位娄真人，娄真人用袖子对着墙拂拭了一下，墙上出现一扇窗户。真人拉着他一起跳进了窗里。里面有各式屋舍，雕梁画栋，真人给了他一个小口袋，三寸大小，告诉他说：这个小口袋里有成千上万的钥匙，如果需要钥匙了，不用打开看，你随便从里面摸出一把，就能打开眼前的门。二人来到一个书房，此人从小口袋中摸出一把钥匙，果然就打开了。

　　他们又来到一个地方，真人告诉他这个锁着的窗户里面有"洗心池"，此人又摸出一把钥匙，恰好就能打开窗户，此人临窗眺望，突然心从口里跳出来，掉落池塘里，心脏在池塘里游来游去，自行洗涤，洗完之后，又回到了他的身体，从此他有了一颗冰清玉洁的心，开启了心智。[1]

1-娄真人，灵迹人所共知，及尸解去，其法不传，至今墓址犹存。嘉善县高王庙侧，相去五里，有小亭，往来游人，时憩息焉。一日，客避风雨于亭，久坐神倦，据地而卧，梦真人衣衫褴褛，赤脚露顶，呼客曰："来来，候子已久。"携手同行，入庙，见神像庄严，客欲下拜，真人掖之，以袖拂墙而开，自窗跃入。客不能过，挟之起，如履平地。

　　四面空洞，栋梁屋宇，表里通明，如行镜中。授以袋，小仅三寸，曰："中有千万钥匙，戒勿开视。随手取出，自然合用。"引至一处，玉锁金环，缄封甚固。启扉而入，书橱林立如仓，金光耀人，多芸香气。真人拱手，橱自开，有童子捧盒出，内贮五色果七枚，如鲜艳荔枝，真人取白色如水晶珠者，纳客口，令吞之，顿觉心境空阔，气爽神清。　　（转下页）

项　目	古　代　想　象	现　代　技　术
自动识别与适应性	无需特定选择，只需随意从小口袋中摸出一把钥匙，即可打开当前所需的门锁	智能钥匙通过生物识别（如指纹、面部识别）或蓝牙连接进行解锁，自动匹配权限
无限制解锁	可以打开任何门锁，不论锁的类型或复杂程度	一把智能钥匙或一个应用程序可以解锁多个门锁，包括电子锁、机械锁
便携性	小口袋尺寸仅三寸大小，便于携带	智能钥匙可以是一个小设备或手机应用程序，轻便易携，减少丢失风险

　　这种古代的万能钥匙构想，与现代的智能钥匙技术有着惊人的相似之处。例如，智能手机上的电子钥匙功能或多合一钥匙卡能够控制多个门锁，实现了古人幻想的便捷与实用。

　　我们现在有"手势"解锁，古人也有这方面的想象。

　　东晋《神仙传》记载：颤和可以打开任何门上的锁，她用手一指，门就能打开。

　　在《西游记》中，孙悟空多次用"解锁法"开锁。好行者拿起金箍棒，在手中使出一种解锁的法术，然后指向门，只听见一声响，门上的锁打开了，门扇啪啦一下就开了。八戒笑着说："真厉害！就算是找专门开门的匠人，也不一定能像你这样顺利！"好行者说：

（接上页）

　　偕入后院，高台耸峙，攀缘以上，遥望尘世，皆在足下，惟西窗封锁严密。客问之，真人曰："此内有洗心池，红尘人能到此者，当令洗之，否则过此以往，茅塞之矣。"遂取袋中钥匙，开锁推窗，依棍同望。客方凝眸注视，不觉心从口出，跃入池中，游濯数次，大惊异，长跪请还。真人笑曰："洗尽不须还，已将一片冰心换却矣。"客大悟，乃拜从学道。真人曰："道不离人，惟人自造。子自有道，何必从学，其善志之。"客遂醒，醒后弃业云游，不知所终。（《咫闻录》）

1-好行者，把金箍棒捻在手中，使一个解锁法，往门上一指，只听得突鏰的一声响，几层门双鐄俱落，唿喇的开了门扇。八戒笑道："好本事！就是叫小炉儿匠使撬子，便也不象这等爽利！"行者道："这个门儿，有甚稀罕！就是南天门，指一指也开了。"（《西游记》）

2-又能指鸟鸟落，指花花落，指锁门开，复指之如故。又能徙宫殿于他处，复能徙故处。入水不沉，入火有莲花托之而出，屡试仙术，不可穷述。常自言："我生尧丙子岁。"其颜貌如六七十许。时有邢和璞，善知人寿夭，帝命推果年，则懵然莫知。有师夜光善见，明皇使夜光视果，竟不见果之所在焉。（《东游记》）

"这种门，没什么稀奇的！就算是南天门，也只要一指就能打开。"[1]

明代《东游记》记载：张果老用手指一指鸟鸟就落，一指花花就落，一指锁锁就开，再指，就又恢复原状。[2]

清代《女仙外史》中有这样一个情节：一座院落的院门是锁着的，鲍师喝声"开"，锁即脱落。鲍师又喝声"锁"，那大院门竟像有人一样，又锁好了。这个锁仿佛是语音控制的。

古人的描述不仅呈现了丰富的想象力，还展示了古人对便捷、安全的解锁方式的向往。这种想象力在当时可能是一种神话般的幻想，但在现代科技的帮助下，已逐步成为了现实。

古人想象的语音锁

现代科技解锁功能

解锁方式	特　点	优　势
生物识别技术	利用指纹、面部识别等生物识别技术进行解锁	安全性高，防止未经授权的访问
触摸手势解锁	用户通过预设的手势在屏幕上进行滑动解锁	操作简便，用户体验良好
手势识别技术	利用摄像头和传感器识别用户的手势动作进行解锁	无需接触设备，适用于无接触操作环境
智能语音助手	利用 Siri 等智能语音助手，发出语音指令来控制智能锁	高效便捷，支持远程操作
联网智能锁	智能锁通过 Wi-Fi 或蓝牙与智能语音助手连接，接收并执行语音指令	不仅支持语音解锁，还可以远程监控和控制锁的状态
安全认证	现代语音控制系统通常包含多重安全认证，如语音识别、密码保护等，确保使用安全	防止未经授权的访问，提高安全性

80 / 古代黑科技之自动梳妆台

1-北齐胡太后使沙门灵昭造七宝镜台，三十六户各有妇人，手各执锁，才下一关，三十六户一时自闭。若抽此关，诸门皆启，妇人皆出户前。（《五杂组》）

《太平广记》《五杂组》等文献都记载了北齐时期的梳妆台"七宝镜台"：七宝镜台包含三十六个小房间，每个房间门口都有一个妇人雕像，这些妇人手中各自握着一把锁。当一个特定的关卡被按下时，三十六个房间的门会同时关闭。相反地，当这个关卡被抽起时，所有的门会同时打开，妇人们会走出房间。[1]

唐代《纪闻》记载：唐玄宗在位时期，有个叫马待封的工匠，懂得各种机关，可谓是大唐第一"程序员"。当时宫里尘封着前代的指南车、记里鼓、相风鸟，马待封把这些东西拿出来进行了修理，指南车就又可以指示方向了，记里鼓可以继续记行程里数了，相风鸟也可以继续检测风向了。经过马待封的升级改进，这些东西更加巧妙好用。

马待封还为皇后制造了一台金银彩画梳妆台。它的"自动化"程度很高，在化妆的时候，有了它将会变得井井有条，解决了化妆品摆放凌乱的问题。

这个梳妆台的镜台在中间，台下有两层的储物空间，都安装有门。皇后要梳洗打扮时，只要打开装镜的匣子后，台下的门就会自动打开，出来一位穿着非常精致服饰的木制妇人，她手里拿着梳洗用的毛巾、梳篦。等皇后接过这些东西后，这个"机器人"就又回到门里。皇后洗漱完，"机器人"又出来，按照化妆的步骤，一一送出涂面脂、定妆粉、描眉笔、髻花等一切用物。皇后每次接过一件物品后，她就回去，把门关好，等要进行下一步了，她就拿着相应的物品出来。等皇后画好妆，梳妆台就会自动收拾干净，所有的门都会关上。[1]

自动梳妆台的设计与功能

▶ 镜台和储物空间

镜台：梳妆台中间立有镜台，方便皇后梳妆。

储物空间：台下有两层储物空间，各安装有门，用于存放各种化妆用品。

▶ 自动化木制"机器人"

启动机制：当皇后打开装镜的匣子时，台下的门会自动打开，出现一位穿着精致服饰的木制妇人。

梳洗用品：木制妇人手持梳洗用品，如毛巾、梳篦，等皇后接过这些东西后，她就会返回储物空间，关上门。

▶ 化妆步骤的自动化

物品递送：在皇后化妆的过程中，木制妇人会根据需要依次送出各种化妆品，包括涂面脂、定妆粉、描眉笔、髻花等。

自动收回：每当皇后接过一件物品后，木制妇人就会返回储物空间，直到皇后需要下一步的物品。

▶ 自动收拾

收拾功能：皇后化妆完成后，木制妇人会再次出现，收拾化妆用品，关闭所有的门，保持梳妆台的整洁。

1-开元初修法驾，东海马待封能穷伎巧。于是指南车、记里鼓、相风鸟等，待封皆改修，其巧逾于古。待封又为皇后造妆具，中立镜台，台下两层，皆有门户。后将栉沐，启镜奁后，台下门开，有木妇人手执巾栉至。后取已，木人即还。至于面脂妆粉，眉黛髻花，应所用物，皆木人执。继至，取毕即还，门户复闭。如是供给皆木人。后既妆罢，诸门皆阖，乃持去。其妆台金银彩画，木妇人衣服装饰，穷极精妙焉。(《纪闻》)

81 / 古人的智能报时植物

1-徐凤仪有一杖，直如笔管。其后每年生一节，二十年，每年缩一节。三月，则杖之四面青、赤、白、黑，各开一花。不知何木也。（《云仙杂记》引《陶家瓶余事》）

2-初，奘将往西域，于灵岩寺见有松一树。奘立于庭，以手摩其枝曰："吾西去求佛教，汝可西长；若吾归，即却东回。使吾弟子知之。"及去，其枝年年西指，约长数丈。一年忽东回，门人弟子曰："教主归矣！"乃西迎之，奘果还。至今众谓此松为摩顶松。（《太平广记》引《独异志》）

在古人的记载中，有诸多的"植物报时"。如有一种"朱草"，每天长一片叶子，初一到十五共长十五片叶子，十六日后每天落一片叶子。又如，《云仙杂记》引《陶家瓶余事》记载：徐凤仪有一支笔直的杖，可以用于纪年，因为此杖每一年会生一节，过二十年后，每一年缩一节。而且每年三月，杖的四面会开青、赤、白、黑四朵花。不知道是什么植物。[1]

唐代李亢《独异志》和刘肃《唐新语》记载了一棵"摩顶松"：唐玄奘去取经前，抚摩一棵松树的顶，对松树说："我要去西方取经，你可以往西边长枝叶；我回来的时候，你可以往东长枝叶。"果然，他走后，这棵松树的枝条年年西指。有一年，枝条忽然指向东，弟子们说：老师要回来了！于是准备好迎接仪式，果然唐僧回来了。[2]

摩顶松与现代的"进度条"

元　素	古代叙事	现代类比
摩顶松	年年西指、回归东指的枝条	动态方向变化的进度条
玄奘抚枝立誓	启动进度条，设定"西去-东归"的条件	设定项目状态检测

元　素	古代叙事	现代类比
枝条年年西长	表示任务在进行中（取经中）	进度条持续前进中
枝条忽东回	表示任务将完成（归来）	进度条即将抵达终点
弟子见状准备迎接	感知进度变化并做出响应	根据状态更新启动下一阶段操作
玄奘果然归来	完成目标，任务闭环	进度条满格，任务成功

"纪年杖"类似于现代的一些创意和功能性的产品，如：

▶ 智能纪念品

现代有一些智能纪念品，记录特殊日期和事件，如结婚纪念日、生日等。

▶ 智能花瓶 / 植物

智能花瓶或植物通过内置传感器和控制系统，在特定时间点开花或显示特定颜色。

82 古人的动物报时

东汉《洞冥记》和唐代《酉阳杂俎》记载：有一种五时鸡，又叫司夜鸡，从夜晚到早上，一更就叫一声，二更叫二声，三更叫三声，四更叫四声，五更叫五声。[1]

一更天（戌时）：19：00—21：00

这段时间是晚上七点到九点。此时五时鸡会叫一声。

二更天（亥时）：21：00—23：00

这段时间是晚上九点到十一点。此时五时鸡会叫两声。

三更天（子时）：23：00—01：00

这段时间是晚上十一点到次日凌晨一点。此时五时鸡会叫三声。

四更天（丑时）：01：00—03：00

这段时间是凌晨一点到凌晨三点。此时五时鸡会叫四声。

五更天（寅时）：03：00—05：00

这段时间是凌晨三点到黎明五点。此时五时鸡会叫五声。

关于鸡作为时间的"报时器"，古代还有很多传说。汉末《神异经》中说扶桑山上有玉鸡，玉鸡叫则金鸡叫，金鸡叫则石鸡叫，石鸡叫则天下的鸡跟着叫。[2] 南朝梁《金楼子》记载：桃都山上有天鸡，天鸡一叫，天下的鸡就跟着叫。[3] 宋

1-有司夜鸡，随鼓节而鸣不息，从夜至晓，一更为一声，五更为五声，亦曰五时鸡。（《洞冥记》）

影娥池北有鸣琴苑，伺夜鸡鸣，随鼓节而鸣，从夜至晓，一更为一声，五更为五声，亦曰五时鸡。（《酉阳杂俎》）

2-大荒之东极，至鬼府山臂，沃椒山脚，巨洋海中，升载海日。盖扶桑山有玉鸡，玉鸡鸣则金鸡鸣，金鸡鸣则石鸡鸣，石鸡鸣则天下之鸡鸣，悉鸣则潮水应之矣。（《神异经》）

3-东南有桃都山，山有大桃树，上有天鸡。日初出，照此桃，天鸡即鸣，天下之鸡感之而鸣。树下有两鬼，对树持苇索，取不祥之鬼食之。今人正旦画两桃人，以索中置雄鸡，法乎此也。（《金楼子》）

天　鸡

代《洞渊集》记载：扶桑山有金凤九色乌，只要它一叫，天下的鸡就跟着叫，天就亮了。[1] 在《伊索寓言》中，有这样一个故事很有意思：有一伙贼去一户人家偷了一只大公鸡，准备杀掉，公鸡开口哀求："不要杀我，我对人类是有用的，夜里我可以叫醒人们起来工作。"贼说："就是因为这样才杀你，你把周围的人都叫醒了，我们就没法工作了。"

古人记载的"动物报时"，除了鸡，还有猿。《开元天宝遗事》记载：隐士高太素在山中建了道院，周围种了茂林秀竹、奇花异草，有一只山猿每到整点的时辰，就来到他的亭子前鞠个躬，然后啼叫报时。[2]

可以"报时"的动物还有"猫"。如唐代《酉阳杂俎》记载：猫

1-扶桑山在东海中，地方万里，去中国九十万里，即太真丈人青童君所治。山多林木，皆桑。长者数千丈，大者二千围，株两相扶倚，同根而生，故曰扶桑。椹子甘香赤色，千岁一生其实。仙人采椹食之，体生金光，飞翔太空，桑上有金凤九色乌，一鸣即天下群鸡应之，日即晓矣。(《洞渊集》)

2-商山隐士高太素，累征不起，在山中构道院二十余间。太素起居清心亭下，皆茂林秀竹、奇花异卉。每至一时，即有猿一枚诣亭前，鞠躬而啼，不易其候。太素因目之为报时猿。其性乎有如此。(《开元天宝遗事》)

1- 猫，目睛旦暮圆，及午，竖敛如缝。其鼻端常冷，唯夏至一日暖。其毛不容蚤虱。黑者暗中逆循其毛，即若火星。俗言猫洗面过耳，则客至。（《酉阳杂俎》）

2- 欧阳公尝得一古画牡丹丛，其下有一猫，未知其精粗。丞相正肃吴公，与欧公姻家，一见曰："此正午牡丹也。何以明之？其花披哆而色燥，此日中时花也；猫眼黑睛如线，此正午猫眼也。有带露花，则房敛而色泽。猫眼早暮则睛圆，日渐中狭长，正午则如一线耳。"此亦善求古人之意也。（《梦溪笔谈》）

的瞳孔，早晨和傍晚变圆，中午时竖成一条线。[1] 猫的瞳孔在不同时间呈现不同形状，古人有时就是据此来大致判断时间的。宋代《梦溪笔谈》记载：欧阳修有一幅古画，画的是牡丹花下有一只猫。丞相吴公说画的是正处在中午的牡丹。怎么判断呢？你看这猫的眼睛是一条线，所以推断是中午。[2] 旧题苏东坡《物类相感志》中有一首《猫儿眼知时歌》："子午线，卯酉圆，寅申巳亥银杏样，辰戌丑未侧如钱。"意思是说子时、午时，猫的眼睛像一条线；卯时、酉时，猫的眼睛最圆；寅时、申时、巳时、亥时，猫眼像银杏；辰时、戌时、丑时、未时，猫眼看起来像侧着的铜钱。

83

带有自动灌溉功能的花瓶

插花是古人一种日常审美活动。宋代《清异录》记载了一个插花的盘子，叫"占景盘"，底深四寸左右，从底部伸出几十个细筒，给盘子注上水，就可以在细筒里插花了，花朵在盘中可十多日都保持开放。[1]

占景盘

材质：铜质。

尺寸：底深约四寸（约 12 厘米）。

结构：盘底有数十个细小的筒。

功能：盘底的细筒可用于插花。

使用方法：使用时将盘子注满清水，将选好的繁花插入细筒中，即可使花朵长时间保持新鲜。

清代《耳食录》中记载了一种"智能花瓶"：有人挖出一个古瓶，古瓶经常有云气吐出来，在这个古瓶中插花木，不用人工浇水，花木不仅不会枯萎，甚至还会发出新芽或者结出果实，就像种在土中一样。[2]

古瓶

▶ 外观

古瓶外形古朴，材质可能是瓷、陶或其他古代工艺材料。

1-郭江州有巧思，多创物。见遗占景盘，铜为之花，唇平，底深四寸许，底上出细筒殆数十。每用时满添清水，择繁花插筒中，可留十余日不衰。(《清异录》)

2-瓶置几上数日，觉有气自内浮出，氤氲若云气之蒸，不测其故。试折花木贮其中，无水而花木不萎，且抽芽结实。若附土盘根者然。始讶瓶盖宝物也。(《耳食录》)

功能特性

自动浮云气：古瓶经常有云气浮出，氤氲若蒸汽，营造出神秘的氛围。

自给自足：在瓶中插花木，花木无需人工浇水，不会枯萎，甚至能发芽结实。

养花神器：能够保持花木长久鲜活，提供类似于自然土壤的生长环境。

这种古瓶的功能类似于现代的带自动灌溉系统的智能花瓶。现代科技已经能够制造出具备自动供水功能的花瓶和花盆，此类设备能够通过感应植物的水分需求，自动调整供水量，从而保持植物的最佳生长状态。同时，现代的空气净化器和加湿器可以模仿自然环境中的云气，创造适宜的生长环境。

84 带有天气预报功能的插花瓶

清代《聊斋志异》记载：有两个人淘井的时候，获得了两个古瓷瓶，后来被人买走。其中一个瓶子可以预测天气的阴晴，如果要下雨了，瓶子上就会出现一个如小米一样大的湿润处，随着湿润处越来越大，雨也就来了，等没有湿润处了，雨也就停了。另一个瓶子可以显示朔望：瓶身上有个黑点，可以对应月亮的圆缺变化，在朔日的时候（月亮看不见的时候），瓶子上的黑点会像豆子一样大，随着月亮变圆的过程，这个黑点会变得越来越大，到了满月的时候，黑点就布满了瓶子，而随着月亮变缺，黑点则又会变得越来越小。这个瓶子还有个附加功能，就是注入水插花，里面的花会跟长在原来的枝条上一样，可以落花结果。[1]

1-淄邑北村井湮，村人甲、乙缒入淘之。……其旁有磁瓶二、铜器一。器大可合抱，重数十斤，侧有双环，不知何用，斑驳陆离。瓶亦古，非近款。……颜镇孙生闻其异，购铜器而去。袁孝廉宣四得一瓶，可验阴晴：见有一点润处，初如粟米，渐阔渐满，未几雨至；润退则云开天霁。其一入张秀才家，可志朔望：朔则黑点起如豆，与日俱长；望则一瓶遍满；既望又以次而退，至晦则复其初。以埋土中久，瓶口有小石粘口上，刷剔不可下。敲去之，石落而口微缺，亦一憾事。浸花其中，落花结实，与在树者无异云。(《聊斋志异》)

瓶子一：预测天气

▶ 外观

古制瓷瓶，瓶身有古老的斑驳纹理。

外形可能略显陈旧，但具有独特的古朴美感。

▶ 功能特性

预测天气：瓶子上会出现一个如小米一样大的湿润处，随着湿润处越来越大，预示着雨来临；湿润处消失则表示雨停。

清人绘《聊斋志异》插图《古瓶》

未来创意：天气预报瓶

古人的智慧家居系统

自动感应：湿润处随着天气变化自动调节，反映出天气的变化
过程。

瓶子二：感知月相变化

▶ 外观

古制瓷瓶，瓶身有古老的斑驳纹理。

外形可能与第一只瓶子相似，但具有独特的功能标识。

▶ 功能特性

月相变化：瓶子上有一个黑点，可以对应月亮的圆缺变化。在
朔日时，黑点如豆子般大小；随着月亮变圆，黑点逐渐变大；
月亮变缺，黑点也逐渐变小。

花瓶功能：瓶子中插花时，花朵会像在原生枝条上一样，保持
生长，甚至可以开花结果。

如果将这个古代插花瓶的功能结合现代科技，可以设计成一个
集气象预报、环境监测和美化家居环境于一体的智能装置。这样的
智能插花瓶可以有以下功能：

天气预报：像古代瓶子一样，通过传感器监测环境变化，显示
天气预报信息，如晴天、阴天、雨天等。

月相显示：通过灯光或显示屏显示月相变化，让人们了解当前
的月相状态。

环境监测：监测室内温湿度、光照强度等环境参数，帮助植物
生长和调节家居环境。

美化功能：可以设计成具有艺术性的外观和灯光效果，美化家
居空间。

互动功能：结合智能语音助手或手机应用，让用户可以通过语
音或手机控制瓶子的功能，如查询天气、调节灯光等。

古人的生活『科技』系统

在本章中，我们将探索古人对日常生活中"科技"的奇幻想象。从饮食、支付到健康管理，从厨房到钱柜，再到身体内部，构成了一套别开生面的古代"智慧生活系统"。古人设想过冷热可调的饮水机、自动净水器、为旅途休眠准备的储能食物，以及能自动补充饮食的智能餐具；他们描绘过速成酿酒器、无明火加热的神奇锅具、自动排烟的聚香装置，还有堪称"古代外卖"的远程点餐幻想。而在物质之外，古人也对财富管理与身心健康进行了令人惊叹的构建：能转账的盘子、可追踪交易的子母钱，以及"能看见身体内部"的古代"CT"、测试心理状态的"窥心镜""照胆镜"，甚至还有能预警疾病的"风声木"……既充满想象力，又暗合现代智能生活的基本逻辑。它们共同描绘出一个集便利、感应、节能与疗愈于一体的古代"生活科技宇宙"。

85

古人想象的可冷可热"饮水机"

《聊斋志异·安期岛》记载了这样一个故事：刘中堂在安期岛遇到了神仙，神仙让小僮上茶，有个小僮拿着杯盘就走了出去。他来到洞外一个石壁前，石壁上有一把铁锥，锥尖插入石头中，小僮拔出铁锥，有水出来，用杯子接住，接满后，又把铁锥插回原处。小僮把茶端到刘中堂面前，刘中堂一看，茶为淡绿色，他试着喝了一口，原来是冰绿茶，凉得牙齿打颤。他怕冷不喝了。神仙示意小僮换一杯，只见小僮仍来到原来的石壁前，拔出铁锥，重新接了一杯回来。刘中堂这次再喝，觉得满口芳香，热气扑面，好像用刚烧好的热水沏成的茶。[1]这样一种既可以出热水，又可以出冷水的饮水器，现代科技已经发明出来了。

▶ 古代小说的设想

功能：通过拔铁锥，从石壁中获取不同温度的水。

情节：神仙的小僮展示了这种神奇的取水方式，可以得到冰绿茶或热茶。

技术：依靠神秘的石壁和铁锥，实现水温的调节。

▶ 现代技术的实现

功能：通过饮水机，可以获取热水和冷水。

技术：饮水机利用电热和制冷技术，实现快速加热和冷却。

应用：广泛应用于家庭、办公室和公共场所，提供便利的饮水服务。

86 / 古人想象的净水器

    对于"净水"功能的探究，古人有着悠久的探索历程，如在公元前 5000 年的仰韶文化中，人们发明了陶器小口尖底瓶，在缓慢倒水的时候，可以把泥沙留在瓶底，在打井的时候，往井里倒入石子、细沙，可以过滤杂质，等等。古人在"净水"方面有着诸多想象，并产生了不少奇幻的"净水器"。

    唐代《宣室志》提到了一种"清水珠"，把这个珠子放到浑浊的水中，水就会变得清凉干净。

《宣室志》中的故事情节

    冯翊郡有位严生，家住汉南，有一次，他游岘山的时候，得到一颗状如弹丸的东西，色黑，比弹丸大，发光，看上去光洁清彻，就像冰块一样。严生把它拿给人看，有人说这是一枚珍珠。严生于是给它起名为"弹珠"。严生平常把它放到箱子里。

    有一次，严生游长安，在春明门遇到一个胡人，那胡人突然上前拉住他说，您带着奇宝吧，能让我看看吗？严生就把珠子拿出来给他看。胡人很开心，说："这是天下的奇货，我找的就是它，我愿意出三十万钱买它！"严生说："这宝贝有什么用，真值这么多钱？"胡人也不隐瞒，说："我是西国人，此珠是我们那里的至宝，国人叫它清水珠，如果把它放到浑水里，水就会自动澄清。我国已经丢失此宝将近三年了，井泉全都浑浊了，国人都病了，所以才翻山过海来中国找它，现在终于在您这里找到了它。"胡人立即让人打来一盆浑水，把珠子扔进去。不大一会儿，水果然就变得清亮明彻，纤毫可辨。严生得了三十万钱，就把珠子卖给了胡人。

清水珠

外观：形状如弹丸，色黑，比弹丸大，发光。看上去光洁清彻，如同冰块。

▶ **功能特性**

净化水质：将清水珠放入浑浊的水中，水会自动变得清凉干净，纤毫可辨。

使用便捷：只需将珠子投入浑水中，无需其他操作。

清水珠

唐代《广异记》还记载了一枚"青泥珠"，把这个珠子扔在泥里，淤泥就会变成水。

《广异记》中的故事情节

唐武则天在位的时候，西蕃某国献给她一枚"青泥珠"，珠子如拇指般大小，微微发青。武则天不知这颗青泥珠是干什么的，并不重视它，把它赏赐给了西明寺的和尚。和尚把这颗珠子装在金刚的脑门儿上。

后来和尚讲经，有一个胡人来听讲，偶然见到了这颗珠子，十几天里，他总是目不转睛地盯着珠子看，心并不用在听讲上。和尚心里明白，于是问胡人，是不是想买这颗珠子。胡人表示愿出高价买。和尚最初的要价是一千贯，胡人爽快地答应了，和尚觉得要少了，又加钱，逐渐涨到一万贯，胡人全都答允。最终定到十万贯，成交。胡人买到此珠之后，剖开腿上的肉，把珠子纳入其中，然后回国了。

不久，和尚把这事向武则天奏报。武则天觉得奇怪，这珠子究竟为何如此值钱呢？于是下令寻找那个胡人。后来使者终于找到了他，问他宝珠在什么地方，胡人说已经把宝珠吞到肚子里了，使者要剖开他的肚子检验，胡人吓坏了，没办法，只好从腿肉中取出宝珠来。

武则天召见那胡人，问他，为何花这么多钱买这颗珠子，这珠子有什么用途？胡人说，西蕃某国有个青泥泊，泊中有许多珍珠宝贝。但是淤泥很深，无法将珍宝弄上来。如果把这颗青泥珠投到泊中，淤泥就会变成水，就可以得到那些宝贝了。武则天这才知道这颗珠子是如此有价值的宝贝，于是珍藏起来，直到唐玄宗时期，这颗珠子还在宫中。

青泥珠

外观：大小如拇指，微微发青，具有光泽。

功能：能够将淤泥变成水，从而方便获取淤泥中的珍宝。

唐代《纪闻》还记载了一种"水珠"，红色，夜晚有微光，这种珠子可以产水。行军休息的时候，掘地二尺，把珠子埋下去，就会有清凉的泉水涌出来，可以供数千人饮用。

《纪闻》中的故事情节

唐睿宗登基以后，把自己做相王时的旧官邸改建为道场，这就是大安国寺。他曾向寺中施舍了一颗宝珠，用它做镇库之宝，说它价值亿万。寺里的和尚把宝珠放在柜子里，并不认为它有什么贵重的。

到了开元十年，寺里的和尚举办敬神佛的功德捐款活动，有人想起柜中这一宝物，于是想把它卖掉。打开柜子后，见函封上写着："此珠值亿万。"和尚们共同把函封打开，见珠子状如片石，赤色，夜间微微发光，光高几寸。

和尚们议论道：这珠子很普通啊，真能值亿万？于是就让一个和尚拿着它到市场上去卖，试一试这颗珠子真正的价值。

在市场上，有人打听价钱，一听说价值亿万，就过来看，结果那人看了之后说：这就是块普通的石头罢了，和瓦砾没什么两样，根本不值钱，你这简直就是胡乱要价。围观的人们都嗤笑着离去。和尚也觉得不太光彩。

十天之后，又有问的，知道此珠夜间有光，有的出价几千。价格上涨了。一个月以后有一个西域的富贵胡人到市场上购买宝物，见到此珠便大喜。胡人让翻译问道："这珠子什么价？"和尚说："一亿万。"胡人摆弄了半天，恋恋不舍地离去。第二天又来。翻译对和尚说："珠价确实值亿万，但是这个胡人客居大唐很久了，现在只有四千万，可以吗？"和尚挺高兴，领胡人去见寺主。寺主答应了胡人。

第二天，胡人交出四千万贯钱，把珠子买去。胡人还对和尚说：我付的珠价实在是太少了，您千万别后悔骂我。和尚问胡人从什么地方来，又问此珠有什么用。胡人说："我是大食国的人。贞观初年与大唐通好，我国贡来此珠。后来我国经常思念这颗珠子。征求能得到此珠的人，应授相位。征求了七八十年了，如今终于得到它了。这是颗水珠，每当行军休息时，掘地二尺，把珠子埋进去，水泉立刻流出来，可供几千人饮用，所以行军总不缺水。自从没了这颗珠子，行军总是愁没有水喝。"和尚不信，胡人让他掘地埋起珠子，不一会儿便泉水涌动，水色清冷，哗哗流淌。和尚捧水尝了尝，才确信此珠灵异无比。胡人带着珠子离去，不知去了何处。

水珠

外观：大小如拇指，赤色，夜间发出微光，光高几寸。

▶ **功能特性**

产水功能：将水珠埋在掘地二尺的土中，泉水会立即涌出，水质清凉，可供数千人饮用，尤方便行军饮水。

夜间发光：水珠在夜间发出微光，具有辨识度。

1-老爷（三宝太监）道："澄水珠是甚么？"丞相道："此珠亦有径寸之大，光莹无瑕，投之清水中，杳无形影；投之浊水中，其水立地澄清，澄澈可爱，故此叫做个澄水珠。"（《西洋记》）

明代《西洋记》中记载了一颗"澄水珠"，放在清水中，看不见，放在浑浊的水中，水瞬间澄清。[1]

澄水珠

外观：直径约一寸，光莹无瑕，晶莹剔透。

► **功能特性**

隐形效果：将澄水珠放入清水中，珠子会变得完全不可见。

净水效果：将澄水珠放入浑浊的水中，水会立即变得清澈，澄
澈可爱。

明代"三言二拍"中《王渔翁舍镜崇三宝，白
水僧盗物丧双生》记载：一位叫王甲的渔翁得到两
块小石头，乃是"澄水石"，放在水中可以让浑浊
的水变得清澈，甚至海水也能变得像湖水一样清
洁，可以饮用。一个胡人听说了宝贝，愿意用三万
缗的高价购买这两块小石头。

王甲询问：为什么这东西这么值钱？胡人解释
说：我的国家有一个宝池，但池水浑浊且有毒，需
要花重价请人下去取宝，往往会有人牺牲性命，有
了澄水石，就可以让水变清澈，取宝就容易多了，
因此非常值钱。王甲听了这个解释，觉得只要一颗
澄水石就足够了，为什么要两颗呢？胡人解释说：
这两颗澄水石虽然形状相同，但彼此之间有着特殊
的联动，只有一起使用才能保持它们的活力和效
果。如果分开使用，很快就会失去作用，因此不能分开卖。[1]

1- 胡人道："此名澄水石，放
在水中，随你浊水皆清。带此
泛海，即海水皆同湖水，淡而
可食。"王甲道："只如此，怎
就值得许多？"胡人道："吾本
国有宝池，内多奇宝，只是淤
泥浊水，水中有毒。人下去的，
起来无不即死。所以要取宝的，
必用重价募着舍性命的下水。
那人死了，还要养赡他一家。
如今有了此石，只须带在身边，
水多澄清，如同凡水，任从取
宝总无妨了。岂不值钱？"王甲
道："这等，只买一颗去够了，
何必两颗多要？便等我留下一
颗也好。"胡人道："有个缘故，
此宝形虽两颗，气实相联。彼
此相逐，才是活物，可以长久。
若拆开两处，用不多时就枯槁
无用，所以分不得的。"（《二刻
拍案惊奇》）

澄水石

材料：两块形状相同的小石头。

功能：放在水中可以使浑浊的水变得清澈，甚至海水也能变得
像湖水一样清洁，可以饮用。

特性：两块石头必须一起使用，彼此相联才能保持净水效果。

清水珠、青泥珠、水珠、澄水珠和澄水石的古代传说，展现了
古人在"净水"方面丰富的想象力和智慧。

古代净水器	外 观	功能特性	故事来源	现代对应技术	现代功能特性
清水珠	形状如弹丸，色黑，比弹丸大，发光	将珠子放入浑水中，水会变得清凉干净	唐代《宣室志》	过滤技术、活性炭吸附	去除泥沙和悬浮物，吸附有机物和异味，改善水质
青泥珠	大小如拇指，微微发青	将珠子放入淤泥中，淤泥会变成水	唐代《广异记》	沉淀技术、反渗透	沉淀和去除水中杂质，通过反渗透去除溶解物质
水珠	大小如拇指，赤色，夜间发光	将珠子埋入地中，泉水会涌出	唐代《纪闻》	地下水提取、水泵系统	打井提取地下水，通过水泵获取水源
澄水珠	直径约一寸，光莹无瑕	放入浑水中，水会立即变得清澈	明代《西洋记》	紫外线杀菌、超滤技术	杀死细菌和病毒，去除微小颗粒和微生物
澄水石	两块形状相同的小石头	放在水中使浑水变清，需一起使用	明代"三言二拍"	离子交换技术、双重过滤系统	去除硬度离子，确保水质纯净

古人的生活"科技"系统

87 / 古人超时空旅行的休眠食物

科幻影视剧中，人们在星际旅行的时候，为了保存体力，度过漫长的旅程，会进入睡眠状态，一睡就是好几年，甚至数十年，数百年。古人也有类似的想象。

《拾遗记》记载：有一种"淳和麦"，用它酿酒，人喝了可以醉几个月，而且吃了淳和麦的人冬天就不怕冷了。[1]

淳和麦

醉酒效果：淳和麦酿制的酒可以让人醉数月，使人进入一种类似于深度睡眠或冬眠的状态。

抗寒效果：食用淳和麦的人冬天不怕冷，可能含有能调节体温或增强身体耐寒能力的成分。

《尸子》记载：昆仑山上长着一种叫做玉红的草，吃了它的果实后会感到醉意，并且可以睡上三百年才醒来。[2]

玉红草

醉酒效果：食用玉红草的果实会醉倒，并进入长达三百年的沉睡状态，这种醉酒效果极为持久。

苏醒时间：醉倒后的人在三百年后才苏醒，表明这种果实可以极大地延缓生理活动。

《博物志》引《援神契》记载：有一神宫，里面住着神人，还有

1 - 有淳和麦，面以酿酒，一醉累月，食之凌冬不寒。（《拾遗记》）

2 - 赤县州者，实为昆仑之墟……玉红之草生焉，食其一实而醉，卧三百岁而后寤。（《尸子》）

许多麒麟、灵芝和神草。还有一泉水叫英泉，人喝
了，就一觉睡过去，三百年后才醒来。[1]

英泉水

长时间沉睡：饮用英泉的水后，人会进入长达三百年的沉睡状态。

延缓衰老：在沉睡期间，人不会死亡，暗示英泉可能具有延缓
衰老或维持生命体征的功能。

这些想象反映了人们对于时间流逝的感知和对于长寿、长时间
沉睡的憧憬。在现实世界中，虽然没有让人一醉数年的酒或者果实，
但可以看到一些与此类似的现象，比如医学上的冬眠状态或者使用某
些药物可以让人暂时失去对时间的感知，等等。无论是古代传说中的
淳和麦、玉红草和英泉水，还是现代科学中的催眠药物和冬眠技术，
核心都是为了实现长时间的睡眠状态，以保存体力和延缓衰老。

催眠与麻醉：现代药物如麻醉剂和催眠药物可以使人长时间保
持昏迷或深度睡眠状态。这些药物通过作用于中枢神经系统，
减缓新陈代谢。

长效催眠：现代催眠药物和麻醉剂可以使人进入深度睡眠，不
过时间通常是数小时至数天。研究人员正在探索更长效的催眠
方法，通过基因调控和新型药物，可能延长睡眠时间。

古人有没有关于一个人进行了长时间睡眠之后醒来情况的想象
呢？也是有的，比如清代《子不语》中就讲了这样一个故事：

相传阴沉木是天地开辟之前的树木，埋在泥沙中，经历了天地
的多次变迁，又重新出现在地表，即使再次埋入土中也能万年不坏。
它的颜色深绿，纹理如同织锦。将一片阴沉木放在地上，百步之外
的地方都没有蚊蝇飞过。

康熙三十年，天台山崩塌，从沙中涌出一口棺材，形状奇特：
头部尖而尾部宽，高达六尺多。懂行的人说："这是一口阴沉木棺
材，一定有异。"打开棺盖，里面有一个人，他的眉目口鼻与木的颜

色相同，手臂腿部与木的纹理相同，且全身都没有腐坏。忽然，那人睁开眼仰视天空，问道："这青青的东西是什么？"众人答道："是天。"他惊讶地说："我当初在世时，天没有现在这么高。"话说完，眼睛又闭上了。人们争相把他扶起来。全城的男女都来看这位盘古以前的人。忽然风起，他变成了石人。棺材被当地的县令得到，转献给了制府。我（书作者）怀疑这个人是上古天地将混沌时的人。

纬书上说："万年之后，天可倚杵。"盘古开天辟地后，轻而清的东西缓缓上升，形成了天，重而浊的东西逐渐下降，变成了地。这一过程非常缓慢，直到万年之后，天和地之间的距离才勉强能够立下一根木杵（杵是古代用来舂米的工具，通常是指长而坚硬的棒子，长度在 1 米到 1.5 米之间），天地之间的距离是随着时间的流逝而不断变大的。这个人说天从前没有现在这么高，这话应当是真的。

这个故事中的阴沉木棺椁简直如同科幻电影中的休眠仓。

特　征	阴沉木棺椁	科幻电影中的休眠仓
来源	清代《子不语》	现代科幻作品
材料	天地开辟前的阴沉木	高科技合金、冷冻材料、密封装置
保存时间	数万年	数年到数百年
保存原理	自然防腐、超长时间不腐烂	冷冻技术、药物、基因调控
保存状态	人体颜色与木纹相同，保存完好	人体新陈代谢减缓，生命体征维持
苏醒时间	万年后	预定时间或目标星球到达时
苏醒后的反应	惊叹于天的高度变化	适应新环境，恢复正常生活和工作
应用场景	神话传说，体现对时间和生命的探索	星际旅行、长时间航行，节约资源和延缓衰老
故事意义	反映古人超越时间的幻想	探索未来科技与人类生存的可能性，体现人类的冒险精神

88

古人想象的超级能量食物

要是吃一顿，可以好几顿不用吃就好了，古代有着诸多此类"超级能量"食物的想象。

1-鸟哀国，有龙爪薤，长九尺，色如玉。煎之有膏，以和紫桂为丸，服一粒，千岁不饥，故语曰："薤和膏，身生毛。"（《洞冥记》）

有龙肝瓜，长一尺，花红叶素，生于冰谷。所谓冰谷素叶之瓜。仙人瑕丘仲采药，得此瓜，食之，千岁不渴。瓜上恒如霜雪，刮尝，如蜜滓。及帝封泰山，从者皆赐冰谷素叶之瓜。（《洞冥记》）

东汉《洞冥记》记载：鸟哀国有一种龙爪薤，长九尺，颜色如玉，用它做成膏，和着紫桂制成丸，吃一粒就可以千年不饥饿。冰谷有一种素叶之瓜，叫龙肝瓜，吃了之后可以千年不用喝水。这种西瓜外皮上总是有霜雪一样的东西，刮下来尝一尝，味道极美，可比蜂蜜。[1]

龙爪薤

外观：长九尺（约2米），颜色如玉。

用途：煎熬成膏，混合紫桂制成丸。

功效：服用一粒，可以千年不饥，长期服用会使人体表面长出毛发（"身生毛"）。

龙肝瓜

外观：长一尺，花红叶素，生于冰谷。

特性：瓜皮上有霜雪般的物质，味道如蜂蜜。

功效：吃了可以千年不渴，称为"仙人之瓜"。

东晋《拾遗记》记载：汉宣帝地节元年，有背明之国来进贡，据说其国日出在西方。这个国家进贡了一种清肠稻，吃一粒，可以一年不用吃东西，还有一种紫菊，味道甘甜，吃了之后，到死都不用吃饭喝水了。[1]

清代《镜花缘》中也提到这个"背明国"，称呼其为"背阴国"，说此国进贡来的"清肠稻"，每食一粒，终年不饥。这米一粒宽五寸，长一尺。

1-宣帝地节元年，乐浪之东，有背明之国，来贡其方物。言其乡在扶桑之东，见日出于西方。其国昏昏常暗，宜种百谷，名曰"融泽"，方三千里。……清肠稻，食一粒历年不饥。……有紫菊，谓之日精，一茎一蔓，延及数亩，味甘，食者至死不饥渴。
（《拾遗记》）

《镜花缘》中的故事情节

林之洋说道："九公，你看前面那片树林，树木又高又大，不知是什么树，我们过去看看。如果有新鲜的果子，摘几个回来，不是很好吗？"于是他们一起走进了茂密的树林。迎面有一株大树，高达五丈，粗有五围；树上没有枝节，只有无数像稻穗一样的东西，每穗有一丈多长。

唐敖说："古时候有'木禾'的说法，现在看这树的样子，难道这就是木禾吗？"多九公点头说道："可惜现在稻还未成熟。如果能带几粒大米回去，倒是罕见的东西。"唐敖说："往年结的稻大概都被野兽吃掉了，地上一颗都没有。"林之洋说道："这些野兽即使嘴馋，也不至于把每颗都吃光了。我们就在草丛中搜寻一下，一定要找出来，长长见识。"说完，各处寻找。

不一会儿，林之洋找到一颗大米，说："我找到了！"二人走上前观看，只见那米有三寸宽，五寸长。唐敖说道："这米如果煮成饭，岂不是有一尺长？"多九公说："这米算不了什么！我以前在海外，曾吃过一粒大米，足足饱了一年。"林之洋说："这么说，那米一定有两丈长了？当时怎么煮它？这话我不信。"多九公说："那米宽五寸，长一尺。煮出的饭虽然没有两丈，但吃过后满口清香，精神大增，一年都不饿。这话不仅林兄不信，当时我自己也觉得奇怪。后来听说当年宣帝时背阴国献的方物中，有'清肠稻'，每吃一粒，终年不饿，才知道当时吃的可能就是清肠稻。"林之洋说："怪不得现在的人射箭，每次射出的箭离靶子还有一两尺远，他却大为可惜，只说'差得一米'。我听了非常疑惑，以为世上哪有那样的大米。现在听九公这么说，才知道他说的'差得一米'，其实是煮熟的清肠稻！"[1] 唐敖笑道："'煮熟'这两个字未免太过了，如果射歪箭的人听到这话，只怕嘴都要笑歪了。"

1-这段话的言外之意主要在于讽刺和幽默，林之洋提到"差得一米"，然后误解为"大米"，实际上是一种故意的曲解和幽默表达。这句话隐含的意思是批评那些射箭技术不佳的人，他们射偏了却不以为然，反而以"差得一米"这种轻描淡写的方式来掩饰自己能力不足的事实。

2-都夷香如枣核，食一片，则历月不饥。以粒如粟米许，投水中，俄而满大盂也。（《洞冥记》）

清肠稻

外观：《拾遗记》未具体描述外观。《镜花缘》描述为一粒宽五寸（约 18 厘米），长一尺（约 35.5 厘米）。

功效：吃一粒可以一年不用吃东西，终年不饥。

紫菊

外观：一茎一蔓，延及数亩。

功效：味道甘甜，吃了之后，到死都不饥渴，不用吃饭喝水。

东汉《洞冥记》记载：有一种食物叫都夷香，像枣核，吃一片，可以一个月不饿，而且在水中投入像小米样大小的，瞬间膨胀塞满大盆。²

都夷香

外观：如枣核。

功效：吃一片，可以一个月不饿。在水中投入像小米大小的颗粒，瞬间膨胀塞满大盆。

明代《南游记》记载：华光被铁扇公主打败，遇到一位老仙人，老仙人请他吃饭，拿出七个干饭粒，华光吃了四粒就饱了。

《南游记》中的故事情节

老仙人叫人拿来七粒干饭，让华光吃。华光心想："这个道人真可恶！我肚子这么饿，怎么就给我七粒饭？"于是华光不吃。老仙人说："元帅，你吃不完的！"华光微笑着想，先吃着看看再说吧。他吃了四粒，肚子就饱了。于是他还给老仙人三粒，说："多了。"老仙人笑着说："刚才元帅嫌少，怎么现在还退三粒？"华光说："我不懂这种宝物的奇妙。"

这些记载都展示了古人对于"超级食物"的幻想：这种食物不仅可以在极小的体积内包含巨大的能量，还能长时间地满足人的营养需求。在现实生活中，虽然我们还没有达到这种理想状态，但现代科技在压缩食品和营养补充方面已经取得了显著进展。例如，太空食品和高能量营养棒等产品，虽然不能让人几个月甚至几年不饿，但在某种程度上实现了古人对压缩食物的部分期望。

89 / 古人想象的外卖点餐

我们现在有外卖点餐，古人也有诸多点餐设备的想象。

唐代《酉阳杂俎》记载了一个可以用于点餐的"金锥子"：有兄弟二人，分家后，弟弟家财很多，哥哥则很贫苦。有一次，哥哥夜晚在山中看到一群小孩，其中一个小孩拿着一个金锥子，问其他人，要什么。一个孩子说，要酒。只见拿金锥子的小孩用锥子敲打石头，就变出了酒和酒器。又有一个孩子说，要食物。他又用金锥子敲打石头，就出现了饼、烤肉、汤等各种食物。他们吃饱喝足之后，就把金锥子藏在石缝中离开了。哥哥把它偷偷拿回家，想要什么，就用它敲打石头，东西就会出现，从此也富裕了起来。弟弟知道后，也想要这样一个东西，于是上山去找，结果碰到了锥子的主人们。因为哥俩长得很像，锥子的主人把他认成了小偷，把他的鼻子变长，变成了大象的鼻子。[1]

1－－小儿云："尔要何物?"一曰："要酒。"小儿露一金锥子，击石，酒及樽悉具。一曰："要食。"又击之，饼饵羹炙罗于石上。(《酉阳杂俎》)

点餐金锥子

▶ 功能特性

变酒与酒器：小孩用金锥子敲打石头，立刻变出酒和酒器。

变食物：小孩再次敲打石头，出现了饼、烤肉、汤等各种食物。

个人定制：金锥子能根据需要不断变出各种物品，你要什么，点什么，就能出现什么。

宋代《太平广记》记载：唐宣宗曾经赏赐轩辕集橘子。轩辕集说："我山下的橘子，比这个更好吃。"宣宗说："我没有那样的橘子。"轩辕集拿了皇帝面前的碧玉杯，用宝盘盖住。不一会儿，盘子揭开，橘子就出现了，香气弥漫整个大殿，个头非常大。宣宗品尝后，感叹这橘子的甜美无可匹敌。[1]

点水果盘子

▶ 功能特性

点水果：说出需要，等一会，就能变出需要的水果，满足使用者的需求。

明代神魔小说《南游记》中说白莲尊者有"金钵盂"，只要对着它说来饭，里面就会出现饭。[2]

点饭金钵盂

物主：白莲尊者。

外观：豪光闪闪，紫雾腾腾。

特殊功能：只要对着金钵盂说来饭，里面就会出现饭。

清代《夜谭随录》记载：有一位私塾老师姓王，他会戏术。有一次与客人夜饮，客人说，要是有鲜鱼汤喝就好了。老王说，这很容易。他让一童子拿着一个篮子，闭着眼睛在地上走来走去，并且边走

金钵盂

边做出摸鱼的动作。过了一会，老王说，停，可以了。果然童子就从篮子里拿出一条大约一尺长的鱼，烹饪后，味道非常鲜美。有人问童子，鱼是怎么来的。童子说，自己的手就像在水中划动一样，从水中摸到了这条鱼。又有人想吃市场上的菜肴，老王

1-更尝赐柑子。曰："臣山下者，有味逾于此。"宣宗曰："朕无得矣。"集遂取御前碧玉瓯，以宝盘覆之。俄而彻盘，即柑子至矣。芬馥满殿，其状甚大。宣宗食之，叹其甘美无匹。(《太平广记》)

2-又有白莲尊者献上金钵盂一个，奏曰："臣此钵盂能藏数万神兵，呼饭出饭，饿鬼一食，止饥三年。豪光闪闪，紫雾腾腾。"(《南游记》)

把等值的钱放在篮子里，仍然让童子做相同的动作，不一会，"购买"的菜肴就从篮子里拿出来了，这些饭菜就像是刚出锅的，还热得烫嘴。[1]

点生鲜篮子

▶ 功能特性

获取鲜鱼：只需让童子拿着篮子闭着眼睛在地上走动，做出摸鱼的动作，过一会儿篮子里就会出现一条大约一尺长的鲜鱼。

获取菜肴：将等值的钱放在篮子里，再让童子闭目走动，篮子里会出现市场上购买的各种菜肴，这些菜肴就像是刚出锅的一样，还热得烫嘴。

《清稗类钞》记载：清代有一个叫郭瑞亭的人，会幻术，有一天他和朋友相聚，两个人聊天到很晚。大概到后半夜了，郭瑞亭问朋友想不想喝酒，朋友说，你准备酒了？郭瑞亭说，没有，但我可以现在买来。他把数百枚铜钱和一个空酒壶放在桌子上，然后盖上毛巾，口中念念有词。念完之后，两个人就继续聊天。过了一会，他把毛巾揭开，酒壶已经装满了酒，桌子上还有一些下酒菜，酒喝起来没有异样，再看钱，已经不见了。[2]

点餐巾

▶ 功能特性

即时变酒：将铜钱和空酒壶放在桌子上，用点餐巾盖住，念咒语后揭开，酒壶里会装满酒。

变出下酒菜：同时，桌上还会出现一些新鲜的下酒菜，仿佛刚从市场上买来的一样。

　　　　　古人的生活"科技"系统

自动支付：施术后，原本放在桌上的铜钱会消失，仿佛是用来支付酒菜的费用。

属性	私塾老师的戏术	郭瑞亭的幻术	在线订购与即时配送
故事出处	《夜谭随录》	《清稗类钞》	现代科技应用
主角	私塾老师姓王	郭瑞亭	在线订购平台（如美团、饿了么等）
情节	私塾老师让童子闭眼模拟摸鱼动作，从篮子里拿出鲜鱼和菜肴	郭瑞亭念咒语，铜钱变成酒和下酒菜	用户通过手机应用订购食物和饮料
操作方法	童子闭眼绕地走，模拟摸鱼和购买菜肴的动作	念咒语并盖上毛巾，过一会揭开毛巾	用户通过手机应用选择商品并支付
特殊功能	从篮子里"摸"出新鲜鱼和市场上的菜肴	从空酒壶中变出酒和下酒菜	快速送达订购的物品
实现方式	戏术	幻术	智能手机应用程序、即时配送服务
物品获取时间	即时	即时	通常在数十分钟到一小时内
物品品质	新鲜的鱼和刚出锅的菜肴	满壶的酒和热腾腾的下酒菜	由餐厅或商店提供的食物和饮料
应用场景	宴会、聚餐等需要即时获取食物的场合	深夜聚会，需要即时获取酒和下酒菜	日常生活中的食物等物品购买
实现原理	通过戏术	通过幻术	现代物流系统、无人机配送、智能家居设备

除此之外，古人还有类似送餐智能机器人的想象。

唐末五代杜光庭《神仙感遇传》记载：王子芝喜欢喝酒，有一天他遇到一个砍柴人，相貌非比寻常。王子芝买了他的柴，和他成了朋友。两个人一起喝酒，砍柴人说：我知道你喜欢喝酒，我们现在喝的这酒不如解县石氏的酒好。王子芝说：石氏的酒真的那么好吗，能拿来让我尝尝吗？只见砍柴人把一个符放在火上，有烟出来，烟气中有一个小僮仆。砍柴人嘱咐他领着王子芝的仆人、提着器皿去石氏那打酒。当时天已经黑了，门也已经关上，小僮仆施法，带着仆人和酒壶从门隙出去，瞬间到了解县，打完酒瞬间又回来了。

清代《夜谭随录》记载了一种叫褦襶（nài dài）的兽，通体乌黑，无头无面无手足，只有两个雪白的眼珠和鸟一样的嘴。一家主人和它建立了良好的关系，叫它走它不走，叫它来一叫它就出现。有一天夜晚，家人都睡了，主人想喝酒，就戏言叫褦襶去买酒，把钱和瓶子交给它，过了一会，它就把酒买回来了，主人大喜。自此以后，凡是需要零星物件，只要把钱给这个怪物，它就能自动买回来。市场上的商家没人见过褦襶，只是奇怪屋里的东西少了，但多出了相应的钱。

古人对超自然力量的想象，往往是对理想生活方式的追求。而现代外卖服务则通过科技手段，逐步实现了这些理想。

90

古人想象的自动补充饮食器

汉末《神异经》记载：西北荒远的地方，有一种玉馈酒，味道纯美，清澈透明。这种酒来自一个长宽一丈、深三丈的天然酒池。酒池上有玉石酒杯和玉石盘子，盘子里有下酒菜，酒杯里注满了酒，你拿走一杯酒，池边就会马上又自动生出一杯，永远拿不完，酒池也永远没有干涸的时候。[1]

1-西北荒中有玉馈之酒，酒泉注焉。广一丈，深三丈，酒美如肉，澄清如镜。上有玉樽、玉笾，取一樽，复生焉，与天同休，无干时。石边有脯焉，味如麋脯。饮此酒，人不生死。（《神异经》）

玉馈酒池

大小：酒池的长宽为一丈，深度为三丈。

酒质：酒味纯美，清澈透明，类似肉汁的鲜美感，澄清如镜。

取之不尽，用之不竭：每当取走一杯酒，池边就会自动再生出一杯酒，酒池永远不会干涸。

玉樽和玉笾

玉质：玉石制成的酒杯和食器，酒杯盛酒，食器盛肉脯。

自动再生：当有人拿走一杯酒，酒池边会立即再生出一杯新的酒，维持酒池上酒杯的数量不变。

东晋《神仙传》记载：左慈到了刘表那里，要犒赏刘表的三军，刘表说自己人多，你犒赏不过来，左慈坚持要犒赏。刘表派人去取，有一坛酒，一束肉干，结果十多个人一起用力，却搬不动。于是左慈亲自送到军营，用刀削肉，用坛子倒酒，数万士兵，每个人都能喝到三杯酒，吃到一片肉，跟日常的酒肉味道没有区别。再看左慈带来的那坛酒和那束肉，居然一点都没有减少。

清末《八仙得道传》记载：后羿到月亮上伐娑婆树，树上挂着一个篮子，后羿吃了篮子里的饭菜，篮子就会自动又生出新的饭菜，总也吃不完。

《八仙得道传》中的故事情节

后羿想到："反正工程已经完成，事情已经了结，马上就可以回去了，何必瞎操心。现在既有好酒好饭，不妨先吃了它，再起身去找那吴刚老人，还怕他不好好补请我吗？"于是，他把篮中的酒倒了出来，畅饮一番，再把饭送入口中。

说来也奇怪，空篮子里又自动装满了一篮白饭和一瓶酒。后羿高兴地说："原来这篮子这么神奇！等会见到吴刚老人，非求他割爱送给我不可！"于是他放大胆子，撑开肚子，一连吃了三百五十多篮，这才觉得腹中饱满，十分舒适。再看那篮子，还是和刚才一样，满满的一篮鲜甜的白饭和一瓶芬芳的好酒。后羿笑道："好家伙，这么好玩的东西，如果带在身边，走遍天下都不用担心没有粮食！"

神奇篮子

▶ 自动再生

新鲜白饭：篮子里总是装满新鲜的白饭，无论怎么吃，白饭都会自动补充。

芬芳美酒：篮子里还装有芬芳的美酒，喝完后也会自动再生。

▶ 永不枯竭

无穷的食物和酒水：篮子内的食物和酒水取之不尽，用之不竭，无论吃喝多少次，篮子始终保持满满的状态。

▶ 便携性

随身携带：篮子体积适中，可以随身携带，后羿认为带着这个篮子走遍天下都不用担心粮食问题。

类似功能器物的想象，在古代的记载中还有很多。如：

东晋《神仙传》记载：壶公请费长房喝酒，他的酒器如同蚌大，但里面的酒总也喝不完。

唐末五代杜光庭《墉城集仙录》记载：广陵有位卖茶的老太太，她每天拿着一器皿在街市卖茶，从早到晚，人都争着买，生意红火。奇怪的是，她卖了一天的茶，器具中的茶就像刚熟一样（唐代流行煮茶），从来不会减少。

宋代《江淮异人录》记载：有一位叫潘宸的，是大理评事（官名，职责是判案）潘鹏的儿子，有一次他要过江到金陵，碰到一位老人，想搭船过江，潘宸答应了。当时下着大雪，二人在船中同饮，喝着喝着酒没了。潘宸后悔上船前酒买少了，不能尽兴。老人说，我这也有酒。他从发髻上拿下一个小葫芦，葫芦很小，但酒却源源不断，怎么喝也喝不完。

酒葫芦

明代《吕祖志》记载：宋高宗绍兴年间，有几个人正在宴会，这时候出现了一位道人。道人拿出可容二升的锡瓶，给每个人斟酒，这锡瓶中的酒，不用加热，自动保暖，味道醇美，而且看上去里面就剩下一杯酒了，但倒出来，酒总也倒不完。

这些故事展示了人类对于自动化、无限供应的向往和幻想。根据古人的想象，我们或许可以开发一种"智能自助餐设备"：用户可以通过语音助手或手机应用选择所需的食物，设备则会自动检测并补充，确保永不停歇的供应。

未来科技：智能自动餐设备

古人的速成酿酒器

1-青田核，莫知其树实之形。核
大如六升瓠，注水其中，俄倾水
成酒。一名青田壶，亦曰青田酒。
蜀后主有桃核两扇，每扇着仁处，
约盛水五升。良久，水成酒，味
醉人。更互贮水，以供其宴。即
不知得自何处。(《酉阳杂俎》)

乌孙国有青田核，得水则有
酒味，甚淳美如好酒。饮尽随更
注水随成，不可久，久则苦不可
饮。名曰"青田酒"。(《太平御
览》引《古今注》)

乌孙国有青田核，莫知其木
与实，而核如瓠，可容五六升，
以之盛水，俄而成酒。刘章曾得
二焉，集宾设之，一核才尽，一
核又熟，可供二十客。名曰青田
壶。(《鸡跖集》)

唐代《酉阳杂俎》、宋代《太平御览》引《古今注》、宋代《鸡跖集》、清代《阅微草堂笔记》等文献都记载了一种"青田核"，它应该是一种树的果实的核，剖开后，里面可以装五六升水，倒上水，就变成了酒，淳厚良美，可以醉人，喝完后再倒水，就又有酒了。如果有两个核，就可以替换着喝，喝完一个，另一个就酿好了，这样差不多能供得上二十人的聚餐用酒。里面的酒不能放太久，太久了就不能喝了，会变苦。这种酒叫青田酒。[1]

青田核

形状与容量：青田核形似六升容量的葫芦，每个核能够容纳五升水。

转化过程：注入水后，青田核会在一段时间内将水转化为淳厚美酒。

使用方法：若有两个核，可以交替使用，一个核中的酒喝完后，另一个核中的水就已转化为酒。这样可以为二十人的聚餐提供酒水。

保存条件：青田酒不能长时间存放，超过一定时间后会变苦，无法饮用。

应用案例：蜀后主有两扇桃核，有同样的功能，可能就是青田核；刘章曾用两个青田核招待二十个宾客。

基于古人的创意，未来我们或许可以发明类似的"智能酿酒"设备，比如它可以具备以下的功能：

自动化酿酒流程：从注水到成酒一气呵成，使用高科技传感器和自动化系统控制发酵过程。

多种酿酒模式：用户可选择不同的酒类和口味，设备内部可存储多种发酵菌种和配方。

无线控制：通过手机应用调节酿造参数和酒的度数，用户可以远程监控和操作设备。

实时监控和提示：提供酿造过程的实时监控，确保最佳酿造效果，并提醒用户最佳饮用时间。

清代《聊斋志异·真生》记载：真生有一个没有底的大玉杯，喝酒的时候酒不多了，就另拿一个小杯子舀点酒放进无底玉杯，玉杯里就会充满酒，然后可以用小杯子把大玉杯的酒慢慢地倒换到酒壶中。无论怎么从大玉杯里舀酒，大玉杯的酒都不会减少。[1]

1-酒欲尽，真搜箧出饮器，玉卮无当，注杯酒其中，盎然已满；以小盏挹取入壶，并无少减。（《聊斋志异》）

未来科技：智能酿酒器

无底玉杯

材质：由珍贵的玉石制成，外观晶莹剔透。

特点：无底的设计使其看似无法盛酒，但实际上却拥有神奇的自充盈能力。

使用方法：当宴席上的酒快要喝尽时，主人只需从其他容器中舀取少量酒倒入无底玉杯中，玉杯便会自动充满酒。可以反复从中舀取酒液，而酒量始终不减。

无底玉杯的自充盈特性类似于现代的自动饮料分配器和无限续杯的饮料机器。现代设备通过先进的传感器和自动化技术，已经实现了持续供给饮料的功能。

▶ 现代技术

自动饮料分配器：这些设备通常连接到大型饮料储存罐，通过传感器检测前端容器的液位，当液位下降到一定程度时，自动补充饮料，保持饮料供应不断。

无限续杯的饮料机器：类似自动饮料分配器，利用传感器和自动补充系统，确保饮料供应持续。用户可以不断取用饮料，而无需担心饮料耗尽。

92 / 古人想象的速成食物技术

我们现在有速成食物，古人可能想象要有一种速生食物就好了，那样就可以很快地解决温饱问题了。在这样的心理需求之下，就诞生了很多相关的传奇故事。

唐代传奇《板桥三娘子》记载：板桥旅店的老板娘，人们称呼她为三娘子，她给客人做饭的时候，从箱子里拿出耕种用的耒耜和一个木牛，一个木偶人，这些都差不多有六七寸。三娘子把它们放在灶前，用水一喷，人和牛就都能活动了，小人牵着牛驾耒耜，在床前的一席之地开始种荞麦籽。不一会就发芽了，又过了一会儿就可以收获粮食了。等小人收割了七八升，磨成面。三娘子就把木人、木牛放回到箱子里面，再用这些面做烧饼，等天亮的时候，给顾客们送去吃。[1]

据说诸葛亮的妻子也会这样一种法术，诸葛亮在隆中没出山的时候，有朋友来做客，他让妻子去做饭，结果客人屁股还没坐热，饭就熟了。后来再有客人来，他就偷偷去看，发现妻子指挥数十个木人在磨面，他向妻子求得此方术而制作了木牛流马。

1－偶于隙中窥之，即见三娘子向覆器下取烛，挑明之。后于巾厢中，取一副耒耜，并一木牛，一木偶人，各大六七寸，置于灶前，含水噀之。二物便行走，小人则牵牛驾耒耜，遂耕床前一席地，来去数出。又于厢中取出一裹荞麦子，授于小人种之。须臾生，花发麦熟，令小人收割持践，可得七八升。又安置小磨子，磑成面讫，却收木人子于厢中。即取面作烧饼数枚。有顷鸡鸣，诸客欲发，三娘子先起点灯，置新作烧饼于食床上，与客点心。（《板桥三娘子》）

木 牛

北宋徐铉《稽神录》记载：大梁的一家客店里住着一位卖皂荚的客人，皂荚是古代日常所用的洗漱用品，相当于现在的洗发剂、洗衣粉。另外皂荚果实也可以吃，消食开胃。这位商人的皂荚质量好，非常饱满，和一般常见的不一样，所以生意也不错。他卖得很多，但不见他上货。

一个好奇的人便偷偷住在他隔壁，到了晚上，通过墙上的小洞观察。只见商人正用锄头翻开自己床前几尺见方的地方（古代不像我们现在屋里都是水泥地或者有地板，古人的房间里一般就是硬化的土地），先是用锄头把地整治松散，然后拿出几颗皂荚种子就种在了土里。不大一会儿，土里就生长出皂荚小苗，紧接着，皂荚的幼苗就又迅速长成皂荚树，拂晓时，树上挂满了果实。商人动手采摘，然后把皂荚树伐倒，劈碎烧了。天光大亮，他便带上皂荚出了门，从此不知道去了哪里。[1]

1-大梁逆旅中有客，不知所从来。恒卖皂荚百茎于市，其荚丰大，有异于常。日获百钱，辄饮而去。有好事者知其非常人，乃与同店而宿。及夜，穴壁窥之。方见锄治床前数尺之地甚熟，既而出皂荚实数枚种之。少顷即生，时窥之，转复滋长，向曙则已垂实矣。即自采撷，伐去其树，剉而焚之。及明携之而去。自是遂出，莫知所之。(《太平广记》引《稽神录》)

明代小说《南游记》记载了一种神奇的器物——蓝采和的金线篮，这个金线篮具有催熟功能，可以使未熟的果实瞬间成熟。

《南游记》中的故事情节

蓝采和的金线篮

蓝采和献上了一只金线编织的篮子说："陛下，这只篮子扔到空中，就能装下整个世界。不论是什么还未成熟的蔬菜水果，只要放进篮子里，就会自然成熟。而且人坐在篮子里，其他人是看不见他的。"

清代《女仙外史》记载：月君取出干荔枝核种下，念咒语就能让其迅速生芽，然后长出一颗荔枝树，荔枝树又能迅速结满了鲜荔枝。鲍姑书符五道，命人取一大缸水，焚符后，龙眼树从空中飞下，插入水缸，开花结果，成熟后众人摘取分享，随后树逐渐缩小消失。

《女仙外史》中的故事情节

月君喝了一口茶，说道："这是武夷山的好茶，我去取一些福建的鲜荔枝给你们尝尝。"董𫐉说道："福建离这里有数千里远，而且现在荔枝还没有结果，大仙您是在逗我们这些凡人玩吧。"彦果斥责道："不要胡说！快来跪下。"董𫐉说道："给我一枚荔枝尝尝，我就跪一年。"月君笑道："不必跪，去摘荔枝吧。"接着，月君从盘子里取出干荔枝的核仁，吹了一口气，然后用手指在武夷茶杯上画了一个虚符，让兄弟俩用左手接住核仁，到庭院里种下，并用茶浇灌三次，同时默念："太阴娘娘有旨，火速生芽！"两兄弟高兴地照做。

茶刚浇完，土里就长出了芽来。董𫐉惊讶地说道："真是神奇，但不知何时才能长成大树！"话音未落，芽忽然长到一尺多高，众人都大吃一惊。片刻间，枝叶布满了庭院，竟变成了一棵大树。花刚开，果实就结了。看着枝上垂下的无数鲜荔枝，小兄弟俩急忙跪下磕头。

月君吩咐把荔枝全部摘下。彦果等人纷纷动手，摘了三大盘，摆在桌上。月君和妙姑各得十来枚，董家的家属各得三四枚。分完之后，只剩下十一枚，月君取了一枚向空中一掷，喊道："去！"庭中的荔枝树立刻消失了。……

鲍姑书写了五道符，走到庭院中间，命人取来一大缸水。她先焚烧一道符投入水中，又烧两道符抛向空中。只听得呼呼风响，一棵龙眼树从空中飞下，端端正正地插在水缸里。接着，她又焚烧了两道灵符，龙眼树一边开花，一边结子，很快就成熟了。她命令摘下两篮龙眼，之前那样分给众人。龙眼树渐渐缩小，最终消失不见。

故事人物	工　具	催　熟　过　程
板桥三娘子	微型的耕种工具（耒耜）、木牛和木偶人	用水喷洒，木偶人和木牛开始耕种荞麦，短时间内完成发芽、生长、收割的全过程
逆旅客	锄头	种子在短时间内迅速发芽、生长成树，并结果

故事人物	工　具	催　熟　过　程
蓝采和	金线篮	未熟的果实放入篮中即刻成熟
月君	灵符、武夷茶、大缸水	念咒语或焚符后，荔枝核仁迅速发芽、生长成大树、开花并结果

与这些用"法术"将种子一夜长成食物异曲同工的，是古典笔记小说中记载的"幻术"表演。

东晋《搜神记》记载：三国时期吴国有位徐光，有一次他在市场向一位卖瓜的人求一个免费瓜，卖瓜的人不给，只给了瓜籽。徐光就在卖瓜人面前的一块地上开始种瓜，不少好奇的人都过来围观。只见一会儿，地上就有了瓜苗，接着很快爬蔓，开花，结果，成熟。他把成熟的瓜拿起来吃，还让周围观看的人一起吃瓜。卖瓜的人看到免费瓜，自己也去吃。可是没想到吃瓜吃到自己身上了，因为等他回到摊位，发现自己要卖的那些瓜都没了。

在《聊斋志异》中有个类似的故事，只不过种瓜变成了种梨。

《聊斋志异》中的故事情节

市场上有位卖梨的人，他的梨香甜可口，但价格太贵。有位道士穿着破衣服行乞，希望能得到一个梨，卖梨的人让他走远点。道士说，你的车上有数百个梨，就给我一个吧，对你也没有什么损失。围观群众都劝卖梨的说，就给他一个坏的让他走吧。卖梨的人执意不肯。

有人看道士可怜，就自己出钱买了一个梨给道士，道士表示感谢，并说自己也有好梨，要请大家吃。有人说，既然你有梨，干嘛还来乞讨梨。道士说因为我需要这个梨作为种子。他把刚才拿到的梨吃完，把梨核种在了地上，又向围观的人要些水浇灌。看热闹不嫌事大那些人，居然给了他热水，道士就把这热水浇灌在刚埋梨核的地方。

只见，发芽长大，然后渐渐长成了树，开花结果，一瞬间，满树都是香喷喷的大梨。道士摘下来，给围观等待吃梨的群众。分完梨之后，道士把树伐了，然后拿着梨树就从容走了。

　　道士种梨、分梨的时候，那位卖梨的也去看，等道士走了，他回到自己的摊位，看到自己车中的梨，都没有了。这才醒悟，原来刚才道士分的梨都是自己的，而道士伐的梨树，乃是自己的车把子。

项　目	《搜神记》故事	《聊斋志异》故事
故事背景	三国时期吴国	清代
主要人物	徐光	道士
请求物品	瓜	梨
被拒绝情况	卖瓜的人不给瓜，只给了瓜籽	卖梨的人不愿给道士一个梨
获得物品的方式	徐光向卖瓜的人索取了一粒瓜籽	围观群众出钱买了一个梨给道士
种植过程	徐光当场种下瓜籽，瓜苗迅速生长、开花、结果并成熟	道士当场种下梨核，梨树迅速生长、开花、结果，并成熟
围观者	好奇的人围观徐光种瓜并参与吃瓜	围观的人提供热水浇灌梨树并参与吃梨
结果	徐光和围观者吃了成熟的瓜，卖瓜人的瓜不翼而飞	道士和围观者吃了成熟的梨，卖梨人的梨不翼而飞
卖主的反应	卖瓜的人自己也去吃瓜，后来发现自己要卖的瓜都没了	卖梨的人后来发现车中的梨都没了，道士拿走了自己的车把子

　　现代科技在植物快速生长以及瓜果蔬菜催熟方面虽然已有一定进展，但要实现像传说中那样神奇的效果，还需要更多的研究和技术突破。

方 法	说 明	适用水果和蔬菜
乙烯催熟	乙烯是一种天然植物激素，可加速水果和蔬菜成熟	香蕉、番茄
气调贮藏（CA 贮藏）	通过调节贮藏环境中的氧气、二氧化碳和氮气比例，以及控制温度和湿度，可减缓或加速水果和蔬菜的成熟过程	苹果、梨
温度控制	通过调节储存和运输过程中的温度，可减缓或加速水果和蔬菜的成熟	柿子
物理处理	通过机械处理或物理手段破坏水果表皮，释放内部乙烯，加速成熟	猕猴桃
化学处理	使用化学药剂如乙烯利（Ethephon）处理水果，释放乙烯加速成熟	香蕉、柿子
激素处理	使用植物激素如赤霉素（GA）和细胞分裂素（CK）调节水果和蔬菜的生长和成熟	葡萄、草莓

借助古人的想象力和未来科技，我们或许在不久的将来可以发明出一种"智能水果催熟器"——不仅可以催熟水果，或许还可以附带水果品质检测、营养分析等功能。

未来"智能水果催熟器"的设想

▶ 外观设计

形状：设备形状类似一个小型柜子，可以容纳多个水果。

材质：使用高强度玻璃和金属外壳，内部采用食品级不锈钢，易于清洁。

显示屏：设备正面配有一个触摸屏，显示当前状态、温度、湿度等信息。

▶ 使用方法

装载水果：用户将需要催熟的水果放入设备中，并选择相应的水果类型。

设定参数：设备根据水果类型自动设定最佳催熟参数，用户也可以手动调整。

启动设备：设备开始工作，通过传感器监测环境，并进行智能调整。

监控过程：用户可以通过触摸屏或手机应用程序实时查看催熟过程中的各项数据。

完成催熟：设备发出提示音，通知用户水果已达到最佳成熟状态，可以取出食用。

▶ 设备特色

多种模式：提供快速催熟、自然催熟和保鲜模式，满足用户不同需求。

安全健康：采用无害材料和绿色技术，确保水果催熟过程中不受污染。

附带功能：附带水果品质检测、营养分析等功能，提供更加全面的水果管理解决方案。

未来科技：智能水果催熟器

93

古代黑科技之自动出酒器

　　古人发明了一种自动倒酒并可以控制倒酒量的"机器"，酒杯中的酒达到一定的量，机器就停止倒酒，这样酒就不会从杯子里溢出来了。这样的技术，我们现在广泛应用在热水器或者咖啡机上。而这样的创意据说唐代就有了。

　　唐代《纪闻》记载：马待封为唐玄宗造了一贮酒倒酒的酒山，酒山形似山形，四面可以打开，风从里面通过的时候，就有了动能，这股能量带动机关转动，就有"机器人"（即"酒使"）自动出进斟酒。

　　后来马待封造了一个 2.0 版酒山，高约三尺，山体中空处可容三斗酒。将酒山放在一个木制圆盘中，圆盘直径四尺五寸，盘下又有一只大龟承托着，所有的机关都在大龟的腹中。

　　酒山周围环绕酒池，池外还有山围着。酒池中有荷花，花和叶子的材质都是铁，以上山、龟、荷叶、荷花都有彩绘装饰，精致漂亮。并且，荷花和叶子都是舒展开的，像盘子一样，可以在上面盛放酒菜和水果。

　　酒山南侧山腰处有一条龙的模型，身子在山中。龙头伸出来，只要龙口张开，就可以出酒。龙口下边的大荷叶上放有酒杯，酒从龙口吐出来之后，正好落在荷叶上的酒杯里，还能自动控制出酒量，杯盛到八分满，龙口就不出酒了，这时候饮酒人就可以拿起酒杯喝酒了。

　　如果你喝得较慢，酒山顶上有双层阁楼。阁门自动打开，有穿衣戴帽的"机器人"（即"催酒人"）执板出来催你喝酒。只有喝完了，把酒杯重新放在大荷叶上，龙口才会重新斟满酒，酒使"机器人"也会自动回到双层阁楼中，阁门随即自动关闭。你拿起来继续喝，又慢了，超过了一定的时间，催酒"机器人"拿着大板子，就又出来监督了。酒山的四面，都有龙口可以吐酒。

如果龙口吐出的酒不小心洒在杯子外面，不要紧，酒进入酒池，酒池中有暗穴，可以重新将池子中的酒引流到酒山中。宴会结束，你会发现，一点酒都没有浪费。

在酒山两侧还有两条龙对着两只特别的酒杯，杯里面没有盛酒的时候，杯呈倾斜状；等龙口向里面注酒，盛上半杯酒时，杯子平正；酒盛满杯后，杯子就会自动倾翻，将酒倒入池中，池中的酒就又回到酒山当中了。

显然这是按照孔庙中那个侑坐之器制成的。酒山上安装这样两个酒杯，大概是为了提醒人们饮酒不要过度，同时也是以倒酒为寓意，提示人们做人做事就要像这样的酒杯一样，不要太满。正所谓：谦受益，满招损。[1]

1-待封既造卤簿，又为后帝造妆台，如是数年。敕但给其用，竟不拜官，待封耻之。又奏请造歙器酒山扑满等物，许之。皆以白银造作。其酒山扑满中，机关运动。或四面开定，以纳风气。风气转动，有阴阳向背。则使其外泉流吐纳，以挹杯斝。酒使出入，皆若自然。巧逾造化矣。既成奏之。即属宫中有事，竟不召见。

待封恨其数奇，于是变姓名，隐于西河山中。至开元末，待封从晋州来。自称道者吴赐也。常绝粒。与崔邑令李劲造酒山朴满歙器等。酒山立于盘中，其盘径四尺五寸，下有大龟承盘，机运皆在龟腹内。盘中立山，山高三尺，峰峦殊妙。（盘以木为之，布漆其外，龟及山皆漆布脱空，彩画其外。山中虚，受酒三斗。）绕山皆列酒池，池外复有山围之。池中尽生荷，花及叶皆锻铁为之。花开叶舒，以代盘items，设脯醢珍果佐酒之物于花叶中。山南半腹有龙，藏半身于山，开口吐酒。龙下大荷叶中，有杯承之，杯受四合。龙吐酒八分而止，当饮者即取。饮酒若迟，山顶有重阁，阁门即开，有催酒人具衣冠执板而出。于是归盏于叶，龙复注之，酒使乃还，阁门即闭。如复迟者，使出如初。直至终宴，终无差失。山四面东西皆有龙吐酒。虽覆酒于池，池内有穴，潜引池中酒纳于山。比席阑终饮，池中酒亦无遗矣。歙器二，在酒山左右，龙注酒其中。虚则歙，中则平，满则覆。则鲁庙所谓侑坐之器也。君子以诫盈满，孔子观之以诫焉。杜预造歙器不成，前史所载。若吴赐也，造之如常器耳。（《太平广记》引《纪闻》）

酒山的设计

▶ **外观与结构**

形状：酒山形似山形，高约三尺（按唐小尺，约 74 厘米），放置在一个木制圆盘中（按唐小尺，直径约 1.1 米），盘下由一只大龟承托。

材质：酒山、龟、荷叶和荷花均为彩绘装饰，外观精美。

内部构造：酒山中空，可容三斗酒。所有的机关都在大龟的腹中。

▶ **功能**

自动倒酒：酒山的四面均有龙口，龙口处可以自动吐酒。酒杯放置在龙口下的荷叶上，当酒杯盛到八分满时，龙口自动停止倒酒，防止溢出。若酒杯中的酒被喝完并放回荷叶上，龙口会重新倒酒。

酒池循环：酒山周围环绕着酒池，池中有荷花和荷叶（铁制）。如果酒从酒杯中洒出，酒池中的暗穴可以将酒重新引流回酒山，防止浪费。

倾杯装置：酒山两侧有两个特别的酒杯，使用孔庙中的侑坐之器原理。当杯中酒满时，杯子自动倾斜，将酒倒入池中，提醒饮酒者适量饮酒。

娱乐与监督：如果饮酒者喝酒速度较慢，山顶的双层阁楼会自动打开，催酒"机器人"出来催促饮酒。"机器人"会手持大板子，监督饮酒进度，增加宴会的趣味性。

94

古人记载的神奇热水壶与煮饭锅

　　唐代《杜阳杂编》记载了一种"常燃鼎"，容三斗，光亮像玉质，纯紫色，做饭的时候，可以不用火，把食材放进去，一会就熟了。[1]明代《五杂组》提到一种"自沸铛"，也是一种不用燃料的炊具。[2]

　　"常燃鼎""自沸铛"无燃料烹饪的理念，时至今日，已经被现代的电饭锅、电饼铛实现了。

常燃鼎

　　容积：三斗。

　　材质：光洁如玉，纯紫色。

▶ **功能**

　　无火烹饪：无需火源，只需将食材放入，片刻即熟。烹饪出来的饮食香洁、美味，异于普通炊具。

　　特效：长期食用常燃鼎烹制的食物，可以反老为少，百病不生。

　　金代元好问《续夷坚志》记载：博平路氏得到一个古鼎，不知道年代，容积为五升，三足，其中一足稍大。路氏用它煮茶，只用很小的火烧其中一个大足，水就会沸腾。后来金世宗大定年间，朝廷禁铜（铜可以铸钱，铸造兵器，所以为朝廷所垄断，人们需要将铜器上交），于是这个鼎被交了上去。结果这个鼎的大足折了，只见

1-常燃鼎量容三斗，光洁类玉，其色纯紫，每修饮馔，不炽火而俄顷自熟，香洁异于常等。久食之，令人反老为少，百疾不生。（《杜阳杂编》）

2-自武侯有此制，而后世有巧幻之器，如自沸铛、报时枕之类，皆托之诸葛，有无不可知也。（《五杂组》）

1-郭太傅舜俞说："博平路氏一
鼎，无款识，无文章，而黄金丹
碧，绚烂溢目。受五升许，高三
尺，三足而一稍大。路氏用之煮
茶。以少火燎其大足，则水随沸。
大定中，铜禁行，不敢私藏，摧大
足折，送之官。足中虚，折处铜植
作火焰上腾之状。"天壤间神物奇
宝，成坏俱有数，特见毁于庸人
之手，为可惜耳！（《续夷坚志》）

2-明正德八年癸酉，平谷县耕
民得一釜，以凉水沃之，水即自
沸。下有"诸葛行锅"四字。其
釜复层，内有水火二字。嘉靖
二十七年戊申，长沙有兄弟二人
耕土，获一扛灶，置锅水即沸，
可炊爨，不用柴炭。二人送入
府，视其内，有一小道士篆丙丁
二字于背，又有"诸葛行灶"数
字。明末犹贮长沙府库。（《茶余
客话》）

其中是空的，并且有一火焰上腾的铜制模型。[1]

古人可能通过巧妙的热传导结构和保温设计来提升加热效率，而现代炊具则靠电加热元件和高效的保温材料，实现了类似的效果。

博平路氏古鼎

容积：五升。

形态：三足鼎，其中一足稍大。

材质：黄金丹碧，绚烂溢目。

▶ 功能

煮茶：只需用很小的火烧其中的大足，水就会很快沸腾。

▶ 特性

大足构造：大足内部是空的，内部有一个铜制的火焰模型。

清代《茶余客话》记载：明正德八年，平谷县一位农民在耕地时发现了一个锅，他试着往锅里倒凉水，水竟然自动烧开了。锅底有"诸葛行锅"四个字。锅内部有夹层，里面刻着"水火"两个字。明嘉靖二十七年，长沙两兄弟在耕地时发现了一座灶。放锅在灶上，加水，水立刻沸腾，可以用来做饭，而且不需要柴火。他们把灶送到府里，发现灶里面有"丙丁"二字（古人"天干"与"五行"信仰中，"丙丁"属于"火"），灶上还刻有"诸葛行灶"四字。这个灶一直被保存在长沙府库中，直到明末。[2] 诸葛行锅和诸葛行灶的自动加热功能也类似于现代电炊具的自动加热功能。

诸葛行锅

发现时间：明正德八年（1513 年）。

发现地点：平谷县。

形态：锅，内部有夹层。

▶ 功能

自动加热：倒入凉水后，水自动沸腾。

▶ 特性

标识：锅底刻有"诸葛行锅"四字，内部夹层刻有"水火"二字。

诸葛行灶

发现时间：明嘉靖二十七年（1548 年）。

发现地点：长沙。

形态：灶。

▶ 功能

无火加热：将锅置于灶上加水，水立刻沸腾，可以用来做饭，不需柴火。

▶ 特性

标识：灶内部有篆刻的"丙丁"二字，灶上刻有"诸葛行灶"四字。

▶ 天干与五行

甲、乙对应木。

丙、丁对应火。

戊、己对应土。

庚、辛对应金。

壬、癸对应水。

保存：该灶一直被保存在长沙府库中，直到明末。

清代《小豆棚》记载：一农民在耕地时挖出了一尊铁人，这个铁人大约一尺高，左手托着一个比碗大的钵。这个农民往钵中注水，

1-高密阴城，居民耕地，获一
铁人。高尺许，左手擎钵，大于
碗。注水，移时自沸，数易皆
然。民宝爱过甚，不以示人。耕
余辄摩挲把玩，搬弄不已。忽误
触手，钵脱底覆，盛水，其下镌
"诸葛亮造"四隶字。铁人掌心
铸一"火"字。再注之水，则冷
然也。（《小豆棚》）

水很快就自动烧开了，每次他试验时，结果都一样，水
总是能自动沸腾。这个发现让他非常喜欢，他不愿意向
别人展示这个铁人，平时总是自己把玩，时常摆弄。

有一次，他不小心碰坏了钵，钵的底部脱落。重
新往钵里注水后，发现水不再自动沸腾了。他注意到
铁人的掌心铸有一个"火"字，钵底部刻有"诸葛亮
造"四个隶书字。[1]

铁人钵的自动加热功能也类似于现代的电热水壶、电饭锅等自
动加热设备。

铁人钵

发现地点：高密阴城。

▶ 形态

铁人：约一尺高，左手托着一个比碗大的钵。

钵：大于碗，托在铁人左手上。

▶ 功能

自动加热：往钵中注水，水会自动烧开。

▶ 特性

标识：铁人掌心铸有一个"火"字，钵底部刻有"诸葛亮造"
四个隶书字。

清代《茶余客话》的"诸葛行锅""诸葛行灶"，《小豆棚》中铁
人所托钵底刻有"诸葛亮造"等，都是为了暗示这种技术的高超和
神秘。历史上，诸葛亮被认为发明了许多机械，如木牛流马等，因
此他成了古代科技和智慧的象征。

95

聚香鼎与玉蟾蜍：
古代的抽油烟机与空气净化器

宋代《清波杂志》提到一种铜制"聚香鼎"，在鼎外面放一圈香炉，在香炉里烧香，烟气就都被吸聚到鼎中。这就像我们现在的抽油烟机。

《清波杂志》中的故事情节

毗陵一个士大夫在成都药市上看到一个破损的铜鼎，旁边的一个人赞美它并拿走了。士大夫问那人铜鼎有什么用处，那人告诉他："把几炉香烧在周围，香烟会聚集到鼎的中间。"试了一下，果然如此，于是这个铜鼎就被称为"聚香鼎"。[1]

聚香鼎

▶ 外观与材质

材质：铜制。

状态：虽然已经破损，但仍具有特殊功能。

形状：典型的古代鼎形态，具体细节未详述。

▶ 功能特点

烟气收集：在鼎外放置香炉，烧香时香烟会聚集到鼎的中间。

自吸功能：通过特殊的设计和结构，使烟气自然吸聚到鼎内。

古代应用：作为香炉使用，防止香烟散逸。

1-毗陵士大夫有仕成都者，九日药市，见一铜鼎，已破缺，旁一人赞取之。既得，叩何所用，曰："归以数炉炷香环此鼎，香皆聚于中。"试之果然，乃名"聚香鼎"。初不知何代物，而致此异。（《清波杂志》）

1-姑苏士人家玉蟾蜍一枚，蟠腹中空。每焚香，置炉边，烟尽入腹中。久之，冉冉复自蟾口喷出。（《香祖笔记》）

清初《香祖笔记》记载：有一个玉蟾蜍，腹部是中空的，在焚香的时候，把它放在香炉旁边，烟气就会自动被吸收到蟾蜍的肚子中。过很久之后，烟气又会慢慢从蟾蜍的口中喷出。[1] 类似空气净化器。

玉蟾蜍

▶ 外观与材质

材质：玉制。

形状：蟾蜍形态，腹部中空。

▶ 功能特点

烟气收集：焚香时，烟气自动被吸入玉蟾蜍的腹部。

烟气释放：经过一段时间，烟气会慢慢从蟾蜍的口中喷出。

古代应用：作为辅助香炉的装置，净化空气中的烟气。

这些古代的聚香装置展示了人们对于控制烟雾和香气的创意和想象力。在现代科技的发展下，类似的概念已经被更加智能化和便捷化地实现了，如抽油烟机和空气净化器，不仅高效地处理烟雾和异味，还具有自动感应和过滤等功能，极大地改善了人们的生活质量。

玉蟾蜍

96

古人想象的智能化厨房

先秦文献《墨子》记载：夏代的一个四足方鼎，无需火源就能自动烹饪食物，还能自行移动，无需人工搬运。[1]

▶ 四足方鼎的设计与功能

四足设计：稳定性高。

自动烹饪：无需火源，自动烹饪。

自动存放：无需人工提起或搬动，便会有东西自行存放或收纳在里面。

自动移动：无需人工搬运，自行移动。

《酉阳杂俎》记载：武则天时期，俱振提国的国王有个神厨，要祭祀时里面就会自然出现金银器皿，祭祀完毕后这些东西自动消失。[2]

▶ "神厨"功能特点

自动出现：需要时，食器酒器等金银器具会自动出现。

自动消失：祭祀完毕后，器具会自动消失。

这些故事反映了古人对自动化的心理需求，但由于当时技术无法实现，他们常将这种需求寄托于鬼神之力进行想象。现在，在技术的支持下，我们已经实现了古人的部分想象，将来或许可以结合未来的科技，实现更加智能化的厨房设备。

1- 昔者夏后开使蜚廉折金于山，而陶铸之于昆吾，是使翁难雉乙卜于白若之龟，曰：鼎成三足（按：当为四足）而方，不炊而自烹，不举而自藏，不迁而自行，以祭于昆吾之墟。（《墨子》）

2- 俱振提国尚鬼神，城北隔真珠江二十里有神，春秋祠之。时国王所须什物金银器，神厨中自然而出，祠毕亦灭。天后使人验之，不妄。（《酉阳杂俎》）

未来智能厨房的设想

► **智能厨电设备**

智能冰箱：具有食材识别功能，通过摄像头和传感器识别冰箱内的食材，并提供食材管理、保质期提醒、自动生成购物清单等功能，还能根据用户的饮食习惯推荐健康食谱。

智能烤箱：具备食谱库和自动烹饪模式，通过互联网技术与手机应用连接，用户可以远程控制烤箱，设置温度和时间，甚至通过语音助手进行操作。

智能灶台：具有温度控制、烟雾检测、自动关火等功能，确保烹饪过程安全，并且能够根据不同食材的需求调节火力，保证菜品的最佳口感。

► **智能厨房助手**

虚拟助手：类似于语音助手，可以回答烹饪相关问题，提供菜谱，提醒烹饪步骤，还能根据用户需求推荐健康饮食方案。

增强现实（AR）指导：通过 AR 眼镜或手机应用，将烹饪步骤以 3D 影像的方式展示在用户面前，实时指导烹饪操作，确保每个步骤都准确无误。

► **智能储物系统**

智能储物柜：通过互联网技术，实时监控储物柜内的物品数量和保质期，自动提醒用户补货或使用即将过期的食材。

自动配送系统：与在线购物平台连接，自动生成购物清单并下单，确保用户家中食材充足且新鲜。

► **健康检测与建议**

营养分析设备：能检测食材的营养成分和新鲜度，根据用户的健康状况和饮食习惯提供个性化的营养建议。

智能烹饪台：具有食材检测功能，能够分析食材的新鲜度和营养成分，实时提供健康烹饪建议，并记录用户的饮食习惯，生

　　　　　　　古人的生活"科技"系统

成健康报告。

▶ **绿色环保**

废物处理系统：智能垃圾分类与处理系统，自动将厨余垃圾进行分类，并处理成有机肥料或其他可回收资源，减少厨房垃圾的产生。

节能设备：所有设备都采用高效节能技术，减少能源消耗，并通过智能控制系统优化能源使用。

▶ **未来科技融合**

3D 打印食品：通过 3D 打印技术，制作各种形状和口味的食品，满足用户的个性化需求。

食材合成器：利用分子料理技术，合成营养丰富且美味的食材，解决未来可能面临的食材短缺问题。

97 异地恋情侣钱

元代《琅嬛记》记载了两枚"情侣钱"：一枚青绿色凸出来，一枚色泽莹润凹进去，一对情侣一人拿一个放在兜里，两枚钱会每天在两人之间飞来飞去，今天女孩子兜中是凸形的钱，男孩子是凹形钱，明日则女孩子兜中出现的是凹形钱，则男孩子兜中出现的就是凸形钱。

《琅嬛记》中的故事情节

窈窕赠送给叔良一枚古钱，颜色青绿，质地透明而有些凸起。叔良把这枚钱放在袖间，结果有一天发现钱变得光滑并且有些凹陷了。叔良以为是自己弄坏了，但第二天又变回了青绿色并且凸起。他感到很奇怪，后来和窈窕说起这事，窈窕也有类似的经历。

1-窈窕以古钱一枚赠叔良，青绿色，彻骨而凸起者。叔良时置袖间。一日忽莹润而小凹，叔良第谓弄久剥落耳，明日则又复青绿凸起矣，心甚异之。后语窈窕，窈窕言同。盖窈窕有二古钱，赠一留一，留者乃极莹润而小凹，时复类赠者焉。自后察之，张藏者只日则青绿而凸，姜藏者只日则莹润而凹，乃二钱有灵，能来去耳。由是观之，则张之与姜，岂非夙定之奇遇也乎？（《琅嬛记》）

原来窈窕有两枚古钱，一枚送出去后，自己留下一枚，留下的这一枚有时候是晶莹凹陷，有时候是绿色凸起。他们经过一段时间观察后发现，其中一枚钱某日变成青绿色并凸起，另一枚则相对应会变得光滑并有些凹陷，仿佛这两枚钱有灵性，能够自己来去。[1]

▶ **外观**

青绿色凸形钱：颜色青绿，质地透明，有些凸起。

莹润凹形钱：色泽莹润，质地光滑，有些凹陷。

　　　　　　　　古人的生活"科技"系统

▶ 功能特性

每日互换形态：情侣钱的最大特点是它们会在情侣之间隔日互换形态。具体表现为：

第一天，女孩子的是青绿色凸形钱，男孩子的是莹润凹形钱。

第二天，女孩子的变为莹润凹形钱，男孩子的则变为青绿色凸形钱。

这种交换每日循环往复，仿佛两枚古钱有着自己的灵性，能在情侣之间来回飞动。

灵性连接：两枚古钱的变化不仅仅是物理形态的互换，更是象征着情侣之间的情感联系和心灵共鸣。仿佛在提醒情侣，彼此心意相通，不论距离多远，这两枚古钱都会把他们紧紧联系在一起。

▶ 相似创意

目前国外研发有"异地恋手镯"：手镯可以通过轻触感应，让另一半的手镯同步震动或发光，模拟出"触碰"的感觉。无论情侣相隔多远，都能感受到彼此的存在和关心。

未来创意：异地恋铜钱

未来我们或许可以开发这样一款"文创"产品："异地恋铜钱"。保留《琅嬛记》中的情侣钱传说，赋予产品独特的文化底蕴和历史渊源，然后利用传感器和无线技术，制作成两枚配对的铜钱或小饰物，每天在特定时间自动切换凸凹状态，仿佛情侣之间传递的信号。

98 / 古人想象的转账系统

1- 苏耽者，桂阳人也。少以至孝著称，母食欲得鱼羹，耽出湖州市买，去家一千四百里，俄顷便返。耽叔父为州吏，于市见耽，因书还家，家人大惊。耽后白母，耽受命应仙，方违远供养，以两盘留家中。若须食，扣小盘；欲得钱帛，扣大盘，是所须皆立至。乡里共怪其如此，白官，遣吏检盘无物，而耽母用之如神。先是，耽初去时云："今年大疫，死者略半，家中井水，饮之无恙。"果如所言，阖门元吉。每年百余岁终，闻山上有人哭声，服除乃止。百姓为之立祠。（《太平广记》引《洞神传》）

宋代《太平广记》引《洞神传》记载：有一个叫苏耽的孝子，会法术，他母亲想吃鱼，他就能瞬间移动到一千四百里外去买鱼回来。后来，他要出远门去进一步修行神仙之术了，这次得服从神仙组织的纪律，不能用瞬间移动回家了。于是，他就给母亲留了两个盘子：要想吃饭了，把小盘子拿出来，敲一下，里面就会出现吃的，大概相当于我们现在点外卖；要想用钱了，就把大盘子拿出来，敲一下，里面就会出现钱财，大概相当于我们现在的电子银行转账系统。

邻居们恨人有，笑人无，看到苏耽的母亲生活过得这么滋润，就心生嫉妒，去官府举报她家会妖术，有诡异的盘子。官府派人来检查，把盘子翻来覆去，也没有发现什么特别的。原来盘子属于"私人订制"，类似于需要"人脸识别"和"指纹解锁"，只有苏耽的母亲操作才会变出食物和钱财。[1]

苏耽的盘子

▶ 即时供应食物

苏耽的盘子：只需敲一下小盘子，食物便会出现，满足母亲的需求。

现代外卖服务：如今，通过手机 App 如美团、饿了么，用户可以随时随地订餐，享受便捷的送餐服务。现代外卖服务不仅能迅速提供食物，还能根据用户的需求进行定制。

▶ 电子银行转账

苏耽的盘子：敲一下大盘子，就能变出钱财，为母亲提供日常所需。

现代电子银行转账系统：通过网络银行和支付平台，如支付宝、微信支付、PayPal 和银行 App，用户可以方便快捷地转移资金。这些平台不仅提供了便捷的转账功能，还保障了资金的安全性。

▶ 生物识别技术

苏耽的盘子：只有苏耽的母亲能操作两个盘子，类似于现代的生物识别技术，确保只有特定的人才能使用。

现代生物识别技术：现今，手机、电脑等设备广泛应用指纹识别、面部识别和虹膜识别等技术，以确保用户的隐私和安全。这些技术不仅提升了用户体验，还提供了高级别的安全保障。

可以帮人收集钱财的神兽

在电影《神奇动物在哪里》中，有一种叫做嗅嗅（Niffler）的神奇生物，它喜欢收藏金银钱币和其他闪亮的物品。在中国的古典文献中，也有类似的神兽。《白泽图》说一种神兽叫挥文，又叫山冕，形状像蛇，一个身子两个脑袋，五彩纹络，你只要叫它的名字，它就给你去取金银财宝。[1]

名称：挥文，又叫山冕。

外形：这种神兽形状像蛇，但有一个身子两个脑袋，身上有五彩斑斓的纹络。

能力：挥文可以通过呼唤其名字来帮人获取金银财宝。这种能力类似于现代的自动化仓储和配送系统，通过机器人和智能系统，可以高效地在仓库中寻找和提取物品，满足用户的需求。

旧题苏东坡《物类相感志》说有一种神兽叫"嗅金兽"，它主要生活在瀛洲山，长得像麒麟。它能靠着嗅觉推断出石头里面是否有金子和玉石，凡是经过它挑选的石头，凿开后，就会发现里面不是有闪闪发光的金砂，就是有玉石。[2]

名称：嗅金兽。

外形：类似麒麟。

能力：嗅金兽能够通过嗅觉辨别石头内是否含有金玉，砍开石头后，可以看到金砂和玉璞。这种能力类似于现代的地质雷达和金属探测器，用于探测地下金属和宝石。

1- 故宅之精名曰挥文，又曰山冕。其状如蛇，一身两头，五采文。以其名呼之，可使取金银。（《太平广记》引《白泽图》）

2- 嗅金兽，生瀛洲山，状如麒麟，不食恶卉，不饮浊水。嗅石知有金玉，砍开则金璞璨然可用。（《物类相感志》）

明代《耳新》记载：海南有一种鬼兽，种类是兽但有人的外形，肤色黝黑，身高不到三尺，能听懂人话，但不食烟火。它能进山取来珍贵的琪南香和各种宝物，因此海南人常买来饲养。要购买鬼兽的人必须先让它评估一下（相当于双向"面试"选择），如果它觉得能帮你找到宝物，就会抱膝点头答应，伸出指头，和主人约定时间（相当于签订"劳动合同"），一般就是几年，到了时间，它就会去依附别人，留也留不住；如果不能帮你，它就会摇手离开。得到鬼兽的人会选择吉日放它出去，先给它准备小锯和斧头，用水果喂饱它，它就会带着工具出发。它可能一年、几个月或十天后回来，吃的水果越多，返回的时间间隔就越久，最后带回各种奇香异宝。[1]

外形： 人形，黳色，身高不足三尺。

习性： 不食烟火，喜食水果。

能力： 鬼兽可以进入深山寻找珍贵的香料及其他奇珍异宝，并带回给主人。这种能力类似现代的勘探机器人，通过预设程序执行任务，勘探机器人能进入危险或人类难以到达的地区进行资源勘探和采集。

1- 海南有鬼，兽种人形，黳色，长不满三尺，解人言，不食烟火。入山能取琪南异香及诸宝，海南人多购而畜之。欲购者必先令其相，果有分得宝，鬼抱膝肯首，约指相随几年，不则摇手而退。人得之，择日始放，置小锯斧与之，啖以果食，尽饱，携锯斧去。或经年，或数月，或旬日，以取果之多寡，为去时之久近。返则导主人往其处，奇香异宝，无所不有。携归，价不啻千万。约满，更依他人，留之不得。（《耳新》）

100 / 可以追踪交易的子母钱

1-青蚨，似蝉而状稍大，其味辛，可食。每生子，必依草叶，大如蚕子。人将子归，其母亦飞来。不以近远，其母必知处。然后各致小钱于巾，埋东行阴墙下。三日开之，即以母血涂之如前。每市物，先用子，即子归母；用母者，即母归子。如此轮还，不知休息。若买金银珍宝，即钱不还。青蚨，一名鱼伯。（《酉阳杂俎》）

唐代《酉阳杂俎》记载：南方有一种青蚨虫，像蝉，会飞，它的子附着在叶子上，大小像蚕子。要是逮住青蚨虫的子，无论远近，它的母亲都会飞来找自己的孩子，这样子母也就逮到了。把它们的血分别涂在钱上，就形成了子母钱：因为母钱在手中，花掉的子钱无论多远都会自己跑回来；因为子钱在手中，花掉的母钱无论多远都会飞回来。这叫"青蚨还钱"。但要是买了金银珍宝，它们就不回来了。[1]

唐以前的记载，如《淮南万毕术》《搜神记》等文献中，没有对"青蚨钱"买金银珍宝就不回来的限制。到了唐代，《酉阳杂俎》中的记载才有了这个限制。古人"做梦"都还这么小心翼翼，这背后体现的是"不得贪求"的价值观。

名称：青蚨钱。

外形：青蚨虫像蝉，会飞，其子附着在叶子上，大小像蚕子。

行为：如果逮住青蚨虫的子，无论多远，母虫都会飞来寻找它们。

青蚨钱的制作：将青蚨虫的血分别涂在铜钱上，形成子母钱。花掉子钱时，子钱会自动返回母钱的所在地，反之亦然。

限制：子母钱只在普通交易中有效，如果购买金银珍宝，则不会返回。

古代青蚨钱的特点在现代电子货币系统得到了实现和发展。

自动返回：青蚨钱自动返回的机制类似于电子货币系统中的智能合约，智能合约能够自动执行交易和返还，比如在某些条件满足时自动转账或退款。

可追踪性：青蚨钱的追踪功能类似电子货币系统中的交易记录，每一笔交易都是公开且可追踪的。

清代小说《常言道》中提到另一种"子母钱"。这种宝物名叫"金银钱"，外形像钱币，内方外圆，能够变化多端，时而黄色，时而白色，时而像金的，时而像银的，有时还能变成蝴蝶飞舞。

这"金银钱"有两个，一个是母钱，一个是子钱。小说中说时伯济家中只有一个"子钱"，据说是太祖皇帝赐给他们祖先的，传了五代从未遗失。时伯济心中向往外面的世界，决意要离家游历一番。他的父亲同意了，并嘱咐他带上这个金银钱，希望他能在旅途中找到失散的母钱，使它们团圆。

结果时伯济在水上航行的时候，"子钱"却不见了。有一个叫钱士命的恰好得到了"母钱"，当得知"子钱"可能落水的消息后，就有人给他出主意，让他用"母钱"去吸引"子钱"上来。结果到了海边，钱士命手中的"母钱"反而飞到了海中。不久后，子钱和母钱又同时飞到了钱士命的手中。[1]

1-那件东西，生得来内方外圆，按天地乾坤之象，变化不测，能大能小，忽黄忽白，有时像个金的，有时像个银的，其形却总与钱一般，名曰金银钱。这金银钱原有两个：一个母钱，一个子钱，皆能变做蝴蝶，空中飞舞，忽而万万千千，忽而影都不见，要遇了有缘的才肯跟他。时伯济家内的这个，是个子钱，年代却长远了，还是太祖皇帝赐与时行善的始祖。历传五世，从来没有失去，但是只得一个。……那时行善道："你既要出去游历，自然遍上山川，遨游四海。家内有个金银钱，你晓得天下是有两个的，不知母钱今在何处。你带在身边，倘遇见了，一并带回，使他母子团圆，也是一桩美事。"……施利仁道："将军何不把府上的这个母钱，引那海内的子钱出来。这叫做以钱赚钱之法，管教唾手可得。"钱士命道："妙极，妙极！你若不说，吾却忘了。"钱士命即忙拿了家中的金银钱，同施利仁来至海边，两手捧了金银钱，一心要引那海中的子钱到手。但见手中的金银钱忽然飞起空中，隐隐好像也落下海中去了。……不一时，满天蝴蝶，大大小小，在空中飞舞，看得钱士命眼花缭乱。忽而蝴蝶变做一团如馒头模样，落在钱士命口中，咽又咽不下，吐出来一看，却是两个子母金银钱。这两个金银钱，就是落在海中的至宝，此时方落在钱士命手内。（《常言道》）

名称：金银钱（子母钱）。

外形：内方外圆，象征天地乾坤，时而黄色，时而白色，时而像金的，时而像银的，有时还能变成蝴蝶飞舞。

子母钱自动寻找到另一个的功能，类似"蓝牙"：蓝牙设备在初次连接时需要进行配对，一旦配对成功，它们会自动识别并连接，如蓝牙耳机和手机在初次配对后，每次开启时都会自动寻找并连接。这与子母钱的功能类似，需要相互之间的联系。

101 / 古代传说中的各种聚宝招宝器物

古人想象出很多可以聚宝或者招宝的"异物"。

聚宝石。唐代小说《魏生》说魏生捡到一块石头，每到十五，在海边祭拜石头，就会有明珠宝贝聚集过来。

招财树。宋代《太平广记》说有人送给冯大亮一枝五六寸的楠木，种下后迅速长成参天大树。这是一棵招财树，它可以像吸铁石一样，把金玉吸来，或招来各种宝物财货，"其家金玉自至，宝货自积，殷富弥甚"。

聚宝石

聚宝镜。明代"三言二拍"中《王渔翁舍镜崇三宝，白水僧盗物丧双生》故事中说一位叫王甲的渔翁，得到一面镜子，据说是轩辕黄帝制造的，用了日月的精华，依据神秘的奇门遁甲法选定了年月日时铸造而成。上面镶有金章宝篆，还有很多秘笈灵符。这面镜子被称为"聚宝之镜"，因为它所在的地方会吸引大量的金银财宝聚集。王甲夫妻好善得福缘，有了这个镜子，财宝自来：家里扫地时会扫出金屑，耕田时会发现银窖，捕鱼时网里会有珍宝，甚至打开贝壳也会找到珍珠。[1]

现在有分子复制、克隆等概念和技术，古人也有类似的想象。

聚宝盆。清代《坚瓠余集》引《挑灯集异》记载：明初，沈万三在发家致富之前，夜里梦见数百位穿着绿衣服的人向他求救。到了白天，他路过菜市场，正看到一位打渔人逮了好多青蛙。沈万三觉得跟自己的梦有关系，就把它们都买下来了，然后放生在家旁边的小池子里。

结果这些青蛙晚上不停地叫，吵得沈万三没睡好觉。他早上起来，打算驱赶走这些青蛙。他看到青蛙们围着一个瓦盆，觉得这个瓦盆很奇异，就拿回了家。

有一次，他媳妇洗漱的时候，不小心把一个银钗掉进了盆里，结果奇迹发生，银钗开始自己克隆复制，满盆都是，数不胜数。沈万三又用金银试了试，扔进去一个，就会满盆都是金，满盆都是银。

后来沈万三得罪了朱元璋，被抄家，聚宝盆就落到了朱元璋手里。在建筑南京城的时候，城门总是修不起来，一直无法完工。有人提议将聚宝盆埋在城门下，埋下之后，果然不再倒塌，顺利完工。从此，这个城门就被命名为"聚宝门"。

聚宝碗。宋明《增修埤雅广要》以及明代《五杂组》记载：巴东一个寺庙的僧人得到一个青磁碗，只要在碗中放一物，就可以自动克隆复制，倍数增加。放一粒米，满碗就都是米，放钱和金银，也会变成满碗的钱和金银。僧人年老的时候，把宝物扔到了江中，对徒弟们说：这是为了你们好，怕此物增加你们的罪孽，耽误你们修行。[1]

聚宝珠。清代《履园丛话》记载：顺治年间，福建漳州平和县，范某的妻子晚上醒来，发现地上有红光，她把红光罩住，得到了一个大珠子，藏在梳妆匣中。匣子中有一簪子，第二天打开匣子，发现一只簪子变成了无数簪子。珠子还在匣子的底部，这就是聚宝珠。把金银和珠子放在一起，同样能复制。靠着这个聚宝珠，他们家富裕起来。[2]

聚宝盂。清代《咫闻录》记载：一田妇从一泉水处获得一瓦盂，拿回家当成了狗盆。一天狗吃了瓦盂中的饭，剩了那么一点点，结果第二天瓦盂中的饭居然自动加满了，以后总是这样。（要是有这样的宝贝，喜欢养猫养狗的人有福了，再也不用买猫粮狗粮了。）此人把一些破碎布帛放在盂里，第二天，也是复制出无数。

此人觉得这瓦盂是怪物，于是带着它到了发现它的泉水旁，把它投在水上，结果瓦盂在水上逆流而行，最后进了一个山洞，不知所踪。

此事传为奇谈，有人说：你真是不识货，那是聚宝盆，你要是把碎金银放在里面，就会获得无数金银，你居然拿它当狗盆！[3]

1-巴东下岩院僧水际得青磁碗，折花及米，其中皆满，以钱及金银置之皆然，自是富贵。僧年老，掷碗江中，谓徒弟曰："不欲尔增罪累也。"（《增修埤雅广要》）

2-顺治间，福建漳州平和县范某妻夜起，见地上有红光，从暗中取所带冠子罩住，以火烛之，得一大珠，藏妆匣中。匣惟一簪，明日启视，得簪无数，珠在其底，始知为聚宝珠也。因试以金银，无不然者。其妻常以佩身，家日殷富。后改葬其亲，与妻同在墓上。及启圹，有无眼白蛇一条，见风化水。是日取视，珠遂无光，试之亦不验矣。（《履园丛话》）

3-沙溪王老言：乡有大洞，洞里有泉，聚沫进流，跳珠溅石，清澈可饮。一日，有田妇出汲，见有瓦盂流下，藓痕侵蚀，尘埃蔽翳，取为饲犬之具。犬食过半，遗饭少许，次早视之，白粲青精，充牣其中。易以碎布断帛，亦如之。妇疑为怪，携弃泉上，见盂逆流徐入洞去。传为奇事。内有一人曰："此聚宝盆也。若以零银碎金置之，次早必满盂。夫以至珍之物，已到目前，而人不识，反为饲犬之器，以秽亵之，不如藏之深山，韬光养晦，故由洞而入。"韩子曰："世有伯乐，然后有千里马。千里马常有，而伯乐不常有。"此言即可征此物矣。（《咫闻录》）

器　物	来　源	功　能
聚宝石	唐代《魏生》	每到十五，在海边祭拜石头，明珠宝贝聚集
招财树	宋代《太平广记》	楠木迅速长成参天大树，吸引金玉等财物
聚宝镜	明代《二刻拍案惊奇》	吸引大量的金银财宝聚集
聚宝盆	清代《坚瓠余集》引《挑灯集异》	放入物品可自动克隆复制
聚宝碗	宋明《增修埤雅广要》以及明代《五杂组》	放入物品可自动克隆复制
聚宝珠	清代《履园丛话》	放入物品可自动克隆复制
聚宝盂	清代《咫闻录》	自动加满食物，放入物品可自动克隆复制

　　这些传说不仅展示了古代人对财富和神秘力量的幻想，也反映了他们对资源管理和生活改善的渴望。现代科技虽然没能发明自动复制物品的神器，但 3D 打印、分子复制和克隆技术在某种程度上实现了古人的一些梦想。

102

风声木：古代疾病检测的想象

东汉《洞冥记》与唐代《酉阳杂俎》记载：东方朔出使西那汗国给汉武帝带回来"风声木"的枝条。它可以检测人有没有生病：如果有人生病，枝条就会出汗；如果这个人不行了，枝条就会自动折断。汉武帝将这些枝条赐给了大臣，用以检测他们的健康状态。[1]

1-风声木，东方朔西那汗国回，得风声木枝，帝以赐大臣。人有疾则枝汗，将死则折，里语曰："生年未半，枝不汗。"（《酉阳杂俎》）

"风声木"的故事展示了古人对疾病检测的直观理解和丰富的想象力。虽然其检测方式充满了神秘色彩，但本质上与现代抗原检测追求的目标相似，即通过外部反应来判断人体的健康状态。

风声木

古代想象	疾病检测	现代科技	现 代 功 能
风声木	东方朔从西那汗国带回的风声木，可以检测人的健康状态。有人生病时，枝条出汗；人将死时，枝条自动折断	抗原检测	抗原检测通过检测人体样本中的病原体抗原来判断是否存在感染，能够快速给出结果
风声木	风声木对人体健康状态进行持续监测，出现异常时有明显的反应	生物传感器	现代生物传感器能够实时监测血糖、心率等生理指标，并在检测到异常时自动发出警示信号
风声木	风声木持续检测健康状态，并及时反馈结果	远程健康监测设备	远程健康监测设备持续监测病人的健康状态，并将数据传输给医生进行分析，检测到异常情况时自动通知医生和患者

103

心理测试仪：古人想象的
"窥心镜"与"照胆镜"

在很多科幻片中，人们想象出某种"黑科技"可以窥探他人大脑，古人也有这方面的想象。比如，古人想象出一种镜子，可以反映或揭示人们内心深处的想法、情感和秘密。

明代《五杂组》记载秦代就有这样一面方镜：它可以照见人的心胆，秦始皇用它照宫人，发现谁思想不够忠诚，就会把他杀掉。这面镜子类似于现代的测谎仪和心理测试仪器。

清代的时候流行包拯的故事，一面"日断阳夜断阴"的镜子被包拯捡到，成为他断案的工具。审案的时候，滴上鲜血，用镜子一照，就能照出一切魑魅魍魉。据说审案大堂上的牌匾"明镜高悬"的由来就和这面镜子有关系。

窥心镜

揭示内心：能够反映人的真实想法和情感，揭示内心深处的秘密。

惩治不忠：用于检查宫人的忠诚度，发现不忠者。

断案工具：用于司法断案，照出一切魑魅魍魉。

清代《谐铎》记载了一面"照胆镜"，主要功能是看人胆子的大小。

《谐铎》中的故事情节

芜湖有个叫冯野鹤的人，很怕老婆，妻子很彪悍。但他除了怕妻子，其他人谁都不怕，人称"冯大胆"。外面的人不知道他怕老婆，他也在外面装出一副老婆怕他的样子。

有一次来了一个书生找他，书生说："我善于看人的胆量大小，发现世上的读书人，没有写文章的胆量；磨盾的人，没有破贼的胆量；朝中官员，没有直言敢谏的胆量；称兄道弟的，没有托妻寄子的胆量。我喜欢跟胆子大的人交朋友，听说你胆子大，所以来找你，特来一看你的胆量。"冯野鹤很开心，说："我胆子就很大，虽然比不过常山赵子龙一身是胆，但我冯大胆也不是妄得虚名的。"两人谈笑风生，冯野鹤非常自信，书生也连连称赞。

结果书生给他看"胆量"的时候，没过多久，他妻子先是在里屋骂骂咧咧，冯野鹤不予理会，继续谈笑自若。接着厨房传来锅碗瓢盆摔碎的声音，冯野鹤勉强忍住，又听到堂前传来敲打声和杖打声，哀号哭泣声和婢女、仆人们的劝解声此起彼伏，冯野鹤脸色逐渐变了。

一位老妇奔跑着报告："夫人撩起衣袖，拿着木臼杵，正在屏风后等着您呢。"冯野鹤逐渐站起身来。突然屏风后传来敲打声，有人厉声高喊："哪个狂妄之徒，引诱人家男人装作大胆汉？"冯野鹤吓得脸色如土。

书生说："好奇怪，你开始胆子大如鸡蛋，后面，越来越小，居然小到像个芝麻一样。若是再要受到吓唬，恐怕胆子就要破了。什么胆大之人，我还是走吧！"

此时冯野鹤被妻子吓坏了，拉着书生的胳膊躲避。书生一把推开冯野鹤，生气地说："我以为你胆子很大，没想到徒有其表，根本是个无胆懦夫！"说完，书生就要离开。

这时候，屏风后面飞出来一个杵，正砸中了书生的胳膊。书生随即倒地化为一面镜子。冯野鹤捡起来一看，发现是秦时古镜，古镜后面用篆书写着"照胆"两个字。

冯野鹤的妻子走出来了，她一把夺过古镜，只见古镜里面，出现了一个很大的胆，用"胆大如卵"根本不能形容，因为她的胆子足有大瓮那么大！这"胆"还有蒸气冒出来呢，可见她此时正在气头上。

妻子一把拽过冯野鹤，要看他的胆子。她用古镜照了照冯野鹤，发现他的胆小如半粒黍米，胆部一直滴着青色的液体。原来此时冯野鹤已经吓破了胆！

照胆镜

揭示胆量：能够直接显示人的胆量大小，并随着情境的变化而变化。

形象化展示：通过形象化的方式展示胆量的变化，使人一目了然。

照胆镜和现代的心理测试仪器在功能上具有相似性，都是用来揭示和评估一个人的心理状态的。

古代想象	描　述	现代科技	功能／应用
窥心镜	能够反映人的真实想法和情感，揭示内心深处的秘密，秦始皇用来检查宫人忠诚度，包括用来断案	测谎仪、心理测试仪器	用于揭示和评估人的心理状态和诚实度，通过生理反应、脑电波等数据进行分析
照胆镜	能够直接显示人的胆量大小，并随着情境变化，冯野鹤的故事展示了胆量的变化和效果	心理测试仪器、压力测试仪器	用于揭示和评估人的心理状态和胆量，通过生理反应和心理测试展示个体对压力的反应

104 古人想象的CT

唐代《杜阳杂编》记载了一个"仙人镜"：有一个国家西南方向有怪石，怪石方数百里，表面非常光洁，人路过，可以当镜子用，但它照出的不是人像，而是人的五脏六腑，也被称为仙人镜。这个国家的人如果生病了，就用仙人镜照照身体，就能知道藏腑哪里生病了，然后找治疗的草药，就能痊愈了。[1]

1-大历中，日林国献灵光豆、龙角钗，其国在海东北四万里。国西南有怪石，方数百里，光明澄澈，可鉴人五藏六腑，亦谓之仙人镜。其国人有疾，辄照其形，遂知起于某藏腑，即自采神草饵之，无不愈焉。(《杜阳杂编》)

仙人镜

疾病诊断：通过透视人体内脏器官，帮助病人确定生病的具体位置。

古人想象的仙人镜

古人想象的可以照见人体内部的照病镜

治疗指导：病人根据怪石透视出的影像，对症下药，使用当地的草药进行治疗。

固定设备：仙人镜虽然功能强大，但由于其巨大且固定的特性，不便于移动，只能前往特定地点使用。

怪石是难以移动的 CT，古人还想象要是有可以拿在手中的这样一个镜子就好了。五代《开元天宝遗事》记载：唐代术士叶法善有面铁镜子，叫"照病镜"，哪里生病了，用镜子一照，就可以看到，然后对症下药，就可以治愈了。[1]

这面"照病镜"比怪石更为便捷，类似于现代的便携式医疗影像设备。

1-照病镜。叶法善有一铁镜，鉴物如水。人每有疾病，以镜照之，尽见脏腑中所滞之物，后以药疗之，竟至痊瘳。（《开元天宝遗事》）

照病镜

便携性：照病镜可以随身携带，方便随时使用。

精确诊断：镜子能够清晰地显示人体内部的病变，提供精确的诊断信息。

医疗辅助：根据镜子显示的信息，病人可以找到合适的治疗方法，对症下药。

1-苏州太湖入松江口。唐贞元中，有渔人载小舟。数船共十余人，下网取鱼，一无所获。网中得物，乃是镜而不甚大。渔者怨其无鱼，弃镜于水。移船下网，又得此镜。渔人异之，遂取其镜视之，才七八寸。照形悉见其筋骨脏腑，溃然可恶，其人闷绝而倒，众人大惊。其取镜鉴形者，即时皆倒，呕吐狼藉。其余一人，不敢取照，即以镜投之水中。良久，扶持倒吐者既醒，遂相与归家，以为妖怪。明日方理网罟，则所得鱼多于常时数倍。其人先有疾者，自此皆愈。询于故老，此镜在江湖，每数百年一出。人亦常见，但不知何精灵之所恃也。（《太平广记》引《原化记》）

晚唐《原化记》记载了一件"太湖古镜"：唐德宗贞元年间，有一群人在苏州太湖入松江口处打渔，结果这天，他们鱼没打到，但打捞起一面七八寸的小镜子。这个镜子非常神奇，可以照见五脏六腑的溃烂处。这群渔人相继来照，又相继呕吐，然后昏倒。有一人害怕，不敢照，就把镜子扔回了水中。

过了好一会儿，呕吐昏倒的人们逐渐苏醒过来，大家惊魂未定地回到了家中，都认为这镜子是妖怪作祟。第二天，当他们再次下网捕鱼时，发现捕到的鱼比平时多了数倍，而且，之前患病的渔民居然从此康复了。询问当地的老年人得知，据说这面镜子每隔数百年就会在江湖中出现一次。[1]

这面镜子兼具诊断和治疗功能，表现出古人对医疗器具功能的高度设想。

太湖古镜

诊断功能：镜子能够照见人体的筋骨脏腑及其病变部位，类似于现代医学中的影像设备，如 X 光机、CT 扫描仪等。

治疗功能：镜子不仅能诊断疾病，还能在照见病变部位后，令使用者呕吐并昏倒，醒来后病痛消失，表现出古人对神奇治疗效果的设想。

神秘性：镜子的出现和消失充满了神秘色彩，每隔数百年才现世一次，增加了故事的神话色彩。

唐代《松窗录》记载了一件"秦淮河古铜镜"：唐穆宗长庆年间，有一位渔夫在秦淮河下网捕鱼，结果打捞上来一面古铜镜，有一尺多大。渔人把它拿在手中照看，发现自己的五脏六腑都清清楚楚地显现在镜子里面，血管跳动，血液在血管里流动的情形清晰可见。渔人一害怕，不小心又把镜子掉入了水中。李德裕听说了这件事，让人去打捞，结果打捞了一年也没找到这面古镜。[1] 这面镜子展示了对精细医疗影像设备的期望。

秦淮河古铜镜

▶ 外观特征

材质：古铜。

大小：一尺多大。

光泽：镜面光滑，能在水面上闪烁光芒。

▶ 功能特征

精细成像：镜子能够清晰地显现人体的五脏六腑，类似于现代的医学影像设备，如超声波、CT 扫描等。

动态显示：不仅能显示器官，还能看到血管的跳动和血液的流动，类似于现代的实时影像技术，如动态超声成像。

这些"CT"类功能的医疗器物反映了古人对健康的关注和对"高科技"的憧憬。现代科技的进步，使得这些古代的幻想在一定程度上成为现实。

1- 唐李德裕，长庆中，廉问浙右。会有渔人于秦淮垂机网下深处，忽觉力重，异于常时。及敛就水次，卒不获一鳞，但得古铜镜可尺余，光浮于波际。渔人取视之，历历尽见五脏六腑，血萦脉动，竦骇气魄。因腕战而坠。渔人偶话于旁舍，遂闻之于德裕。尽周岁，万计穷索水底，终不复得。(《太平广记》引《松窗录》)

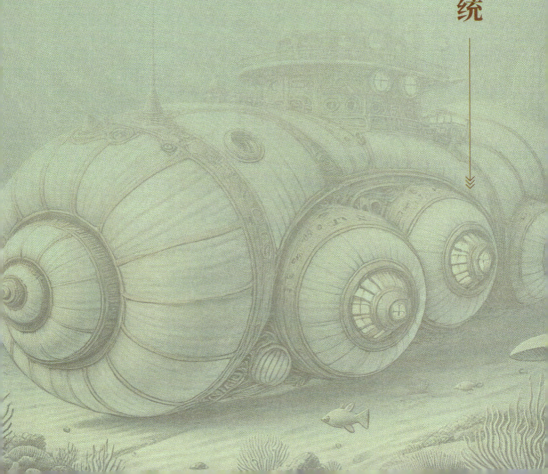

古人的智慧出行系统

在本章中，我们将穿越古今，探索古人关于出行方式的技术实践与未来想象。一方面，古代已有许多令人惊叹的交通发明，如庞大的房车、稳如高铁的平稳车、自带计程功能的"记里鼓车"、可以逆风行驶的船只，展现了古人在交通工具设计上的智慧与巧思。另一方面，古人也大胆勾画出未来出行的奇幻模样：秦始皇时期的"潜艇"、能在水面上行走的靴子、可以飞行的鞋子、地铁般的地下运输系统、会自主行驶和导航的自动化车辆……这些设想构成了一套涵盖陆、海、空的"古代智能交通体系"。它们不仅体现了古人对速度、便捷、自动化与灵活导航的前瞻性思考，也为我们今日的智慧出行提供了源远流长的想象力基因。在这些看似奇诞又妙巧的构想背后，我们或许正看见一个逐步被现实技术追上的"前现代智能出行梦"。

105

古代科幻小说中的地铁运输

晚清"科幻"小说吴趼人《新石头记》里虚构了一个"文明世界",在这个世界里,有一种比地铁更高级的"快递"运输方式,即隧道中的"隧车",它既可以运送货物,也可以运人。

《新石头记》中的故事情节

宝玉让木匠做了很多木箱,把珊瑚、寒翠石、貂鼠皮和海马都装了起来。宝玉问:"这里离文字区这么远,怎么运过去呢?"述起回答:"这种笨重的东西,只能通过地下隧道,使用电车运输,所以叫隧车。"宝玉说:"听说外国有地底火车,但我没见过。"述起笑着说:"那些地底火车有轨道,按时运行,很不方便。我们这里的隧车不用轨道。隧道五十丈宽,四通八达,全都铺上了铁板,没有轨道。隧道两旁都有车行,客人可以随时雇用。"宝玉问:"不用轨道,不怕撞车吗?"述起回答:"隧车都是铁板做的,铁板上有电气,相互排斥,两辆车靠近五尺内就会被拒离,所以不会撞车。"然后他们让一个杂役去隧车行,请行伙来看东西,商量好价格,把箱子搬走了。

原来隧车行的规矩是,接待客人的车行在地面上,谈好价格付完钱后,再到隧道里去。隧道里还有店铺和伙伴招待一切。他们进了房间,有人接待,请他们坐下,然后去开动上落机。他们感到微微震动,一会儿慢慢下落,原来这是隧道口上下用的机器。他们落下去时,四周一片漆黑,抬头只能看到隧道口的一块亮光。过了五六分钟,突然间隧道里亮如白昼,他们到了一间房子里。落地后,又有行伙接待,查看票子,安排了一辆两人电车。老少年和宝玉出门上车,司机也上了车,启动电机,车子开始前进。

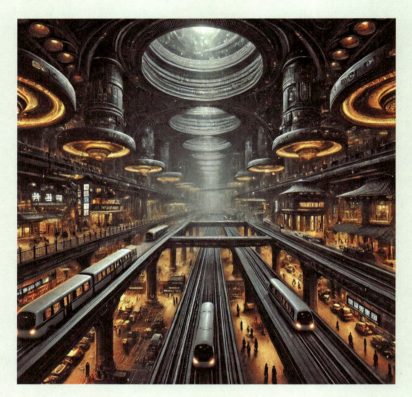

隧　车

宝玉环顾四周，这不像是隧道，更像夜晚的街市，灯火通明。两旁有房屋，大多是车站、货仓，也有卖东西的店铺。地面铺着铁板，两旁有栏杆，供行人走路。十字路口有高架桥，为了防止车多时行人被撞，行人可以从桥上过。抬头看顶上，有梁和铁架。大约走了半里，有一个大洞通到地面，用来排放废气和吸入新鲜空气。往来的车子飞快，多半载货。

宝玉说："怪不得几次经过闹市，只看到空手的行人，原来货物都在地下运输。真是一个世界分成了两个世界。"老少年说："地面上的大商栈大多在隧道上面，这样可以开口就在地下建货仓，方便货物堆积和运输。"宝玉问："这么深的隧道，排水系统怎么弄的？"老少年答："排水系统有两处，地面上的在隧道上面，隧道里的在更下面。"他们在车上聊着，不知不觉就到了目的地，车停了下来。

隧车

▶ 隧道与轨道设计

宽敞隧道：隧道宽达五十丈（约 160 米），四通八达。

无轨道系统：隧道内不设轨道，地面铺有铁板。

▶ 车辆和动力

铁板制成：隧车全用铁板制造。

电气驱动：利用电气动力，使车辆互相排斥，避免碰撞。

▶ 运营和管理

随时雇用：隧道两旁设有车行，客人可以随时雇用车辆。

地下设施：隧道内设有车站、货仓和店铺，功能齐全。

▶ 安全与便利

防碰撞机制：车辆间的电气排斥力防止碰撞。

上落机系统：地面与隧道之间设有上落机，方便人员和货物进出隧道。

106 / 古代黑科技之房车

《隋书》和《续世说》记载：宇文恺为隋炀帝建造了一个可以移动的大殿，称为"观风行殿"，就是一座可以行走的房子，上边可以站数百个侍卫，下边有轮子，可以推着前进，而且移动非常迅速，好像有神力在推车。[1]

观风行殿

▶ 外观与结构

大殿：观风行殿是一座宏伟的建筑，上面可以容纳数百个侍卫。

轮轴：大殿下方装有轮轴，可以推着前进。

▶ 功能特征

移动功能：观风行殿能够移动，且速度非常快，如同有神力在推车。

容纳能力：大殿上可以站立数百个侍卫，显示出其坚固和广阔的结构。

《隋书》《资治通鉴》还记载了隋炀帝观风行殿 2.0 版，即另一位臣子何稠以"观风行殿"为核心设计的六合城——主要用于军事，里面有自动报警系统，还有可以自动瞄准、自动发射的弓弩。[2]

1-宇文恺为炀帝造观风行殿，上容侍卫者数百人，离合为之。下施轮轴，推移倏忽，有若神功。人见之者，莫不惊骇。(《续世说》)

2-乙丑，车驾幸五原，因出塞巡长城。行宫设六合板城，载以枪车。每顿舍，则外其辕以为外围，内布铁菱；次施弩床，皆插钢锥，外向；上施旋机弩，以绳连机，人来触绳，则弩机旋转，向所触而发。其外又以缯周围，施铃柱、槌磬以知所警。(《资治通鉴》)

可以移动的宫殿

六合城

▶ 外观与结构

六合城：六合城是以"观风行殿"为核心设计的一种军事用途的移动城堡，具有强大的防御和攻击能力。

枪车：六合城被装载在枪车上，便于移动。

▶ 防御功能

外围防御：每次宿营时，将车辕展开，形成外围防线，内部布置铁菱（类似于地雷），阻止敌人靠近。

弩床防线：布置带有钢锥的弩床，外向防御，增加敌人突破防线的难度。

▶ 攻击功能

旋机弩：六合城上安装有旋机弩，通过绳索连动，当有人触动

　　　　　　　　古人的智慧出行系统

绳索时，弩机自动旋转并向目标发射箭矢。

赠弩：在城的外周围安装了赠弩，配备警铃和槌磬，可以检测并报警敌人的接近。

▶ 自动化功能

自动报警系统：施设铃柱和槌磬，当敌人接近时，会自动发出警报。

自动瞄准和发射：旋机弩能够自动瞄准和发射，对敌人形成有效的威慑和打击。

1-初，稠制行殿及六合城。至是，帝于辽左与贼相对，夜中施之。其城周回八里，城及女垣合高十仞，上布甲士，立仗建旗，四隅置阙，面别一观，观下三门，迟明而毕。（《隋书·何稠传》）

后来何稠又发明了 3.0 版的移动宫殿，城墙可以快速拆卸运输和组装，宫殿的四个城角有阙楼防守以及观察敌情，周长达到八里，城与女墙合高十仞。在前线打仗的时候，一夜就能建造好了。当时两军交战，突然出现一座城池，把敌人吓了一跳。[1]

移动宫殿

▶ 外观与结构

周长：城池的周长达到八里，规模宏大。

高度：城池及其女墙（城垣）合高十仞（约 24 米）。

阙楼：城池四个角设有阙楼，用于防守和观察敌情。

▶ 功能特征

快速拆装：城墙可以快速拆卸、运输和组装，极大地提高了军事行动的机动性。

高效防御：阙楼提供了极好的观察和防御功能，可以在战斗中迅速构筑防御工事。

震慑效果：在敌我交战时，一夜之间就能建造起一座宏伟的城池，对敌人形成巨大的心理震慑。

明代齐东野人《隋炀帝艳史》记载：何稠还为隋炀帝建造了一个"代步车"，用这个车登楼转阁如履平地。

《隋炀帝艳史》中的故事情节

何稠听说隋炀帝喜欢到宫中游幸，但只是步行，于是就想出了一个巧妙的主意。他制造了一个特别的转关车，车底部装有滚圆的轮子，左右隐藏了一些机关。这辆车在上坡下坡、登楼转阁的时候都像在平地上运行一样，转弯抹角也非常顺畅，没有任何不方便的地方。车子不大，一个人坐在上面正合适，外面的轮轨也不会引起不必要的注意。它非常轻便，只要一个人推动，就可以到处游玩。车子做工精细，装饰着金玉珠翠，看起来非常华丽，是一件非常巧妙的作品。

转关车

▶ 外观与结构

滚圆的轮子：车底部装有滚圆的轮子，确保车子可以平稳地运行。

隐藏的机关：车的左右暗藏了许多巧妙的机关，使得车子能够顺利地上坡下坡、转弯抹角。

▶ 功能特征

如履平地：在上坡下坡、登楼转阁时，转关车都能如履平地般运行，非常顺畅，没有任何滞涩之弊。

便携性：车子不大，适合一人乘坐，外部轮轨设计巧妙，不会引起不必要的注意。

轻便：车子非常轻便，只需一人推动即可，方便隋炀帝在宫中各处游玩。

装饰华丽：车子做工精细，装饰着金玉珠翠，看起来非常富丽堂皇，是一件鬼斧神工的作品。

107 古代黑科技之自行车

明末清初《香山小志》记载：徐正明发明了一种脚蹬"飞车"，其外形如栲栳椅子式（即圈手椅），通过脚蹬板，可以飞起来。[1]

前不久有外国人真的把这样一个车发明出来了，造型和原理简直一模一样。这样的创意，在我们明末清初的文献中就有了。

飞车

外形设计：飞车的外形像一个栲栳椅子，方便人坐在其中。

机械原理：有机关装置，齿轮咬合紧密。通过脚蹬板的上下运动，带动内部的齿轮机构，使得车子能够离地飞行。

飞行能力：车子可以离地一尺多高，能够快速跨越小的水域和障碍物。

清初《虞初新志》记载：黄履庄发明了一种自行车，双轮，长约三尺，可以坐一人，不用推，也不用拉，也不用脚蹬，在车轴旁有一个曲拐，通过用手摇动它可以控制前行，大概是给轮子上了簧，等车停下来，就再次"挂挡"，车子就会继续自动前行，一日可行八十里。[2]

双轮小车

双轮设计：自行车采用双轮设计，稳定性更高。

1-下有机关，齿牙错合，人坐椅中，以两足击板，上下之机转，风旋疾驶而去，离地可尺余，飞渡港汉不由桥。（《香山小志》）

2-所制亦多，予不能悉记。犹记其解双轮小车一辆，长三尺许，约可坐一人，不烦推挽，能自行。行住，以手挽轴旁曲拐，则复行如初。随住随挽，日足行八十里。（《虞初新志》）

自动前进：不需要外力推、拉或脚蹬，通过用手摇动车轴旁的曲拐控制前进。

长距离行驶：车子一天可以行驶八十里，显示出高效的设计理念。

在古人的记载中，也有直接命名为"自行车"的运输工具，如明代《诸器图说》中描绘的"自行车"：此中有机，载重则行。

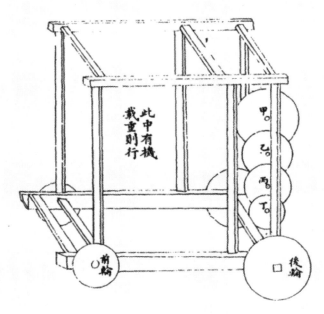

自行车

108 古代黑科技之像高铁一样平稳的车

北宋《梦溪笔谈》记载：唐高宗时期造了一辆大驾玉辂，这辆车从唐代一直用到宋代，用了将近四百年了，乘坐起来依旧安如山岳，非常平稳。车行驶起来，在车上放杯水都不会摇晃。[1]这有点像我们现在的高铁。

1-大驾玉辂，唐高宗时造，至今进御。自唐至今，凡三至太山登封。其他巡幸，莫记其数。至今完壮，乘之安若山岳，以措杯水其上而不摇。（《梦溪笔谈》）

大驾玉辂

▶ 外观与结构

大驾玉辂：大驾玉辂是一种豪华的车辇，车身采用了精美的玉饰和其他珍贵材料。

车轮与悬挂系统：虽然具体细节未记载，但从描述来看，车轮和悬挂系统设计极为精巧，使得车辆在行驶过程中保持极高的稳定性。

▶ 功能特征

长久耐用：从唐代使用到宋代，历经四百年仍然完好无损，显示出其坚固耐用的特点。

安稳舒适：乘坐时安如山岳，车辆行驶时在车上放杯水都不会摇晃，展示了其极高的平稳性。

多次使用：曾经多次用于重要的巡幸活动，如三次泰山封禅，以及其他众多巡幸活动。

109
记里鼓车：古代黑科技之计程车

我们现在汽车上都有里程表，古代有一种记里鼓车，可以提醒驾车人走了多远。《晋书》记载：记里鼓车由四匹马拉动，外形像司南车。车内有一个木制人偶，手持槌子。每行驶一里路，木人就会击打一槌鼓，以此记录行驶的距离。[1]

《古今注》《宋史》记载了一辆两层的记里鼓车：行一里下层木人击鼓，行十里，上层木人就敲击钟状的铃。[2]

记里鼓车

机械装置：记里鼓车内部有复杂的机械装置。每行进一里，车内的木人就会敲击鼓一次。这与现代汽车里程表通过车轮转动计数来测量距离的原理类似。

两层设计：有的记里鼓车设计为两层。下层的木人每行一里敲鼓，上层的木人每行十里敲钟状的铃。这样的设计可以更准确地记录和提醒行驶的距离。

记里鼓车的发明和使用，反映了古代中国在机械工程和实用科技方面的高度成就。它的应用不仅限于记里，还可能在其他方面有重要影响，如在行军时，记里鼓车可以帮助将领准确判断行军距离，从而提高军事调度的效率，等等。

古人的智慧出行系统

可以计算路程的记里鼓车

现代里程记录装置与导航系统

系　统	原　理	应　用
汽车里程表	通过车轮转动计数来测量行驶距离，并显示在车内的里程表上	广泛用于各种机动车辆，帮助驾驶员记录行驶里程，进行车辆维护和保养
全球定位系统（GPS）	利用卫星定位技术，实时记录和显示行驶路线和距离	用于导航、物流、军事等多个领域，提供精确的位置信息和路径规划
智能计步器	通过加速度传感器和计步算法，记录行走步数和距离	广泛用于健康监测和运动追踪，帮助用户了解日常活动量

110 / 古人想象的"滴滴打船"

清代《聊斋志异》记载了一艘既可以上天，又可以在水上行驶的"滴滴打船"。

《聊斋志异》中的故事情节

1-（彭好古）惊叹不已，曰："西湖至此，何止千里，咄嗟招来，得非仙乎？"客曰："仙何敢言，但视万里犹庭户耳。今夕西湖风月，尤盛曩时，不可一观也，能从游否？"彭留心以觇其异，诺曰："幸甚。"客问："舟乎，骑乎？"彭思舟坐为逸，答言："愿舟。"客曰："此处呼舟较远，天河中当有渡者。"乃以手向空中招曰："船来！我等要西湖去，不吝价也。"无何，彩船一只，自空飘落，烟云绕之。众俱登。见一人持短棹，棹末密排修翎，形类羽扇，一摇羽，清风习习。舟渐上入云霄，望南游行，其驶如箭。逾刻，舟落水中。但闻弦管敖曹，鸣声嘈杂。出舟一望，月印烟波，游船成市。榜人罢棹，任其自流。细视，真西湖也。（《聊斋志异》）

莱州的秀才彭好古在中秋夜遇到一位叫彭海秋的人，彭海秋要带彭好古去游千里之外的西湖。彭海秋问他想坐船去，还是骑马去。彭好古觉得坐船更舒适，回答说："坐船去吧。"彭海秋说："这里叫船较远，不过，天河中应该有渡船。"于是他扬起一只手，向空中招呼道："船快点来，我们要去西湖，不差钱！"

片刻之间，只见一只彩船从空中落下，船四周都是烟云。他们登上了船，船上有人划着像羽扇一样的桨，一摇动就生风，彩船就渐渐上升，直入云霄，然后又往南飞去，快得跟离弦的箭一样。过了一刻钟，彩船落到水中，只听到弦乐管乐，声音嘈杂。他们出船舱一望，月光映照在烟波上，游船如市。划船人停下船桨，任船自流。彭好古细看，发现真的就到西湖了。[1]

《聊斋志异》中的彩船

▶ 飞行与航行能力

空中飞行：彩船能够在空中飞行，穿越云霄，速度极快，达到离弦之箭的效果。

水上行驶：彩船也能在水面上行驶，显示了其在不同环境中的适应能力。

▶ 风力驱动

羽扇桨：船上的桨类似羽扇，摇动时能产生风力，推动船只上升和移动。

▶ 快速抵达

瞬间移动：从山东莱州到杭州西湖仅需一刻钟，展示了其极高速的移动能力。

古人想象	古代描述	现代科技	现代描述
多功能交通工具	彩船可以在天上飞行，又能在水上行驶，展示了古人对多功能交通工具的想象	混合动力交通工具	混合动力交通工具，如两栖飞机，可以在多种环境中运行
召唤即来	彭海秋只需一声招呼，彩船便从天而降，展示了古人对即时交通服务的向往	共享交通服务	现代共享交通服务，如曹操专车、滴滴出行，即叫即来
环保与高效的动力	船上的桨像羽扇一样，只需轻轻一摇就能产生风力驱动船只，反映了古人对自然力量的利用	新能源交通工具	现代新能源交通工具，如电动汽车、风能和太阳能驱动的交通工具
快速的移动能力	彩船飞行速度如同离弦之箭，从莱州到西湖千里之遥，一刻钟便至，展示了古人对瞬间移动或极高速交通工具的幻想	高速交通工具	现代高速交通工具，如高铁、超音速飞机等

"滴滴打船"

古人的智慧出行系统

111 / 古代黑科技之可以逆风行驶的船

古人很早就发明了船帆，可以以风为动力驱动船前行。如果是逆风呢？古人发明了复合式船帆组合，即复式桅帆，一条船上有各式各样的帆。宋代徐兢《宣和奉使高丽图经》记载：除了迎头正面的风，古人可以利用四面八方中的七面来风。[1] 也就是说，古人可以通过桅帆之间的角度转动，完成风的接力与借力，不仅可以利用顺风、侧后风使船前进，还可以利用左右侧风和左前、右前的逆风而直行。

1-大樯高十丈，头樯高八丈，风正则张布帆五十幅；稍偏则用利篷，左右翼张，以便风势；大樯之巅，更加小帆十幅，谓之'野狐帆'，风息则用之。然风有八面，唯当头不可行。（《宣和奉使高丽图经》）

又过了一二百年，人们已经能熟练利用顶头逆风了，通过"调戗"，即控制船的方向，让船走"之"字，这样就把顶头逆风变成了侧逆风，再加上调帆，风吹到帆上，风力被分解为两部分：一部分力推船的侧面，这一部分力会被船的吃水抵消掉；另一部分力则推动船向前，就是船斜着前进的动力了。

明代归有光（就是写《项脊轩志》的人）的一篇文章提到说：刘家河上船都逆风张帆，然后南北斜着前行。又有人说：海上行船的人，不怕风，哪怕逆风也没事，就怕没风。

所以古人通过设计的黑科技风帆，实现了八面来风，可以将其转化为船前行的动力。

古人逆风行船的技术分析

▶ 复合式船帆组合

古人通过设计多种不同的帆来应对各种风向，使得船只在不同风力条件下都能前行。这种复合式船帆组合包括：

大樯帆：主帆，高大坚固，主要用于迎风、顺风时的推进。

利篷：用于稍微偏风的情况，可以调整角度以获得最佳的风力利用。

野狐帆：在主帆顶端的小帆，用于风力微弱或需要更灵活调整时。

▶ 调戗与"之"字航行

在逆风条件下，古人通过"调戗"技术来控制船只的方向，使其走"之"字形路线。这一技术具体操作如下：

调戗：通过调整船帆的角度和方向，使风力作用在帆的不同部位，从而改变船只的航向。

"之"字航行：船只通过不断变换方向，使迎头逆风转化为侧逆风。这一过程中，风力被分解为两部分：一部分推动船的侧面，另一部分推动船前行。

▶ 八面来风的利用

古人能够利用来自八个方向的风力，通过巧妙的帆组合和航行技术，将风力转化为前行的动力。这一技术的关键在于：

帆的角度调整：通过调整帆的角度，最大化风力的利用，使船只在不同风向下都能获得推进力。

多种帆的组合：不同种类的帆在不同的风向下配合使用，确保船只始终能够获得稳定的前行动力。

秦始皇时期的"潜艇"

东晋《拾遗记》中记载了一艘潜艇:秦始皇的时候,从遥远的宛渠来了一群人,这些人是乘着螺舟渡海来的。舟形似螺,可以沉到海底行进,而水不会进到螺舟的内部,又叫"沦波舟"。[1]

"螺舟"虽然是一种传说中的存在,不过我们倒是可以从物理层面试着想象一下"螺舟"的设计特点。

1- 始皇好神仙之事,有宛渠之民,乘螺舟而至。舟形似螺,沉行海底,而水不浸入,一名沦波舟。(《拾遗记》)

▶ 形状设计

螺形:螺舟形状类似于螺壳,这种设计可能是基于对螺类生物在水中移动方式的观察。螺形的结构能够减少水的阻力,使舟在水中行进更加顺畅。现代潜艇的流线型设计也是为了减少水的阻力,提高航行效率。

▶ 沉行能力

浮力调节:螺舟能够沉入海底行进,这意味着它具有一定的浮力调节能力。

良好的密封性能:螺舟能够在海底行进而不进水,表明它具有良好的密封性能。

▶ 材料与构造

坚固耐压:为了在水下行进,螺舟必须能够承受一定的水压。其材料和构造需要足够坚固,以确保在深海环境中不会被压垮。

螺　舟

　　通气与排水：虽然文献没有详细描述，但螺舟内部需要有通气和排水的设计，以保障舟内人员的呼吸和生活。

　　螺舟作为一种古代传说中的"潜艇"，反映了古人对水下世界的好奇，展示了古人丰富的想象力和探索精神。正是不断产生的好奇和丰富的想象，使得古人的梦想最终在现代科技的进步中得以实现和超越。

113 / 古人想象的折叠交通工具

古人有不少有关折叠交通工具的想象。

唐代《宣室志》记载：张果老的驴，不骑的时候就可以把它折叠起来放包里，如同纸张一样厚；想要用了，就拿出来，喷点水，就可以变成真驴，此驴可以日行数万里。

折叠驴

折叠功能：驴在不使用时可以折叠成纸张般大小，便于携带。

恢复功能：用水喷洒即可恢复成真驴，随时可用。

高效功能：驴可以日行数万里，速度极快。

未来相似功能科技的设想：设计一种轻便电动车，平时可折叠成小包大小，使用时展开，具备高效的电力驱动系统，能够长途行驶。

清代殷奇《张果老幻驴图》，美国大都会艺术博物馆藏

清代《夜谭随录》记载：有几辆车，用的时候，跟真车大小一样，不用的时候，就变成桔梗或者草编的小车放在行囊中。这些车还有一个特点，就是可以自带"轨道"，当行进到坎坷路段或者没有路的地方，车的前面几米之内，就会自动形成坦途，车通过之后，经过的地方则又恢复为原样。

自带轨道的神奇车

折叠功能：车可以折叠成桔梗或草编的形状，便于携带和存储。

自动轨道：在崎岖不平的道路或没有路的地方，车前几米内会自动形成平坦的道路，车通过后道路恢复原样。

便捷性：车具有自动行驶和快速到达目的地的特点，极大地提高了出行效率。

未来相似功能科技的设想：配备自动导航和悬浮技术的智能车，能够在复杂地形上行驶并调整行驶路径。

古人还想象要是有一种折叠船就好了。唐代《续玄怪录》记载：李绅遇到一位老头，老头要坐船带他去远方。老头从袖子里拿出一个竹筒，形状像笏板，可以拉长拉宽，往长拽它，长一丈多；往宽拽它，宽有几尺。然后卷起边缘，使底部下洼，就像船的形状了。老人让李绅闭上眼睛坐上去，李绅只觉得风声呼啸，波涛汹涌澎湃，仿佛在江海上航行。不一会儿，船停止了，李绅睁眼一看，已经到了老人说的要去的地方。[1]

1-叟乃袖出一简，若笏形，纵拽之，长丈余，横拽之，阔数尺，缘卷底坳，宛若舟形。父登居其前，令绅居其中，青童坐其后。叟戒绅曰："速闭目，慎勿偷视。"绅则闭目，但觉风涛汹涌，似泛江海，逡巡舟止。叟曰："开视可也。"已在一山前，楼殿参差，蔼若天外，箫管之声，寥亮云中。（《续玄怪录》）

折叠船

折叠功能：竹筒可以拉长拉宽，变成一条船。

便携性：竹筒可以轻松携带，方便旅行。

高效功能：船行速度极快，能够迅速到达目的地。

未来相似功能科技的设想：使用高强度充气材料制成的折叠船，平时收纳在小包中，使用时充气展开，适合紧急救援和旅游探险。

历史上有真实的组装船。《苏州府志》记载元至正年间，王某用牛皮和漆制作了一条小船，可以拆解组装，组合好了可以载二十人。他在折叠组装这方面很有研究，还制作了一个浑天仪，也是可以折叠的，很方便收藏。[1]

组装船

材料：用牛皮制作，内外饰以漆。

拆解组装：船体可以拆解成数节，便于运输和组装。

载客量：组装后可以载二十人，具有实用性。

用途：适用于水上运输和观光。

未来相似功能科技的设想：结合自动化和智能组装技术，实现高效的船只拆解和组装过程，提高水上交通工具的便捷性。

清代《清稗类钞》记载了一个可以随着人数增加而增加节数的船，组装好的船就如同一条完整的船，看不出组合的痕迹。

《清稗类钞》中的故事情节

查伊璜有一艘特别的方舟，可以拆分成几节。在西湖中游玩的时候，最初只有中间一节用来载客人，客人多了之后，他又增加了几节，把它们镶嵌在一起，看起来就像一艘整体的船。他让几个小童来划船，带着客人游览了西湖的各个胜景。此外，他还有两艘四五尺长的小船，挂在大船的左右两侧，一艘用来放书籍和文房四宝，另一艘则放茶具、酒和水果。[2]

扩展方舟

可扩展性：船体可以根据需要增加或减少节数，以容纳不同数

1-王某，郡中漆匠，至正间尝以牛皮制一舟，内外饰以漆，解卸作数节，载至上都，游漾深河中，可容二十人。上都之人未尝识舟，观者异之。又尝奉旨造浑天仪，可以折叠，便于收藏。其巧出人意表，遂命为管匠提举官。(《苏州府志》)

2-查伊璜蓄方舟，分数节，异之入杭州之西湖，以中节坐客，客多，更益数节，镶之如一舟，加前二节为首尾，布帆油帷，数童桨之，遍历诸胜。又两小舟，长四五尺，一载书及笔札，一置茶铛酒果，并挂船傍左右，前却如意。客去，则复散此舟，使人异归而藏之。(《清稗类钞》)

量的乘客。

无缝拼接：组装好的船看起来像一条整体的船，没有组合痕迹。

辅助小船：两艘四五尺长的小船分别用于放置书籍、文房四宝与茶具、酒、水果，挂在大船的两侧，增加了船的功能性。

未来相似功能科技的设想：利用智能接驳技术，实现多船只的无缝拼接和分离，提升船只的使用灵活性和功能性。

扩展方舟

　　　　　　　古人的智慧出行系统

114 可以在水上行走的靴子

晚清"科幻"小说吴趼人《新石头记》记载了一种可以在水上行走的"水靴"：两艘平底小船，七寸来宽，二尺来长，里面无数的小机轮，中间有一个空处，恰是一只脚位大小，高处到膝盖，扣紧了水进不去。穿上这双靴子，打开机关，不用提脚，就可以在水上自动行走了。

《新石头记》中的故事情节

宝玉询问艺士有关水靴的用途。艺士告诉他：水靴能让人在水面行走，并且速度很快。宝玉看到的并非普通靴子，而是两艘平底小船，白金制成的外壳，内部有许多小机轮，中间留有一个脚位大小的空间。穿上后可以防止水灌进去，机轮的运动能让人在水面上行走，不需要提脚。这种设计已经试验过，但转弯不够灵活，所以正在进行改良。

宝玉还看到一辆飞车正在装配，问道为什么还在这里装配飞车，因为早已经有了飞车并且有过实践。艺士解释说：这是最新的试验品，能以极快的速度飞行。计划是飞到空中，然后跟随太阳的轨道飞行。比如，如果在正午飞起，就会一直按照太阳的轨道向西飞行，一路上都是正午，直到第二天正午仍回到原地。宝玉惊讶地说：这意味着环绕地球一周只需要一昼夜的时间。[1]

1-艺士又指旁边一处道："这就是做水靴的。"宝玉道："我方才要请教，这水靴有甚用处？"艺士道："穿了这靴，可在水面行走，并且行的甚快。"宝玉看时，那里是靴，却是两艘平底小船，七寸来宽，二尺来长，用白金做的船壳，里面无数的小机轮，中间有一个空处，恰是一只脚位大小，上面装上皮靴统子。艺士道："穿了下水，两脚入水不过一尺，这靴统长可及膝，扣紧了上面，水自不能灌进里面。机轮鼓动，在水面上，不烦举步，自能前进。前回做好试验过，因为转弯回头不大灵动，所以重新改良的。"

宝玉看见旁边一辆飞车，在那里装配，因问道："飞车久已有验的了，不知为甚还在这里安配？"东方法道："这是新近试做的，飞行极速。打算飞升起来，便赶着太阳走。譬如今天正午飞起，便往西依着太阳轨道去，一路赶着太阳都是正午，到明天正午仍回到此地。"宝玉吐舌道："竟是一昼夜环绕地球一周了。"

（《新石头记》）

水靴

▶ 形状设计

平底小船：水靴的外形是两艘平底小船，七寸来宽，二尺来长。这样的设计可以提供足够的浮力，使穿戴者能够在水面上行走。

▶ 内部结构

小机轮：水靴内部有许多小机轮，通过这些机轮的运动，水靴可以在水面上前进。这些机轮提供了推进力，使穿戴者不需要提脚就能移动。

脚位空间：中间有一个脚位大小的空间，高处到膝盖，确保脚部稳固并防止水进入。靴子上部可以扣紧，进一步防止水的渗入。

▶ 防水与稳定性

防水设计：扣紧的设计确保水不能进入靴子内部，保持脚部干燥。

稳定性：平底设计和机轮的运动提供了稳定性，使穿戴者能够平稳地在水面上行走。

▶ 速度与灵活性

行走速度：水靴能让人在水面上快速行走，展示了高效的推进力。

转弯能力：虽然水靴在转弯时不够灵活，但正在进行改良，以提高其操作性。

115

古人想象的"弹簧袜"

我们现在人利用弹簧发明了不少好玩的弹簧鞋，或者叫弹跳鞋，可以让人蹦得很高。古人也想蹦得高一些，要是能飞檐走壁就好了，在这样一种需求下，古人想象出一种可以让人蹦得很高的袜子。

南宋《夷坚志》记载了这样一个故事：阆州通判的儿子经常派遣士兵去市场上交易货物。有一次，一个士兵带着一块象牙笏到一位富人的家中交易。富人一看，这块象牙笏不正是自己家的吗？他赶紧回家查看，发现自己的象牙笏确实不见了。

于是，他问士兵象牙笏的来源，士兵如实交代是通判的儿子给的。富人随即把士兵押送到官府。近期，该地区多户人家被盗，丢失的财物非常多。官府悬赏捉拿盗贼，但一直没有线索。那些丢失财物的人家听说抓到一个小贼，纷纷向官府提交了诉状。官吏审问士兵，士兵如实交代了，所有嫌疑都指向了通判的儿子。

郡守韩君将此事告诉通判，通判心生疑惑，便暗中进入儿子的书房，发现陈列的衣服、器皿、玩物等都不是自家的，非常震惊，便质问儿子。儿子坦白承认是偷来的。父亲愤怒地说："我真是不幸生了你这样一个儿子，竟然去偷盗，简直是极大的耻辱！"于是，他大义灭亲，将儿子送到官府。

通判的儿子见到郡守后，并没有害怕。郡守说："我与你父亲是同僚，我会保你。你只要把赃物还回去，我们就既往不咎。"于是，儿子带着官兵来到自己的房间，把那些赃物一一拿出来，详细说出哪个是哪一家的。最后剩下一双皮袜子，没有归属。

1-阆州通判之子，数遣小兵货物于市。尝持象笏至富民家，民诘之曰："此吾家物，汝从何得之？"兵以实告。民入索箧中，果不见，证其为盗，执而讼于官。时同郡数家被盗，所失财物甚众，立赏迹捕，莫能得，及闻是事，皆诣府投牒。吏就鞫问，其对如初。郡守韩君以语倅，倅心疑其子，潜入书室，见所陈衣服、器皿、玩好，皆非己所有，大骇。呼问之，以窃对。父震怒曰："吾不幸生子，而以穿窬为罪，世间之辱，何以过此？"命擒缚送府，子殊无惧色。守以美言诱之曰："吾与汝父同寮，当为汝地，但还诸人原失物，必不穷竟也。"遣兵官监诣其室，尽取所藏。子具言某物某家者，某物某家者，乃各以付失主，但余皮袜一双，无主名。子再拜，恳请曰："愿以见赐。"守问何所用，对曰："顷登子城，见此物在城下，试取着之，便履空如平地。自是，入人家，白昼亦不能觉。"守益不信，还其袜，且验焉。子欣然，才着毕，腾升屋端，了无滞碍，其去如飞，竟失所往。予妇侄张寅为临桂丞，闻之于灵川尉王琨。琨云："此近年事，不欲显其姓名，特未审也。"（《夷坚志》）

郡守问这是谁家的，儿子恳请说："请把这双袜子留给我吧，这是我偶然在城墙下得到的。我试着穿了一下，居然可以跳到半空中，在空中行走，如履平地。这些偷来的东西，都是我穿着这双袜子跳进别人家高墙里得来的。"郡守不信，把袜子还给他，想让他试。通判的儿子很开心，穿上袜子后，一下子就跳上了屋顶，毫不费力，然后他就像飞一样跑了，不知道最后去了哪里。[1]

皮袜

▶ 外观与材质

皮袜看起来普通，但却具有神奇的跳跃和漂浮能力。

▶ 功能特性

高跳能力：穿上皮袜后，可以轻松跳上高墙或屋顶。这意味着袜子能够提供极大的弹性或推力，使人实现高难度的跳跃。

空中行走：在空中行走如履平地，行动自如，犹如飞行。这表明皮袜不仅能够提供垂直的推力，还能在空中保持稳定和平衡。

这一故事不仅是古人想象力的体现，也是他们对超越现实的渴望和对未知领域的探索的反映。现代的弹跳鞋等发明，或许在某种程度上实现了古人的梦想。

未来科技：弹簧鞋

116 古人想象的"飞行鞋"

我们在科幻电影中，经常看到一种飞行鞋，即便很远的距离，也可以快速到达。古人也有类似的想象。

东晋《搜神记》记载：汉明帝的时候，王乔在邺县当县令，他每个月初一都能从县城准时到京师汇报工作。皇帝见他来得如此频繁，而又看不到车马，觉得奇怪，就让人秘密观察一下，看看怎么回事。后来发现王乔每次来的时候，总有两只野鸭从东南方向飞来。于是皇帝派人埋伏下，等王乔再来的时候，就撒出网把野鸭逮住。结果发现逮住的野鸭居然就是王乔的一双鞋子。[1] 这段故事展示了古人对飞行的神奇幻想，鞋子化为飞禽，成为了飞行工具。

> 1- 汉明帝时，尚书郎河东王乔为邺令。乔有神术，每月朔，尝自县诣台。帝怪其来数而不见车骑，密令太史候望之。言其临至时，辄有双凫从东南飞来。因伏伺，见凫，举罗张之，但得一双舄。使尚书识视，四年中所赐尚书官属履也。（《搜神记》）

明代《五杂组》记录了类似的故事：卢耽变成白天鹅飞行赶赴重要活动，门卫用扫帚打下的竟是一双鞋子。南海太守鲍靓夜访葛洪，频繁往来却未见车马，密探发现他出行时总有双燕相伴，捕捉后得到的是一双鞋子。

元代《琅嬛记》记载：唐代女诗人姚月华给杨达做了一双用洒海剌（二尺长的材料）做成的"融霜鞋"，穿着这双鞋子在霜上行走，踩过的地方，霜自动融解。（将来我们要是发明一种鞋子，踩在雪上，雪自动融化就好了。）姚月华为这双鞋子还写了一首诗："金刀剪紫绒，与郎作轻履。愿化双仙凫，飞来入闺里。"意思是说用金刀剪裁紫色的绒毛，为心上人做了一双轻便的鞋子。希望这双鞋变成会飞的双舃，把自己的心上人带来。[1]

这里就又是化用了鞋子为"飞舃"的典故。这种浪漫而富有想象力的描绘，再次展示了古人对飞行和便捷交通的憧憬。

如今，现代科技不断进步，喷气背包和个人飞行器的出现，正在逐步实现古人想象中的飞行梦想。

喷气背包：通过喷气发动机提供向上的推力，使穿戴者能够在空中飞行。现代的喷气背包已经在某些特定场景中得到了应用。

个人飞行器：利用电动或燃料动力装置，通过螺旋桨或涡轮机实现垂直起降和飞行。这类飞行器正在不断研发，未来有望成为个人交通工具的一部分。

这些现代技术的进步，正逐步将古人的幻想变为现实。或许在不久的将来，我们真的能像古人所描绘的那样，穿上飞行鞋，自由地在空中飞行。

未来科技：飞行鞋

117 / 古人想象的压缩行李箱

现代的压缩袋和真空包装技术可以将大量物品压缩成小体积，有效地节省空间，方便旅行和搬家。古人也有"压缩行李箱"这方面的想象。

唐代《玄怪录》记载：隋代开皇初年，广都孝廉侯遹进城，到剑门外的时候，忽然看见四块像斗一样大的石头。侯遹很喜爱这几块石头，就收起放在装书的竹笼里，驮在驴背上。趁着歇驴的时候，他想拿出来把玩，结果四块石头都变成了金子。

侯遹到城里就把金子卖了，得钱百万，然后从市场上买了十几个姬妾，回去后又扩建了住房和宅院，并且在城郊购置了良田和别墅。后来侯遹带着十几个姬妾去踏青，下车后，陈设酒肴，准备宴会。忽然一老头进前坐在了宴席的末端。侯遹很生气，骂了他一顿，命令仆人把他赶走。

老头不动，也不生气，只是大口吃肉，然后笑着说："我来这里，是向你讨债的。你以前拿了我的金子，不记得了吗？"说完，只见这个老头拿出一个书箱，将侯遹的十几个姬妾全都抓住，放到书箱里。一个小小的箱子，装进去十多个人，也不觉狭窄。装完后，老头背起书箱就走，显得很轻松，走得飞快。

晚唐《原化记》记载：唐宪宗元和年间，有一位老人到嵩山少林寺借宿，僧人说大门已经关上了，不能再开门，指着寺外的两间空屋，请他自己去那儿过夜。这两间空屋子很破，里面什么用度都没有，但老人还是进去了。

二更（21：00—23：00）以后，僧人因为起夜，忽然发现寺门外非常亮堂，觉得奇怪，出来看见老人所住的那个屋子里，垫子、褥子、帐幕，各种用具都有，而且异常豪华；又看到陈列着佳肴，老人自饮自酌，很惬意。僧人顿觉奇怪，不知道这些东西老人是怎么拿来的，他来的时候，没看到有什么大的行李箱。

僧人隔着门缝继续偷看。到了五更（03：00—05：00）以后，老人睡醒起来，洗漱完毕，就从怀中取出一个小葫芦，有拳头那么大，他就把床、席、帐幕，以及所有用具全都装在小葫芦里。葫芦看似小，却没有装不下的东西。装完东西，老头又把葫芦放到怀里，空屋子还像原来一样。

葫芦

无限储物：小葫芦看似只有拳头大小，却能装下所有家具和用具，具有神奇的压缩和储物功能。

便携性：小葫芦可以轻松携带，方便旅行和搬家。

清初《虞初新志》记载：明末崇祯时有一孝廉入清后做了道士，叫雌雌儿，他有三个竹筒，差不多都长五寸，经常佩戴在身上。有一次云游，他借宿在一处空房子，打开第一个竹筒，倒出来一些像芥子一样的小东西，这些小东西在地上跳动，很快变成了椅子、桌子、帷帐和各种器皿，应有尽有。接着，他又取出第二个竹筒，倒出一些芥子般的小东西，这些小东西跳到地上，很快变成了谷物、饮食、牛羊、鸡犬等，吃的喝的全都有了。然后，他又取出第三个竹筒，倒出一些芥子般的小东西，地上的小东西变成了数百名仆人、婢女、妻妾、男女，大家开始忙碌，有的供人驱使，有的打扫房屋，有的整理器具，片刻间房子就像一座富贵人家的大宅院。

住了一段时间后，雌雌儿把所有的妻妾、仆人、器具、牛羊等都收入竹筒中，然后飘然离去，不知去向。

竹筒

▶ **第一个竹筒**

内容：芥子般的小东西。

功能：倒出后，这些小东西迅速变成椅子、桌子、帷帐和各种器皿，提供生活必需的家具和用具。

▶ **第二个竹筒**

内容：芥子般的小东西。

功能：倒出后，这些小东西迅速变成谷物、饮食、牛羊、鸡犬等，提供充足的食物。

▶ **第三个竹筒**

内容：芥子般的小东西。

功能：倒出后，这些小东西迅速变成仆人、婢女、妻妾等数百人，提供各种服务和劳力。

便携搬家竹筒

清代《坚瓠余集》引《广闻录》记载：明代嘉靖时期，有一位僧人叫李福达，到苏州租赁了一处大宅。租好之后，他从袖子中拿出一个纵横不过数寸的小石函，从小石函里面拿出了衣服、饮食、床褥卧具、屏障、几席、釜甑，等等，应有尽有。更神奇的是，他还从里面拿出几个小媳妇和十来个小孩子，等等。后来他不在这里租房了，准备到别的地方去，就把这些又都放回小石函里，然后放在袖子里就离开了。[1]

小石函

无限储物：小石函看似只有数寸大小，却能装下大量物品，包括家具、食物和人。

便携性：小石函可以轻松携带，方便旅行和搬家。

这些古代文献中的记载，反映了古人对于便利生活的向往和追求。如果我们未来真的发明出类似的行李箱，那旅行、搬家的时候，就会方便多了。

在古人想象中，还有一种非常奇怪的"行李箱"，就是口中装人，如同"套娃"。

晋代《灵鬼志》以及南朝《续齐谐记》都讲了一个鹅笼书生的故事，这个故事框架出自佛经《旧杂譬喻经》。《灵鬼志》中的主人公还没名字，《续齐谐记》中故事就比较完整了。

小石函

《续齐谐记》中的故事情节

东晋时期，阳羡县有个叫许彦的人，有一天他挑着鹅笼走在山路上，遇见一个十七八岁的书生，躺在路旁。书生说自己脚痛，想进到许彦的鹅笼子里搭个便车，许彦以为他开玩笑，便打开鹅笼，说有本事你进来啊。结果，那书生真的就钻了进去。奇怪的是，那笼子没变大，书生也没变小，他却与一对鹅并坐在一起，鹅竟然不惊。许彦提起那笼子，重量也没变。

来到一棵大树下休息时，书生从鹅笼走出来，对许彦说：为了表示感谢，我请你吃顿饭。说完，书生从嘴里吐出一铜盘奁子，奁子中有各种饭菜，山珍海味应有尽有。

二人边吃边喝，酒过三巡，书生对许彦说：我有一个相好的美女，我想请她过来跟我一起喝酒。许彦说：可以啊。只见，书生从嘴里吐出一个女子，年纪十五六岁，长得非常漂亮，穿着也非常华丽。他们三个人就坐在一起饮酒。

过了一会儿，书生便醉倒睡过去了，就剩下那女子和许彦二人还在吃喝。那女子对许彦说：我虽然是书生的相好，可实际上我爱上了别人，现在书生睡着了，我想把我爱的那个男子请来一起喝酒，你可别告诉书生，行吗？许彦说：好吧。只见女子便从口中吐出一个俊男，年纪二十三四岁。俊男和许彦寒暄了几句，就和女子谈情说爱了。

过了一会，书生像要醒来，那女子怕被发现，就从口中吐出华美且可移动的屏风，挡住了俊男和许彦。女子则躺在书生的旁边，陪书生继续睡觉。

屏风这边就剩下俊男和许彦二人，俊男对许彦说：这个女孩子虽然爱我，但我却爱着别的女孩子，现在他们休息了，我想把我爱的女孩子请来，你别告诉他们可以吗？许彦说：好吧。于是，俊男从口中吐出一个女子，年纪在二十岁左右，两个人开始谈情说爱。

过了好一会儿，屏风那边有动静，书生好像真的醒了。俊男就把与自己偷情的女子吞回了口中，而吐出俊男的那个女子这时候也过来，把俊男吞了回去，紧接着，书生过来，把自己这个相好的女子吞了回去。他们之间都没有发现。最后，又变成了书生和许彦两个人。

118 古人想象的自动化车辆

　　自动驾驶一直是人们的梦想，古人有不少对自动驾驶或者自动运输的想象。

　　西汉《淮南子》记载：车马不用驱使，就可以自己走，"车莫动而自举，马莫使而自走也"。元代《琅嬛记》引《采兰杂志》说西域有一种兽，像狗，马怕它，名曰"马见愁"。用它的皮制成鞭子，不用打马，只要把鞭子举起来，马就会自动走。

　　《葛仙公别传》记载：孙坚想杀葛仙公，葛仙公在前面慢慢行走，孙坚在后面骑马追他，无论马跑多快，二人总是保持一定的距离，怎么也追不上。[1]

1-孙坚欲害仙公。驰马往，遂见仙公徐行，逐之不及。（《葛仙公别传》）

古代文献	古 代 描 述	现代科技	说 明
《淮南子》	车马都不用驱使，就可以自己走，"车莫动而自举，马莫使而自走也"	自动驾驶汽车	现代的自动驾驶技术使车辆无需人类驾驶员即可自主行驶
《琅嬛记》引《采兰杂志》	西域有一种叫兽，像狗，马怕它，名曰"马见愁"，用它的皮制成鞭子，不用打马，只要把鞭子举起来，马就会自动走	远程控制技术	通过无线控制或自动化设备，无需物理接触即可控制动物或机器
《葛仙公别传》	孙坚欲害葛仙公。驰马往，遂见仙公徐行，逐之不及	自动驾驶和智能跟踪	现代的智能跟踪系统使得车辆或物体能够自动跟随并保持一定的距离

　　　　　　　　　　　　古人的智慧出行系统

晋代《邺中记》记载：石虎命解飞制作了一辆自动洒水车，车的尺寸相当大，宽丈余，长二丈，上面安装了一尊佛像，有九条龙吐水浴佛，当车行进时，龙就会洒水，当车停止的时候，龙就会停止洒水。[1]

四轮檀车

车的尺寸：宽丈余（约 2.4 米），长二丈（约 4.8 米），尺寸相当大，显示出其宏伟的设计。

佛像与九龙吐水：车上的佛像周围有九条龙，这些龙会向佛像吐水，形成一种动态的喷水效果。

木人系统：车上装有一个木人，这个木人的手在佛像的心腹之间移动。此外，还有十多个披着袈裟的木人，这些木人围绕着佛像转圈。当这些木人转到佛像正面时，会模仿真人的动作，礼佛拈香。

动态互动：当车行进时，木人和龙都会动，龙会喷水；当车停止时，所有的装置都会停下来。

这种设计不仅具有宗教和仪式的功能，还展示了古人对自动化技术的初步探索。

诸葛亮发明的"木牛流马"，相当于是半自动化的物流运输车。《三国演义》说木牛流马不吃不喝，昼夜运粮，很省人力，里边还有防止被敌人夺走的机关。

明代《五杂组》记载：诸葛亮在隆中没出山的时候，有朋友来做客，他让妻子去做饭，结果客人屁股还没坐热，饭就熟了。后来再有客人来，他就偷偷去看，发现妻子指挥数十个木人在磨面，他向妻子求得此方术而制作了木牛流马。

清代《续子不语》记载了一种改进的木牛，可以运载数百斤货

1-石虎有指南车及司里车……尝作檀车，广丈余，长二丈，安四轮，作金佛像，坐于车上，九龙吐水灌之；又作一木道人，恒以手摩佛心腹之间；又十余木道人，长二尺余，皆披袈裟绕佛行，当佛前，辄揖礼佛。又以手撮香投炉中，与人无异。车行则木人行，龙吐水；车止则止。亦解飞所造也。（《邺中记》）

物，迅捷如飞，比以往的木牛要跑得快很多，跟诸葛亮木牛以及西洋木牛制作方法都不一样。

《三国演义》中的故事情节

诸葛亮在应对粮米搬运困难时，设计了木牛流马以解决问题。这种机械牛马可以昼夜不停地运输粮草，不需要饮食。众将士对这种新奇的发明感到惊叹，并纷纷赞叹孔明的智慧。

魏军的司马懿得知了蜀军通过木牛流马运输粮草的消息，心中十分震惊。他意识到蜀军的粮草能够得到长时间的供应，这对魏军的防守策略构成了极大威胁。于是，他命令张虎和乐綝带领五百兵，从斜谷小路伏击蜀军，试图抢夺木牛流马。张虎和乐綝成功袭击了蜀军的运输队，抢走了几匹木牛流马。

司马懿在研究这些木牛流马后，决定仿造。于是，他命令巧匠百余人，当面拆解木牛流马，并按照孔明所写的尺寸长短厚薄之法，一样制造木牛流马。不消半月，魏军也成功"山寨"了二千余只木牛流马。

司马懿命令镇远将军岑威引领一千军队，驱使木牛流马从陇西搬运粮草，往来不绝。魏军士气大振，人人欢喜。然而，孔明早已预料到魏军会仿造木牛流马，他是故意把木牛流马技术泄露给魏军的，孔明是留有"后门"的。

孔明定下一系列的后续计策：命令王平率领一千兵，乔装成魏兵，星夜偷袭北原，击溃魏国护粮之人，然后驱赶装有他们粮食的大量木牛流马到蜀军这边来，若魏军追赶，便将木牛流马的舌头扭转，使其不能行动，制造混乱。

后来魏军果然追赶，试图夺回木牛流马，可到手之后，却怎么也无法驱动，来的时候好好的，现在回不去了。

诸葛亮还安排张嶷率领五百兵，扮作神兵，用五彩涂面，携带烟火，制造神奇景象，进一步恐吓魏军。木牛流马不动了，又出现了"神兵"，魏军误以为是神鬼作祟，惊恐之下不敢追击。最终，蜀军成功夺回了大量粮草，并再次击退魏军。司马懿闻讯后，深感震惊和恼怒，但只能退回，坚守不出。

这场斗争中，孔明通过巧妙的计策和精心的设计，不仅有效利用了木牛流马，还利用魏军的仿造行为，反制敌军，充分展示了他的智慧和战略才能。

木牛流马

昼夜运粮：木牛流马不吃不喝，可以昼夜不停地运送粮草，非常省人力。

安全防盗：木牛流马内部设有防止被敌人夺走的机关，增加了运输的安全性。

现代技术类比：在现代战争中，设计者故意在武器系统中嵌入后门或隐蔽的控制机制，以便在必要时远程控制或禁用这些武器。这种策略可以在敌人获取或仿造武器系统时，确保设计者仍然保持对武器的控制权，从而削弱敌人的战斗力。这种战术与诸葛亮在木牛流马上的设计如出一辙，体现了智慧与战略思维在不同时代中的相似应用。

晚清《新石头记》中描述了一种具有自动驾驶功能的猎车，这种车无需司机，可以自动运行。猎车配有电机、自动捕猎装置、升降机和飞行功能，甚至安装了障形软玻璃，可以遮挡视线，体现了古人对未来交通工具的丰富想象。

《新石头记》中的故事情节

绳武说："我这里有一辆最新款的猎车，是上个月东方美小姐送的。我一直忙于公务，没时间去玩。这辆车不用司机，人坐上去就能自己动。车上的控制机关都在座位旁，每个控制台上都有详细的使用说明。车上还配备了所有的猎具，你们可以用它。"老少年非常高兴，连声感谢。

绳武带他们到操场上，只见这辆猎车和前两次坐的车不一样：底层像桌子，有四条桌腿，升降和前进后退的机器都安装在桌子底下；中层后半部装着电机，前半部是放鸟的地方。前面有一个小圆门，内有机关，鸟进去就出不来了。上层才是坐人的地方，前半部分是空敞的，后半部分是一个房间，所有的控制机关都在里面。桌椅齐全，墙上挂着四支电动猎枪，抽屉里放着子弹、望远镜等用具，一应俱全。前面的栏杆上放着一卷明亮的东西，连老少年都弄不清楚是啥。

绳武解释道："这是华自立新发明的隐形软玻璃。把它拉开来，外面看不见里面，但里面看外面很清楚。"宝玉觉得很神奇。绳武让仆人把玻璃拉开。车上有现成的架子，用绳一拉，玻璃就搭上去了，还有一部分垂在前面。宝玉隔着玻璃看外面，非常清楚，连忙下车，走到前面一看，看不到车内，只看到碧蓝色的一片，与天色一样。只有那个小圆门还看得见，那是做玻璃时预留的洞，用来放进鸟的。

绳武说道："这玻璃还能变颜色呢！天气好时是碧蓝的，天气不好时变成灰色，总是随着天色变化。上个月东方美小姐送了这辆车来，听说要做战船的遮挡物，已经向政府申请验收了。"说完，送两人上车。他们坐在车上，拱手告别。

老少年进入房间启动升降机，车子升到空中，定好方向，飞到了旅馆门前降下，让童子去买了许多罐头食物，又借了两个年长的童子一起去。上了车，对宝玉说："我已经准备了半个月的食物，我们就到空中去生活吧。"说完，把车升起来，向东飞去，叫童子打开罐头，在车上吃午饭。……

一会儿，他们到了目的地，老少年在一处林木茂盛的地方降下车子，离地只有四五丈高。忽然，车里传来一阵小鸟的叫声，宝玉觉得很奇怪，连忙去看，只见老少年打开了一个机关，上面刻着"引禽自至机"五个字。老少年说："我也不知道是什么，看到这几个字就试试看，没想到发出了这种声音。这声音是从哪里出来的呢？"他们四处寻找，忽然听到中层有撞击声，抬头一看，有十几只鹰在猎车周围飞舞，飞到没有玻璃的地方，看到有人就避开。

两人正要回车拿枪，忽然听到两个童子在车头上说："又来了一只。"他们忙去看，只见一只鹰飞近车，突然撞向中层，就不见了。这才明白，原来小鸟的叫声是从那个小圆门出来，引导飞鹰自己撞进去的。宝玉说："这种打猎真是舒服，再也不用枪了。"

猎车

▶ **外观与结构**

下层：如同桌子一般，有四条桌腿，底部安装了升降进退机。

中层：后半部分安装了电机，前半部分用于放置捕猎的禽鸟。前面有一个小圆门，禽鸟可以进入，但不能出去。

上层：为乘坐区，前半部分是开放空间，后半部分是一个房间，装有各种机关和设备。

▶ **功能特征**

自动驾驶：猎车无需司机，可以自动运行，控制开闭机关的位置在人坐的地方。

自动捕猎装置：车上配备了自动捕猎装置，可以引诱并捕捉飞禽。

升降机与飞行功能：猎车配备升降机，可以升向空中飞行，具有高度的灵活性和移动能力。

障形软玻璃：车上装有障形软玻璃，可以遮挡视线，从内部可以清楚地看到外部，但外部无法看到内部，且玻璃会随天气变化颜色。

全方位装备：车上配备电机枪、枪弹、望远镜等猎具，具备全面的猎装设备。

119

古代黑科技之导航车

晋代崔豹《古今注》记载：指南车起源于黄帝时期。相传黄帝与蚩尤在涿鹿之野作战时，蚩尤施放大雾，使得黄帝的士兵们迷失了方向。为了解决这个问题，黄帝制造了指南车，以帮助士兵们辨别方向，最终取得了胜利。

《宋书》记载：石虎命令解飞等人制作了一辆指南车。宋武帝平定长安后，获得了这辆车。发现它虽然能指向南方，但指示往往不够准确，需要频繁手动调整。祖冲之认为这车应当重新设计制作。后来祖冲之制造了新的指南车，非常精巧，无论如何曲折转动，都能保持指向不变。

"指南车"不是靠磁性，而是靠机械齿轮，车上有指着南方的木人。人们推着指南车前进的时候，带动车内齿轮的转动。里面有自动离合装置，无论怎么转向，车上的木人都是保持出发时设置的方向。《宋史·舆服志》中保留了制作指南车的细节描述，这为我们了解古代导航技术提供了宝贵的资料。[1] 这种指南车的出现反映了古人

1-指南车，一曰司南车。赤质，两箱画青龙、白虎，四面画花鸟，重台，勾阑，镂拱，四角垂香囊。上有仙人，车虽转而手常南指。……大观元年，内侍省吴德仁又献指南车、记里鼓车之制，二车成，其年宗祀大礼始用之。其指南车身一丈一尺一寸五分，阔九尺五寸，深一丈九寸，车轮直径五尺七寸，车辕一丈五寸。车箱上下为两层，中设屏风，上安仙人一执杖，左右龟鹤各一，童子四各执缨立四角，上设关戾。卧轮一十三，各径一尺八寸五分，围五尺五寸五分，出齿三十二，齿间相去一寸八分。中心轮轴随屏风贯下，下有轮一十三，中至大平轮。其轮径三尺八寸，围一丈一尺四寸，出齿一百，齿间相去一寸二分五厘，通上左右起落。二小平轮，各有铁坠子一，皆径一尺一寸，围三尺三寸，出齿一十七，齿间相去一寸九分。又左右附轮各一，径一尺五寸五分，围四尺六寸五分，出齿二十四，齿间相去（转下页）

对于导航和方向控制的重视，同时也展示了他们在机械工程和设计方面的智慧和创造力。

外观与设计：仪仗礼器与科技结合的艺术品

▶ **车体装饰**

车身赤色，两箱绘有青龙、白虎，四面饰以花鸟图案。车体为重台结构，有勾阑（栏杆）、镂拱（雕花拱饰），四角垂香囊。

▶ **人物装饰**

顶部立有木质仙人，执杖指南，四角设有童子持缨，左右有龟鹤，具祥瑞之意。

▶ **仪仗马匹**

驾车赤马二，铜面，插羽，鬐缨，攀胸铃拂，绯绢屈，锦包尾，车马装饰奢华，具宫廷气派。

结构与原理：复杂齿轮系统驱动的自动导向机制

▶ **车体构造**

采用独辕车（单轴马车），车身长一丈一尺一寸五分（按唐大尺，约 3.3 米），宽九尺五寸（约 2.8 米），高一丈九寸（约 3.2 米），结构庞大。

上下两层车箱，中有屏风，构成层叠式平台，便于安装多层齿轮。

▶ **齿轮系统**

总共使用大小齿轮至少二十五个，包括：

（接上页）二寸一分。左右叠轮各二，下轮各径二尺一寸，围六尺三寸，出齿三十二，齿间相去二寸一分。上轮各径一尺二寸，围三尺六寸，出齿三十二，齿间相去一寸一分。左右车脚上各立轮一，径二尺二寸，围六尺六寸，出齿三十二，齿间相去二寸二分五厘。左右后辕各小轮一，无齿，系竹簟并索在左右轴上，遇右转使右辕小轮触落右轮，若左转使左辕小轮触落左轮。行则仙童交而指南。车驾赤马二，铜面，插羽，鬐缨，攀胸铃拂，绯绢屈，锦包尾。（《宋史·舆服志》）

足轮、子轮、小平轮、大平轮、叠轮、附轮、卧轮等。

最大轮直径达三尺八寸，出齿一百个，齿距精密至分厘。

所有轮通过轴传动系统连接，并精确配合使"仙童交而指南"。

▶ **转向原理**

当车向某方向转动，某侧子轮带动小平轮，继而转动中心大平轮的四分之一，完成仙人手臂的自动校正，使其依旧指向南方。系统通过"左右对称""齿轮联动""方向修正"三重结构完成方向保持。这实际上是一种早期的"方向保持自适应系统"，与现代"陀螺仪"或"惯性导航系统"原理类似——依靠机械联动保持方向恒定。

功能特性：机械化方向校正系统的典范

▶ **自动指南**

核心功能是无论车辆如何转向，仙人手臂始终指向南方。

▶ **无需磁性**

完全不依赖磁铁，而是纯机械实现方向保持，这在指南针发明前是一种划时代的思路。

▶ **多层次结构联动**

包含升降、旋转、触动等机制，体现高超的装配与控制水平。

▶ **可用于礼仪**

在国家大典中用于宗祀导向，具有仪式与科技双重属性。

现代导航技术

系　统	原　理	应　用
全球定位系统（GPS）	利用卫星定位技术，实时提供精准的位置信息和导航指引	广泛用于汽车、飞机、船只和个人导航设备

系　统	原　理	应　用
北斗导航系统	中国自主研发的卫星导航系统，通过全球卫星网络提供精准的定位、导航和授时服务	用于交通运输、公共安全、救灾减灾、农林牧渔等多个领域，尤其在亚太地区具有优势
惯性导航系统（INS）	利用加速度计和陀螺仪，通过测量物体的运动来确定位置和方向	用于航空、航天和潜艇等需要高精度导航的领域

120 古人想象的自动导航设备

1-有木焉，其状如榖而黑理，其华四照。其名曰迷榖，佩之不迷。（《山海经》）

2-山行虑迷，握响虫一枚于手中，则不迷，见《物类相感志》。虞山先生作《响言》，取此。（《香祖笔记》）

3-夏侯隐者，不知何许人也。大中末，游茅山天台间，常携布囊竹杖而已。饮食同常人，而独居一室，不杂于众。或露宿坛中，草间树下。人窥觇之，但见云气蓊蓊，不见其身。每游三五十里，登山渡水，而闭目善睡，同行者闻其鼻鼾之声，而步不差跌，足无蹞碍，至所止即觉，时号作睡仙。（《太平广记》引《神仙拾遗传》）

古人有不少关于"导航"的想象。

《山海经》中记载了一种叫"迷榖"的树木：形态像构树，有黑色的纹理，它的花会发光，照耀四方，人只要佩戴着它的花，到哪都不会迷路。[1]

清初《香祖笔记》记载：有一种虫子叫响虫，在山间行走，把一枚响虫握在手中，就不会迷路了。[2]

唐末五代《神仙拾遗传》记载：有个神人有一个竹杖，登山渡水就带着它，他常在行进中闭目睡觉，和他同行的人都可以听到他打呼噜的声音。但看他行进的步伐，却一点没有差错，不会被任何障碍绊倒，脚自动导航。一到达目的地，他就醒了，当时号称睡仙。[3]

在未来的世界，人们或许能发明一种智能裤子，设定好路线后，穿上它，腿脚就可以自动走，上半身则可以干别的事情。

睡仙的竹杖

功能	古人想象 （"睡仙"的竹杖）	现代科技
登山渡水	竹杖可以帮助"睡仙"在各种地形中行走，包括爬山和渡水，具备极高的智能和适应性	类似于现代的登山杖或辅助行走设备，配备智能传感器和人工智能，以增强对不同地形的适应性
闭目睡觉	即使在行进过程中，"睡仙"也可以闭目睡觉，不会因为障碍物而摔倒或被绊倒，竹杖智能引导其行走	类似于自动驾驶技术，确保行进中避开障碍物，用户无需主动控制运动
自动导航	竹杖能够确保"睡仙"在行走时步伐准确，不会偏离路径或遇到障碍	类似于现代的导航系统，使用GPS和实时数据提供精确的行走路线并避开障碍物
即时醒来	一旦到达目的地，"睡仙"便会自动醒来，显示出极高的精准度和可靠性	类似于智能设备中的定时提醒或到达提醒功能，通知用户已到达目的地

清代《八仙得道传》提到了我们熟悉的"宝莲灯"，小说中介绍说"宝莲灯"有这样几个功能：

驱逐邪恶力量：宝莲灯的光芒有强大的驱邪作用，光照之处，妖魔鬼怪都会被迫避开十里之外。

通达灵性：这盏灯似乎有某种灵性，能够感知环境和方向。你要想去哪里，只要跟随灯光的指引，就能准确到达目的地。宝莲灯似乎具有"智能化导航功能"，类似于现代的 GPS 系统。

后 记

    本书实际是我前一本书《符号里的中国》的延续。如果说《符号里的中国》更关注古人对于祥瑞、神圣等精神世界的符号建构，那么《中国古代"黑科技"》则深入到日常生活的方方面面，揭示了古人在"物"和"术"方面的想象与技艺。

    在写作过程中，每每翻阅那些浩如烟海的古代文献，我总会被古人的智慧深深震撼："周穆王时期"的仿生木人，"秦始皇时期"可以在海底航行的螺舟，隋炀帝的情感陪伴"机器人"，唐代人想象的邮件撤回功能，宋代人关于"动图"的尝试，元明时期人们想象的可以查询信息的七宝灵檀几、像现代精确制导导弹一样可以自动追踪目标的宝剑，以及清代人想象的"视频监控""滴滴打船"，等等。这些看似天马行空的创意，竟然与我们今天已经实现的许多科技不谋而合，让人惊叹不已。

    本书的创新之处在于，通过系统的整理，将那些分散在古籍中的各种奇思妙想整合在一起，形成一个较为完整而系统的知识体系。同时，通过现代科技视角的解读，搭建起一座连接过去与未来的桥梁。

    在人工智能时代，知识的准确性变得尤为重要。本书所有材料均有所依据。在人工智能时代，知识获取似乎前所未有地便捷，但越是唾手可得，人们反而越容易丧失主动求知的动力。在未来，知识领域的竞争将不再局限于储备的丰富程度，而更多地体现于面对未知时，能否主动探索并提出新问题。本书梳理古人富有创造性与前瞻性的想象力，以及蕴藏于传统文化之中的奇妙"黑科技"，正是旨在培养读者探索未知的热情与敏锐的好奇心——探索精神、好奇心与创造力，将是未来最具价值的素养——这也是本书在未来时代最重要的价值与意义所在。

在此，我要特别感谢本书的责任编辑吴艳红女士，感谢她细致入微的编辑工作和所提出的诸多宝贵建议。同时，也衷心感谢中华书局总编辑尹涛先生，中华书局上海聚珍公司总经理、总编辑贾雪飞女士及中华书局营销中心同仁，在本书出版过程中给予的热情支持和对图书定位的宝贵意见。当下，人工智能技术飞速发展，其"编造文献"的风险也引发广泛关注，未来可能会出现大量"知识污染"。在这样的时代背景下，权威而严谨的出版社将承担起守护知识清明的重要使命。中华书局正以一贯的专业精神与文化担当，为时代的文化传承与学术传播，提供着坚实的依托与清晰的精神坐标。

最后，我要感谢本书中所涉及的古人，你们的发明，你们的想象，你们的记录，你们的各种努力让这段跨越时空的智慧之旅得以实现。我也感谢每一位读者，希望这本书能在你的心中种下一颗对古代智慧好奇的种子，激励你在未来的道路上不断探索和创新。